Le Corbusier

勒・柯布西耶 1910～1929年

勒·柯布西耶全集

第1卷·1910～1929年

Le Corbusier Complete Works

Volume 1·1910～1929

[瑞士] W·博奥席耶　O·斯通诺霍　编著
牛燕芳　程　超　译

中国建筑工业出版社

著作权合同登记图字：01－2004－4355 号

图书在版编目（CIP）数据

勒·柯布西耶全集. 第1卷，1910～1929年/（瑞士）W·博奥席耶，O·斯通诺霍编著；牛燕芳，程超译. —北京：中国建筑工业出版社，2005（2024.4重印）
ISBN 978－7－112－07113－5

Ⅰ. 勒… Ⅱ. ①博…②斯…③牛…④程… Ⅲ. 建筑设计－理论 Ⅳ. TU201

中国版本图书馆 CIP 数据核字（2005）第 001259 号

Le Corbusier Complete Works/W. Boesiger，O. Stonorov（Ed.）

本书由瑞士 Birkhäuser Verlag AG 出版社授权翻译出版

策　　划：张惠珍
责任编辑：孙　炼
责任设计：刘向阳
责任校对：王雪竹　赵明霞

勒·柯布西耶全集

第1卷·1910～1929年

Le Corbusier Complete Works

Volume 1 · 1910～1929

［瑞士］W·博奥席耶　O·斯通诺霍　编著

牛燕芳　程　超　译

*

中国建筑工业出版社出版、发行（北京西郊百万庄）
各地新华书店、建筑书店经销
北京云浩印刷有限责任公司印刷

*

开本：889×1194 毫米　横 1/16　印张：13　字数：450 千字
2005 年 4 月第一版　2024 年 4 月第十三次印刷
定价：**50.00** 元（全套 8 卷　总定价：396.00 元）
ISBN 978－7－112－07113－5
（13067）

本社网址：http://www.cabp.com.cn
网上书店：http://www.china-building.com.cn

目　　录

第二版引言

亲爱的Martienssen：

翻阅了你们的《南非建筑实录》，很是感动。首先，在于令人不无惊奇的发现，在遥远的非洲，在热带雨林的另一端，居然存在着如此生机盎然的事物。但，更主要的是，在那里看到了如此的青春信仰，如此的建筑痴情，如此强烈追求事理明达的欲望。

我相信人们尚缺乏足够的认识：整个世界完完整整地、彻彻底底地被重熔重铸——一个崭新的文明诞生了，为往昔一切表达之力所不能及，一切皆应新，即能够表达意识的新形态。对于过去的学习将导向丰产，只要我们摆脱刻板的学院教育，只要我们拓展自己的好奇心，穿越于时空之间，触及各色的文明，或恢宏或质朴，它们皆是人类感受的纯粹表达。建筑当从图板上拔出，当扎根心田与脑海。

首要地，心中得有爱。爱合理的，爱感性的，爱创造性，爱多样性。理性是向导，仅此而已。

那么该如何丰富我们的创造力呢？不是去定购建筑杂志，而是去向那无疆之域，去自然的瑰丽多彩中发现。那里才是真正的建筑课堂：感恩吧！是的，这灵活，这精确，这无可争议的事实：自然将其所孕育的和谐展现于每事每物。由内而外：泰然的完美。植物，动物，树木，风光，海洋，平原或山峦。甚至，在自然的灾祸中，在地壳的激变中也孕育着完美的和谐。张开眼睛吧！离开狭隘的专业讨论。满怀激情地投入到对事理的探究中来，至于建筑，就会自发地成为结果。

打破"学派"（打破柯布西耶学派，正如打破维尼奥拉学派——我恳请你们！）没有程式，没有技巧，没有窍门。我们正处在现时代建筑探索的开端。随时随处都会涌现新鲜的主张。百年后，人们将可以谈论一种"风格"。但今天，不可以，今天只有这一种**风格**，即，一种精神的格调，它蕴涵于作品，蕴涵于真正的创作而成的作品之中。

我希望，建筑师——而不仅仅是学生——我希望你们拿起铅笔，去描画一株植物、一片落叶，去表达一棵树的灵魂、一只贝的和谐、一团云的形成、一次次波浪推沙的游戏；去发现那股蕴藏于内的力量连续不断的表达。我希望，这手（以及其后的头脑）热衷于这内心的询问。

我希望，建筑师成为整个社会之最杰出——精神之最富足（而非最贫乏、最平庸、最狭隘）。我希望，他们对任何事情都是开放的（而非像个杂货铺的老板那样在自己的专业上固步自封）。建筑，是一种思维方式，而非一门手艺。

我期许：建筑师应当是敏感者中的敏感者，是艺术行家中的行家。相对于算术，他对造型艺术和美的形式应当更在行。映着精神之光，映着感激与微笑，建筑得以带给机器文明新时代的人类以欢乐，而绝非最低限的功用。今天，是时候点燃光明；今天，是时候**驱逐愚昧**！

致所有同胞

1936年9月23日于巴黎

致德兰士瓦省约翰内斯堡现代建筑师小组的一封信，值1936年10月他们的声明发表之际。

勒·柯布西耶（Le Corbusier）

第一版引言

一个编辑，两个年轻的建筑师，联合了他们美好的愿望，使这本书成为我们工作的一个总结。新生代的关注，是令人喜悦的。但，倘若这本书变成了凝固我们的发展、并使其停滞于一个死沉沉的句点的最后总结，那将是令人悲哀的。尽管我已四十有二，但我仍然是个学生。而且今天，我比其他任何时候都更感觉到一股力量的迫近；今天，正是这股力量鼓动着整个世界。我解析决定我们这个时代性格的要素，我相信这个时代，且我所力图使人明白的绝不仅仅是它外在的表象，而是它内在的意义：富于创造性的意义；建筑的真理不也正在于此吗？形色的风格，浮浅的时尚，过眼的烟云——幻像，把戏。相反，是建筑现象，是建筑现象的壮美抓住了我们，通过它，我领悟了结构[1]在精神层面上的性质。结构，通过创造性的力，形成一个体系，能够表达当前事件之综合，而非仅凭一时心血来潮表达的个人观点。我不相信所谓的自发的普遍公式，我也不相信所谓的内在的固有格式；我相信的是，每一召唤精神的建筑，仍是且永远是个人的作品。一个在此，一个在彼。观察、理解、抉择、创造，如此，便出现了解答；如此，其他人便认出了自己。

结晶在一个人心底形成的时刻，是最最动人的时刻。这结晶，每一个人都能够唤起，那便

[1] 建筑于我意味着通过精神的建造来行动。——原注

是，创造。创造的力量，正如我所在其中发现的，每一个人，不论其所具有的这种力量是渺小，是平凡，还是伟大，他都可在那里找到：幸福的秘密。尽管每跨上一步台阶困难也会随之增长，但，能够日复一日地追逐这快乐，我是幸福的。而我所悲的是竟少有人理解快乐的源泉即在于此，却执迷不悟地向别处寻求那达不到的或虚妄的天堂。

现代建筑师的使命是如此繁复，他得无处不在，且日日被成千的琐事所扰。我，在一旁，在一座宁静的花园里，培植着艺术的鉴赏力。“艺术”这个词，我知道，为青年一辈所不齿[1]，他们相信这样便可以根除学院派的不绝之患。倘若我不得不意识到诸世纪的垃圾玷污了我的手，那我也宁愿濯洗它，而非切除它。何况，我的手，诸世纪非但没有玷污它，却盈满了它。涉足艺术，你便成为自己的法官，你惟一的主人；面对白板，我们所铭刻其上的将是我们自己人格的不搀假也不容搀假的产物。这就意味着对责任的充分意识；于此，我们展示自我，认识自我——实实在在，原原本本的模样，不多一分，不减一毫。也就是说，磊落地把自己呈现于公众的评判之前，而不要再躲藏在偶然性之后。偶然性，失败总归咎于它，成功了却对它只字不提。

建筑，首先必须清楚明白地提出问题。这是一切的基础。这是决定性的时刻。我们是否可以将问题限定为对功能的彻底满足？那么，首先要回答的是，什么是功能。美，诗意，和谐，它们是否构成现代人生活的一部分？或者，对于现代人，居住的机器是否仅仅只是一部机器？于我，最美的人类情感便是追求和谐。无限之中，目标明确；它无限，因为它无处不在。

[1] 1928年，围绕“功能主义”的激烈辩论。——原注

直到1907年，在我出生的小城，我有幸师从艾普拉特尼尔（L'Epplatenier），一位极富魅力的老师；是他为我推开了艺术之门。我们就这样跟随着他，认识了各个时期各个国家的杰出作品。我还记得那个简陋的书架，就设置在画室的壁橱里，在那里收集了所有他认为对我们必不可少的精神食粮。而后是各地的游历。我结识了欧仁·格拉赛（Eugène Grasset），这位20世纪的精神之父。正是他为我指引了奥古斯特·佩雷（Auguste Perret）。今天的读者是否还能回想起1908～1909年间，佩雷所扮演的英雄角色？他断言了钢筋混凝土的建造，他还断言——继博多（Baudot）之后——新的建造方法必将带来新的建造态度。奥古斯特·佩雷在现代建筑的历史中无疑踞有一席，而且地位很高。他是个建立者。1910年，当我在德国提到他，并称其为迄今为止惟一一个踏上建筑新方向之道路的人时，人们嘲笑，人们怀疑，人们充耳不闻；人们根本就无视他的存在。人们把他建在弗兰克林大街的住宅视为“新艺术风格”，就因为他在外面贴了瓷砖！但是，听到了吗？这房子是个宣言！1908～1909年间，奥古斯特·佩雷让我认识了钢筋混凝土，他和我谈机器馆。[2]“装饰”，他说，“掩饰的往往是构造的错误。”忘了吗？在这个时代，在所有的国度，人们装饰，有装饰品的装饰，没有装饰品的也装饰，因为他们尚未等来真正的建筑，一个时代精神的表达。人们自觉是处在一种怠惰的、彻底没落的、完全不景气的状态之中。然而，自从史蒂芬森发明了蒸汽机车，一个新的时代开始了。

[2] 由工程师Cottancin为1889年巴黎博览会修建，1909年拆毁。弗朗兹·儒尔丹（Frantz Jourdain）将此拆毁称为“对艺术的摧残”。——原注

每一个人都有那么一个动荡的阶段，我们开始学着与人打交道，我们离开学生时代，我们满怀信心地投入到生活的伟大游戏中来，并相信，生活向着怀有美好意愿的人敞开，力量——恒，信，知——皆毫无保留地呈现，和着朴实而本真的骄傲，便有了蚍蜉撼树之勇，撼动那棵扎根单调生活的冷漠之树。就在这个时候，我恰好结识了一位年长的朋友，款待了我的犹豫和惊奇。他不相信塞尚（Cézanne），他更不相信毕加索（Picasso），但这丝毫未隔阂我们。他是个彻底的唯科学主义者。但，在自然的现象面前，在撕裂人类的纷争面前，他会动容。我们一同遍访名山大川——湖泊，高原，阿尔卑斯山。渐渐地，一点一点地，我变得愈发坚定，我明白一切都得靠自己。我的这位朋友名叫William Ritter。

大约是在1907年，在里昂，我结识了托尼·加尼埃（Tony Ganier）。这位前罗马大奖得主，他的“工业城市”的方案就是从罗马寄来的。透过社会现象，这个人感觉到了新建筑降生的迫近。他的方案显示了他的娴熟。那是百年法国建筑演进的结果，深受法兰西规划科学的影响。但，那些教授们，那些思想浮浅的教授们轻率地

对待这百年的演进，在学校里教他们的学生如何避开所有的现实，建造虚浮夸耀的、自命不凡的空中楼阁。然而，现世的生活撞击着这“不朽的穹顶”，在生活的围攻下，象牙塔必将倒掉。革命的思想已经在建筑学校的学生中间燃起。他们的西服上不别一枚教育勋章，他们开始为这些古怪的艺术作品感到不安，它们除了符合一个假定存在的社会，似乎别无他用。

战争期间，我一度离开了所有的建筑活动。战后，我感到被卷入了工业和经济的问题之中。我开始意识到我们正处在怎样一个喧嚣而不可思议的时代。我开始意识到，终有一天，它将势不可挡地产生出属于自己的建筑。一个新的时代不正在降生的阵痛之中吗？

“一个伟大的时代开始了，它新的生命源于新的精神：建造与综合的精神，由明晰的概念所驱动。”就是这一句，1920年，德梅（Dermée）、奥赞方（Ozenfant）和我，我们一同创办了《新精神》，一本关注当代活动的国际杂志。讨论被提升到一个新的高度。艺术家们得以发现，得以察觉那些热情洋溢鼓舞人心的事件……一个伟大的时代开始了……

豁然地，建筑的问题找到了他的民众。军团在各个国家形成，集结在未来的旗帜下，承受着同样的压力，渴望着同样的创造性理念。几年的时间，国际建筑诞生了，它是现代科学的女儿，它是社会新思的仆人。

新的建筑诞生了。她年青，她太年青。而学院派的挣扎是如此激烈。它正踱向死亡。对此它何尝不知？它用爪和喙反抗。死期到了，气数尽了，但它的哀号仍四壁回荡。

学院派在奥斯曼大道打开了豁口。它给巴黎绘制了一条直抵星形广场的凯旋大道。它需要荣誉，需要战利品；不过，它忘了巴黎的日渐萧条，忘了巴黎已经被机器压垮。在这个摇摇欲坠的城市，它却在盘算它的扈从和凯旋。结核病在贫民区蔓延。如此的战利品所来何用？全世界再也没有哪一家杂志愿意上演这临终一幕。[1]但是，新的建筑已经诞生，它是我们这个时代精神的表达。生命的力量更加顽强。

1922年，联合我的堂弟皮埃尔，凭着正直、乐观、开拓和不屈不挠的精神，当然还伴着好心情，我们开干了。两个相互了解的兄弟强过5个各怀异心的路人。既然我们不逐名利之事，那也就绝不允许妥协。我们全身心地投入到创造性的研究中来，那里是快乐之源。于是我们设计，从精微的细节到庞大的整体，到城市的研究。在我们塞维（Sèvres）大街的事务所里，来自各个地方的满怀热忱与激情的年轻人（法国、德国、捷克斯洛伐克、瑞士、英国、美国、土耳其、南斯拉夫、波兰、西班牙和日本），他们带来无私的帮助。大家一起干，自由融洽，又有共识的纪律。正是这些年轻人慷慨相助，我们才得以进行这无利可图的工作。也许，有一天，我们的工作能应当代社会之急需。

1900年前后出现了一项壮举：新艺术运动。一个悠久的文明抖落了它的破衣衫。1908年，当我来到巴黎的时候，弗朗兹·儒尔丹[2]的“Samaritaine”就已经矗立在那里了。但这个时代，我们自以为不乏幽默感地嘲笑他那布满铁艺浅浮雕的金属穹顶时，却忽视了全玻璃的侧立面（1929年莫斯科中央局方案我们采用的就是全玻璃立面）。我们知道在维也纳，在这个传统影响并不强大的国度，奥托·瓦格纳（Otto Wagner）做了创立新审美的尝试；我们还知道，约瑟夫·霍夫曼[3]（Joseph Hoffmann）设计了一个内部充满想像和趣味的建筑。而巴黎却完全笼罩在学院派的昏沉之中。但，这只是表象。我曾常去Cassini街，仔细端详Lecœur的那两座小宅邸；我还常去Réaumur街，那儿有座钢和玻璃的宅子。那时候，人们刚刚把埃菲尔铁塔对面的机器馆拆除。博多设计的蒙马特（Montmartre）圣吉恩教堂，我们觉得它非常难看，但却忘了去认识这项发明的意义所在。更远处，是奥古斯特·佩雷于1906年建造的Ponthieu车库。埃菲尔铁塔位于塞纳河畔，一座钢结构的跨河步行桥就在旁边。只要睁开眼睛便会发现，工厂和大作坊的“带形窗”就在巴黎近郊，没有40年也得有20年了。然而当时盛行的却是新诺曼底风格。屋顶炫耀着，挺得跟金字塔一样高。

[1] 这些辛辣的文字写于学院派洋洋得意之时（人们会记住他们是以怎样的手段），当时，日内瓦国际联盟宫的建造最终委托给了4位学院派建筑师。——原注

[2] 弗朗兹·儒尔丹（1847～1935年），法国建筑师兼艺术评论家，新艺术运动的领军人物，代表作Samaritaine商店（巴黎）。1903年，他创办了秋季沙龙。——译注

[3] 约瑟夫·霍夫曼（1870～1956年），奥地利建筑师，奥托·瓦格纳的弟子，新艺术运动及功能主义的代表人物之一。——译注

建筑的创意似乎全局限在那令人缭乱的花哨之中。

1909年的一天，巴黎美术学院建造课的教授生病了，由巴黎地铁主任工程师代课。“先生们，在下面几节特别的课程中，我将向你们介绍一种新的建造方法，就是，钢筋混凝土……”可他没法继续下去，倒彩、嘘声、口哨声淹没了他！学生们喊道：“你把我们当包工头了吗！”于是，怯生生地，他开始讲中世纪的木屋架构造。

秋季沙龙举办的装饰艺术展一时间引起轰动。人们见识了新的室内。但那实际上只不过是老酒换新瓶。1913年，一本杂志带来了弗兰克·劳埃德·赖特（Frank Lloyd Wright）的作品，这位先驱是一位更伟大先驱沙利文（Sullivan）的弟子。中欧诸国——比利时、荷兰、德国——一方面他们追随1900年在法国掀起的运动，另一方面，他们想方设法回避新艺术运动的肤浅。但实际上，人们还是遵循着历史的范例，并力图赋予其现代的意义，使其符合时代精神的节拍。贝尔拉格（Berlage）（创造性的努力），泰森诺（Tessonow）（简洁、经济），凡·德·费尔德（Van de Velde）（绘画），以及贝伦斯（Behrens）（绘画），他们以一种新的精神姿态，追求建筑的目的和审美的意图。当然，我不可能一一列举这个动荡时代的所有先驱。在“明星”的周围是不计其数的研究者，他们的工作涉及方方面面，他们的目的只有一个——建筑的复活。

战后，我们见识了弗雷森纳（Freyssinet）[1]，在Orly的库房，见识了美国的谷仓。它们博得了一致的赞誉。十年，我们目睹了航空工业的诞生。战争，它本身并不创造，但通过技术进步，它加速了现代建筑的诞生。

我13岁半离开学校，当了3年的雕镂工学徒。17岁有幸遇到一位不怀成见的先生，把他别墅的设计委托给我。我用极大的细心和丰富的细节来建造它，真是动人！当时我才十八九岁。这栋别墅可能挺糟糕，可它至少没有受建筑陈规的影响。从那时起，我坚信，一栋房子是这样的：它由工人用材料建造，成功与否取决于平面和剖面。我对学校的教育怀有极大的恐惧：包医百病的药方，神不可犯的规则。我意识到，在这个不确定的阶段，唤醒自己的判断有多重要。用省下来的钱，我游历了几个国家，远离学院，做一些实践的工作谋生。我睁开了我的眼睛。

有一天，人类的创造达到无可置疑的明晰状态，它们形成体系；而后，被纂入法典；最后，被送进博物馆，那儿便是它们的坟墓。新的思想又产生了，新的发明又涌现了，一切都被怀疑，所有皆被掀翻。周而复始，永不停歇。终有一日会衰竭的是个人的创造力：但那也仅仅是个人的，而绝非建筑的终结。新的一代继往而来，他们毫不客气地爬到你的头上，踩在你的肩上，他们不会向跳板言谢，他们只顾向前冲，轮到他们把思想投向更远方。

新生，现代建筑方兴未艾，但它必与今日途殊。明日发生的事情，我们在今日的现实中无法想像。不过，别担心，也别担心今天，这只不过是新时代的一道曙光。

1929年9月于巴黎

[1] 弗雷森纳（1829～1962年），法国工程师，他完善了预应力混凝土技术，带来结构上的革命。——译注

注：如果我说了过多的轶事和看似琐碎的细节，那不过是为了触动那些被疑虑纠缠、被困难压垮的年轻人。人们不也预言我一事无成吗？难道就因为我没有接受过学校的正规教育，没有出色的文凭就不能在建筑实践中有所作为？文凭，这顶过重的冠冕浮夸了学习；而且，加冕之时很可能就是创造力枯竭之日。

随后的几页包括柯布西耶的旅行速写及感想

东方之旅

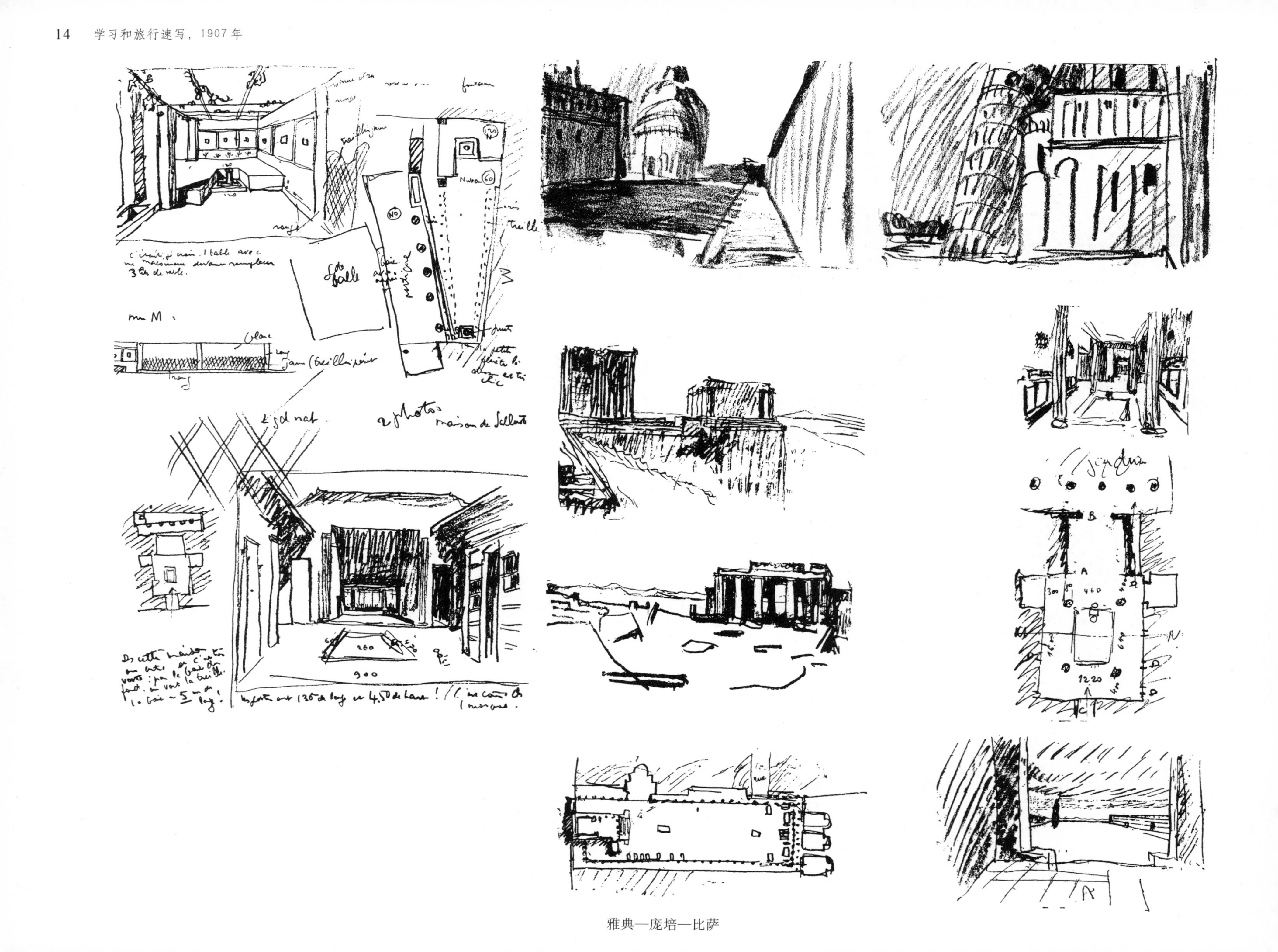

雅典—庞培—比萨

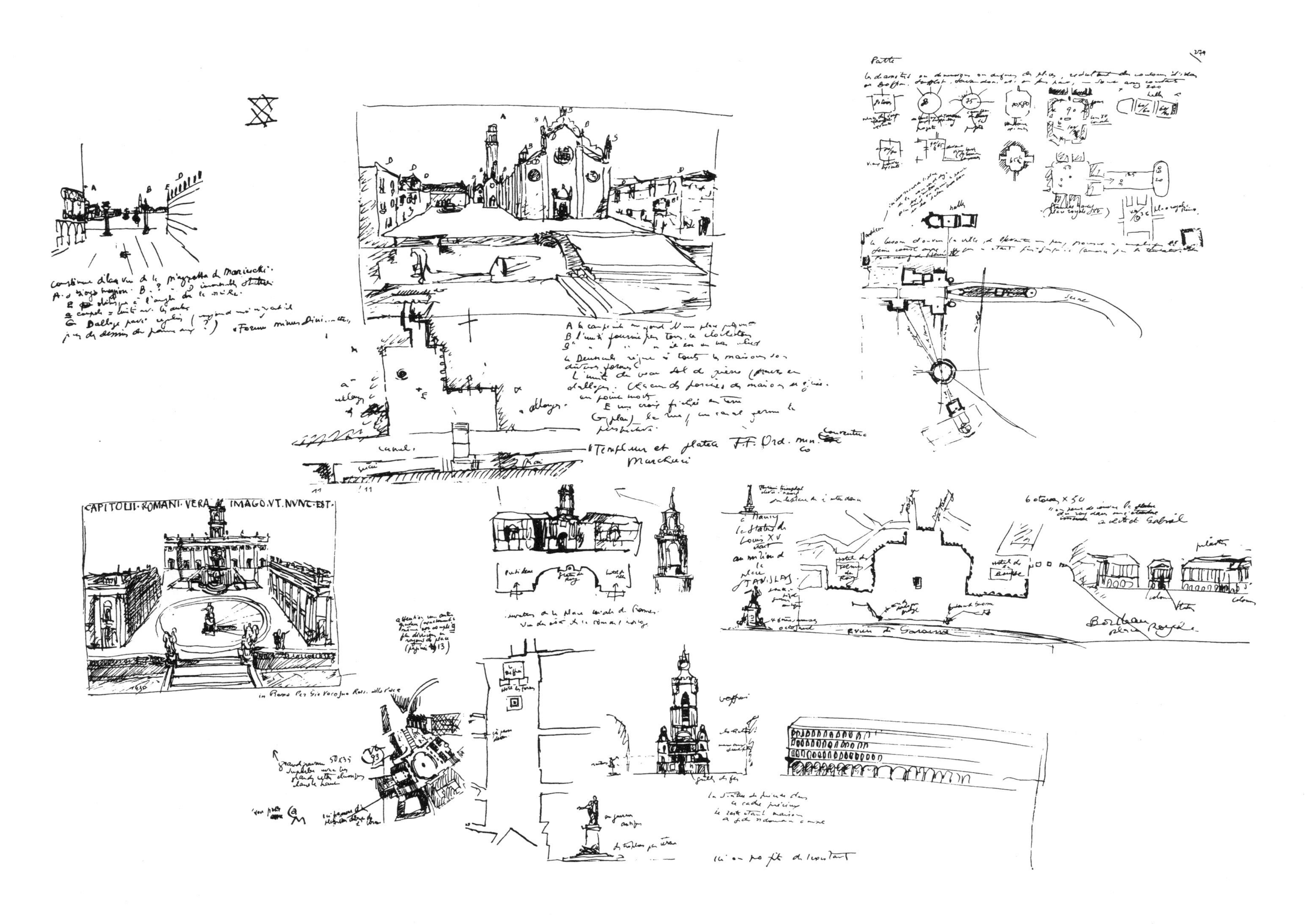

威尼斯—罗马—法国

中国—日本

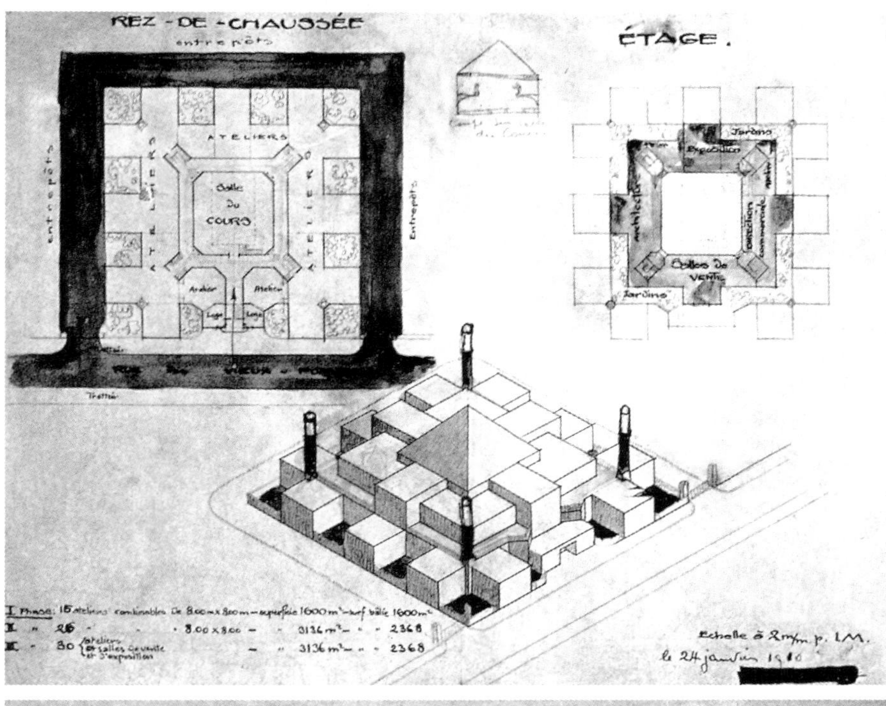

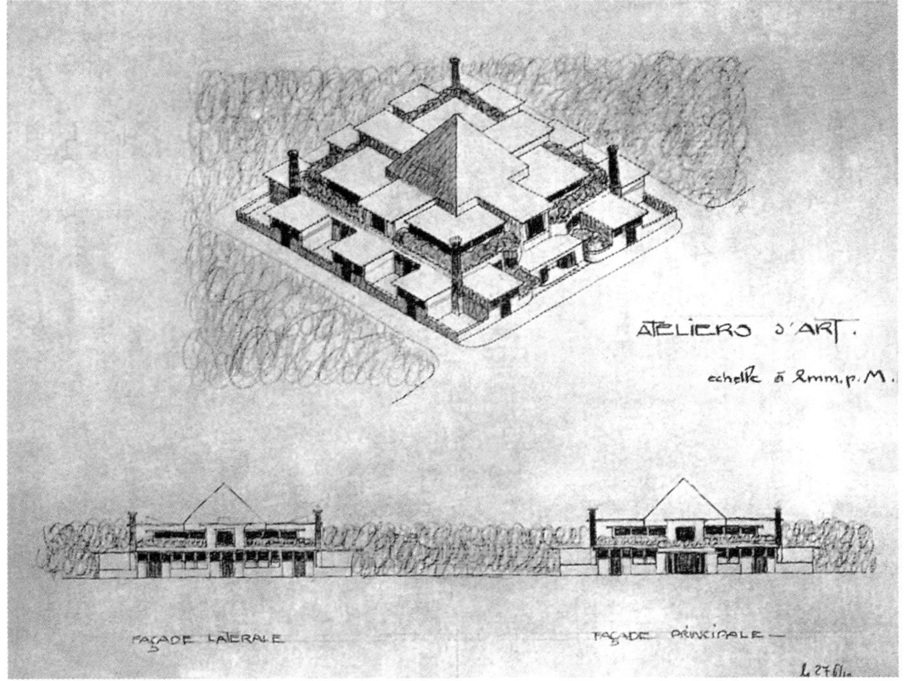

艺匠作坊

艺匠作坊，1910 年

这个 1910 年的方案是设计一所应用艺术学校，其创立旨在复兴营造工艺的教学，其纲领与魏玛的包豪斯极为类似。

这所学校，设置在一处临时的场所，它的教学在方方面面引起了争议，所惹的麻烦使它备受攻击，最终校长不得不“引咎”辞职。

考虑到将一定数量的标准体量的作坊分配给不同的营造工艺：石雕、木雕、镶嵌、彩绘大玻璃窗、压型金属、壁画、吊灯等等，（1910 年，这些想法还仅仅是想法！）作坊集聚在一个中心教学机构周围。学徒们汇集于中央的大教室，老师就在此教授设计原理。每一个作坊都配备了一个围合的小院，可以进行露天操作。方案的构思基于标准尺寸的单元，这使得扩建成为可能。

1910 年，这些已经成为建筑师们专注的焦点：组织，批量生产，标准化，扩建。

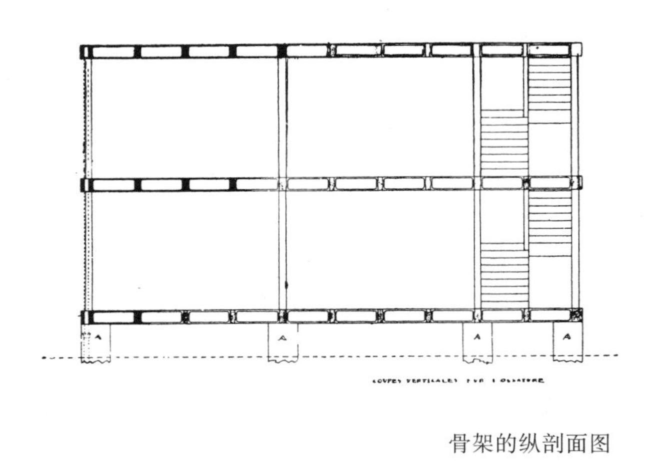

骨架的纵剖面图

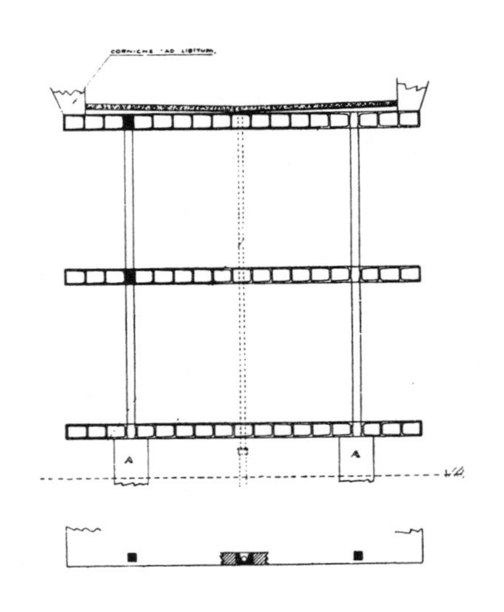

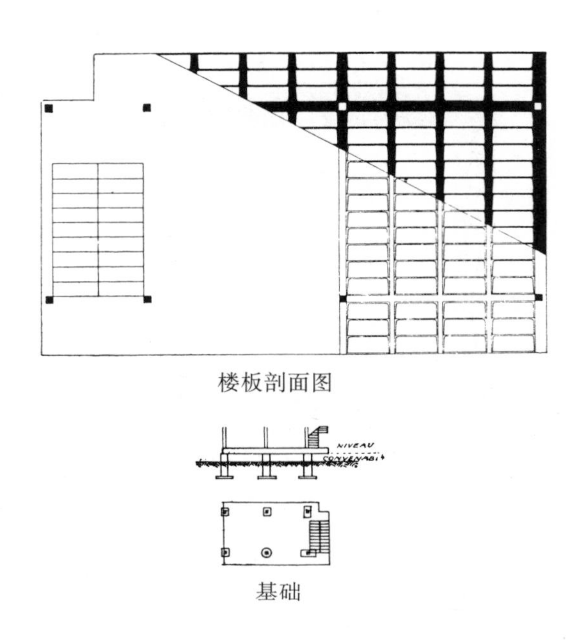

楼板剖面图

基础

“多米诺”住宅，1914～1915 年

直觉来自灵光一闪。面对所有战争继来的问题，面对所有当下实际的问题，1914 年，一个概念被提出，纯粹而完整，关于一个建造的体系。直到 15 年后的 1929 年，以卢舍尔（Loucheur）法的颁布为契机，柯布西耶和皮埃尔才得以完整地运用这套“多米诺”住宅的原则。针对这个体系的各个细节，15 个年头的调整校准，为的是有一天房子能够盖起来。

问题的提出：1914 年 9 月佛兰德第一次遭受战争的洗劫。“这场战争也就持续 3 个月！”“也就需要用几个月的时间来重建毁掉的村镇！”这样，噩梦很快就会过去。（这是当局公开的认识，而人们是如此乐于援引！）

于是，我们构思了一个结构体系——骨架——完全独立于住宅平面功能的骨架：它只承载楼板和楼梯。它由标准的构件组装而成，彼此可以联立，住宅的组合于是便具有了丰富的多样性。在此，钢筋混凝土的浇筑不需要模板。实际上，这是一种专门用于工地的现场材料，工字钢梁临时钩在固定于每根柱顶端的柱环上，构成简单的支架，通过这种方法确保楼板上下表面浇注平整；混凝土柱就在建筑脚下浇筑，并随着上方模架体系竖立起来。技术公司把骨架销售到全国各地，其组合与定位取决于规划建筑师，或更简便地，由顾客来决定。

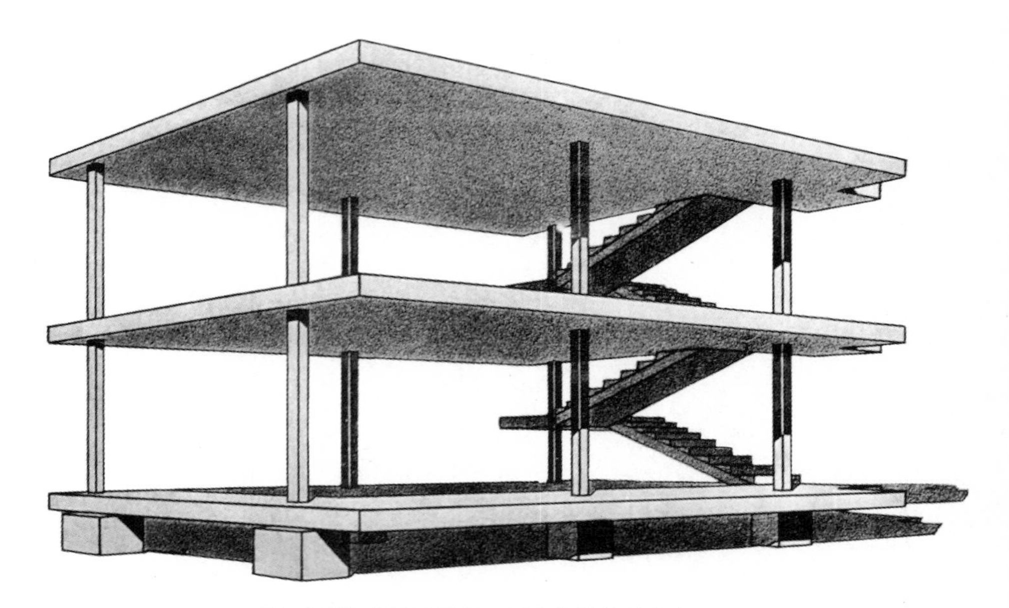

“多米诺”的标准骨架，可大规模批量生产

接下来要做的是把居住放进这些骨架中来，“多米诺”骨架的规格，柱子独特的位置，使得平面布局有了无法穷尽的可能性，如此便使立面上所有可以想像的采光方式得以实现。另一个上面提到的公司的兄弟公司，将

出售所有与住宅相关的配套设施，即，所有可以在工厂大批量生产的、遵循标准尺寸的、能够回应合理设施多样化要求的构件：门、窗、标准格架（可用作壁橱、橱柜、家具，或构成隔断的一部分）。设想一种全新的施工方法：把窗挂在“多米诺”骨架上；固定好门和门框；我们把格架排成行构成隔断。这时候，也只有在这时候，我们才开始建造它的外墙和内部的隔墙。“多米诺”骨架是承重的，所以内外的墙体可以使用任何材料，特别是那些下下选之料，诸如历经火海的石灰石，用战后的瓦砾残渣制成的煤砖等等。

“多米诺”住宅。将这种建造方法应用于一栋工厂主住宅，它的造价与简单的工人住宅相当

按照“多米诺”骨架批量生产的住宅组团

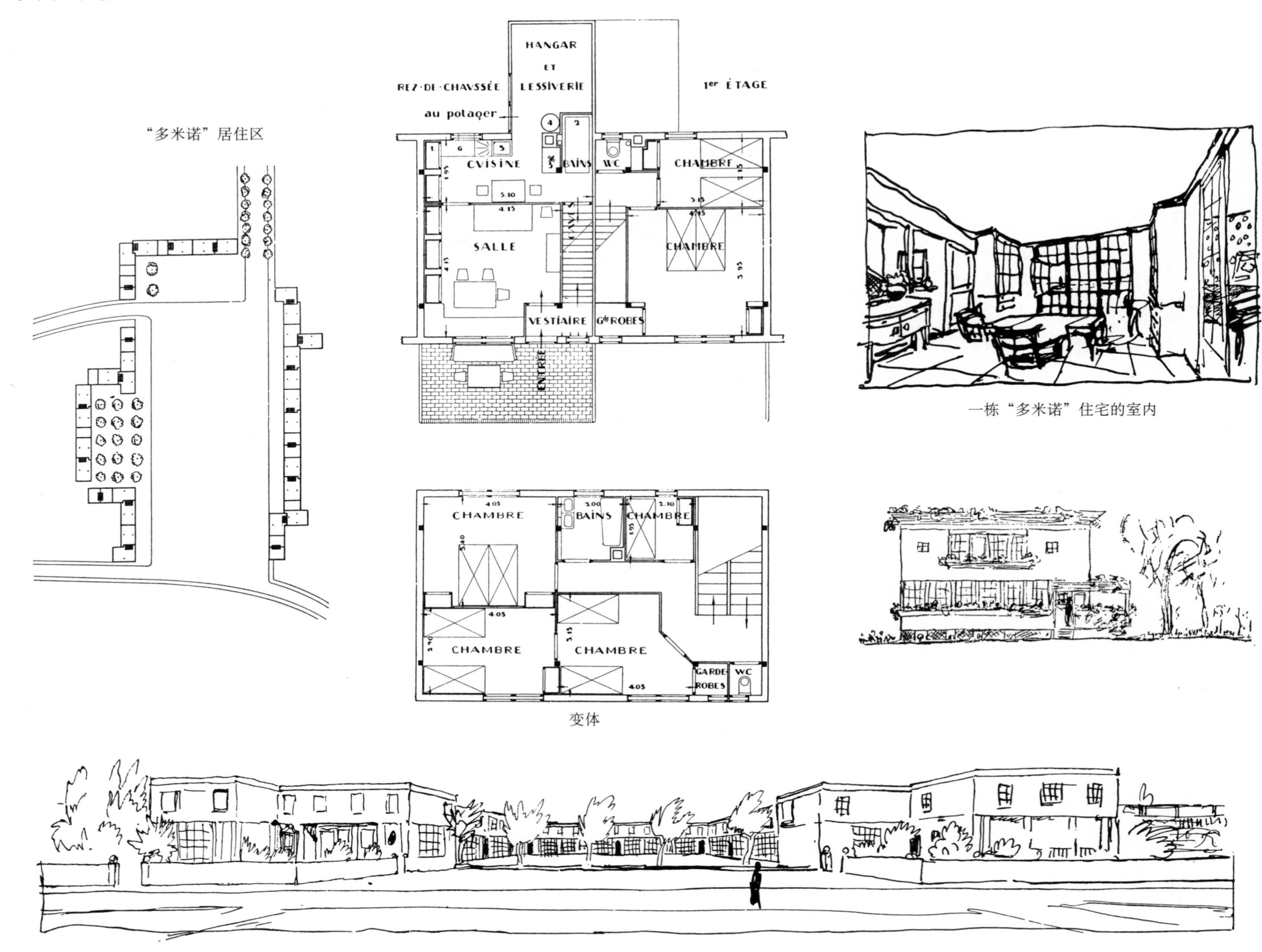

“多米诺”居住区

一栋“多米诺”住宅的室内

变体

“多米诺”住宅

按照“多米诺”骨架建造的住宅组团

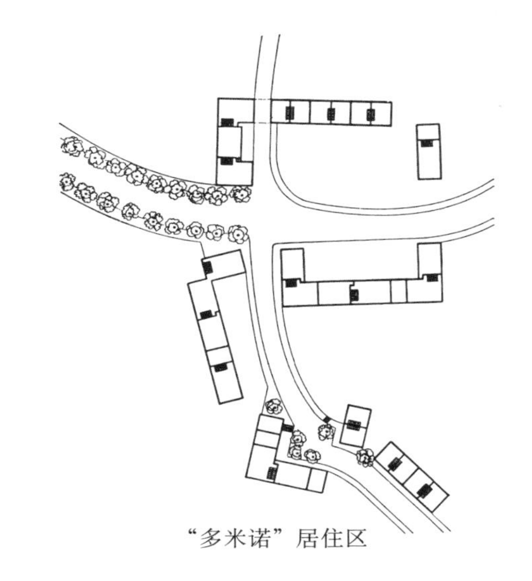

“多米诺”居住区

一言以蔽之，我们所设想的是灾民源于他们自己的主动性漂漂亮亮地建起6个、12个或者18个基础方墩，向承包公司预定1个、2个或者3个“多米诺”骨架；另外，向那个兄弟公司预定住宅配套设施所需的各种物品。然后，一笔资财加上自己的力气，灾民的新家就在他们自己的手里立起来了。没有任何技术上的担忧，不需要任何专家，每一个人都可以盖自己的房子，遂自己的愿。

尽管这种自主性带有个人主义色彩，但技术手段将带来根本的统一，并保证以这种方法重建的村镇在建筑上的可靠性。

这项技术促成了对一种建筑审美新情感的表达。分析问题：就佛兰德被毁的区域而言——在所有历史馈赠的证据中，窗处处为主导；佛兰德历史上的住宅，说真的，曾是玻璃房子（布鲁塞尔、卢维、安特卫普等等）。总之，佛拉芒的文艺复兴建筑曾是如此大胆，它对钢筋混凝土的新建筑是很好的鼓舞。

按照地域主义建筑的观点，第一个警报不期而至：一位意大利议员要求采用同样的手段重建他们毁于地震的西西里岛。那个1915年的契机首次促使我们深入思考——一种国际式的建筑即将来临。

按照“多米诺”骨架批量生产的住宅组成的村落

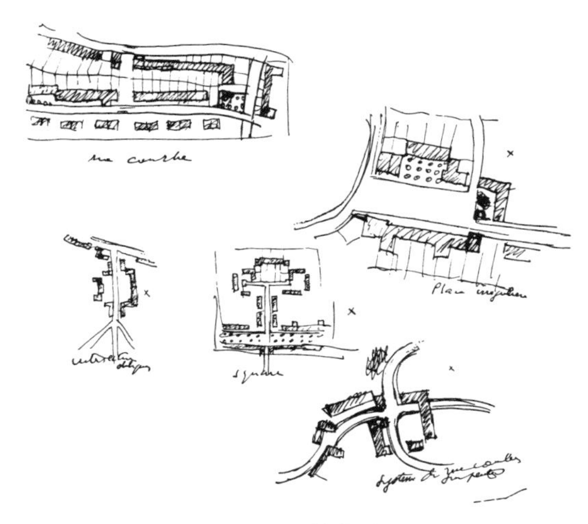

不同的布局

罗讷河上的Butin桥，毗邻日内瓦，1915年

桥梁建造竞赛方案草图。设计要求禁止使用钢和钢筋混凝土，只限用石材。包含一条位于上层的24m宽的道路和一条位于其下的火车通道，含两条平行的“瑞—法”铁路线。尽管不得不使用石头作材料，但提出的解决方案仍然简洁明了：巨大的石拱支撑着高架桥，最大限度地镂掉拱脚中间的部分。结果方案落选，因为它有3个桥拱；但实际呢，建成的正是一座三拱桥！

附：柯布西耶写给保罗·波烈(Paul Poiret)[1]的一封信

保罗·波烈曾与柯布西耶谈到在海滨建造一处别墅的方案。在一封附有草图的信中，柯布西耶提出与审美传统相决裂的建筑主题，并推荐了一种钢筋混凝土风格的要素——新的布局、新的自由——及一种全新的态度。

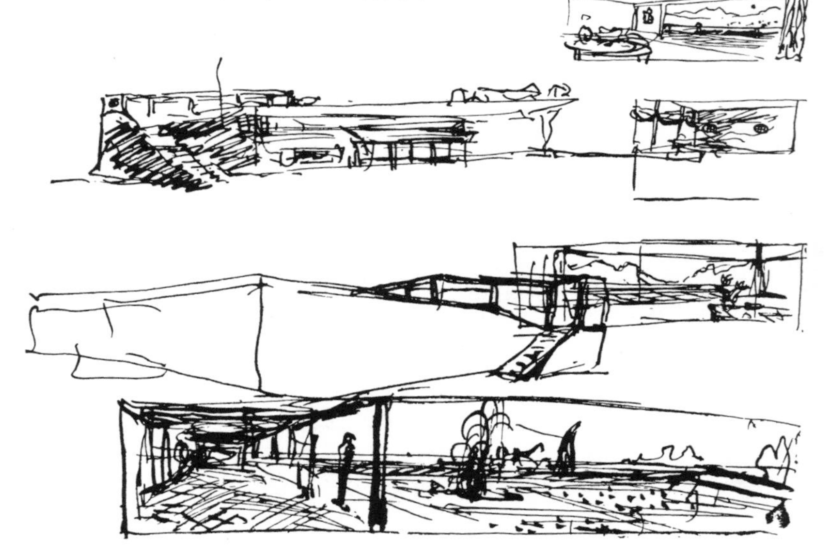

一封致保罗·波烈先生的附草图的信

---

[1] 保罗·波烈（1879～1944年），法国时装设计师兼室内设计师，掀起了一场时装界的革命。他的杰出贡献是废除了女士的紧身胸衣。——译注

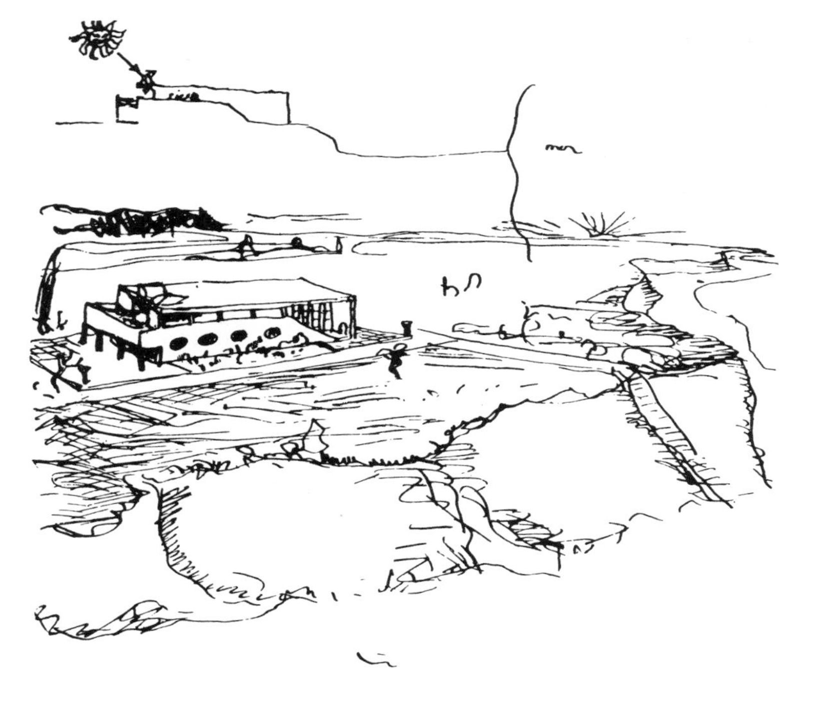

滨海别墅，1916 年

滨海别墅

以批量生产的构件来建造双向布置的5m × 5m钢筋混凝土柱网和钢筋混凝土的平拱楼板。采用与工业建筑类似的骨架，结合轻质隔断，平面布置自如，而成本却是这些建筑中最低的。

审美于此赢得了最重要的模数上的统一。通过复杂建造的简化所获得的经济上的节省，使进一步扩大面积和体积成为可能。轻质的隔墙今后可以移动，平面布局可以轻而易举地被改变。

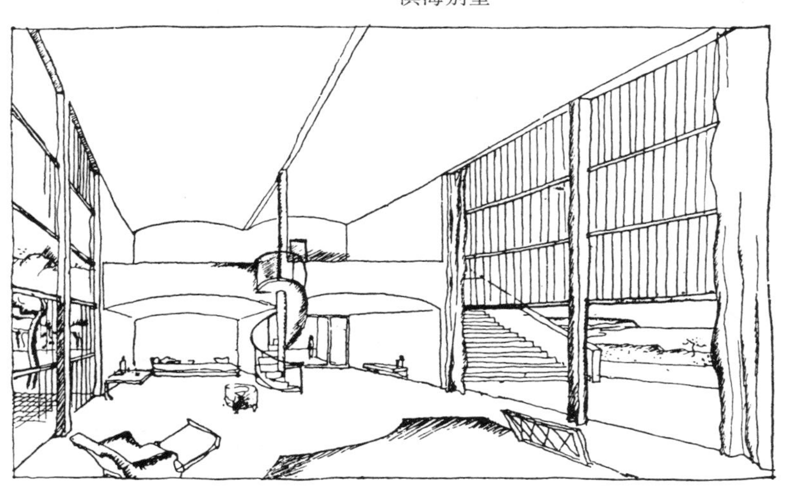

别墅起居室

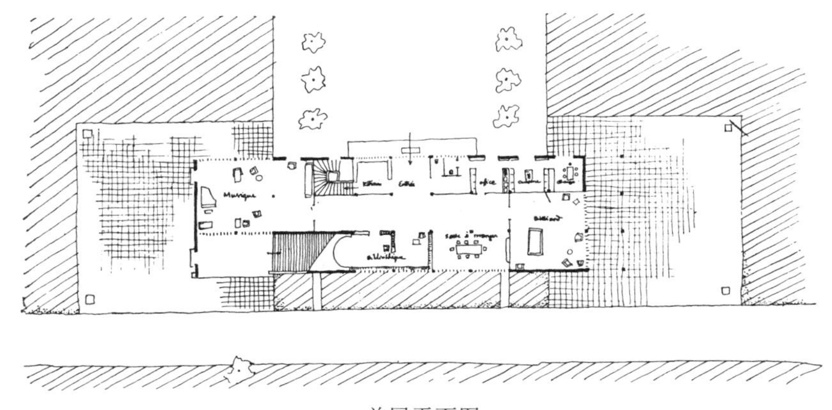

首层平面图

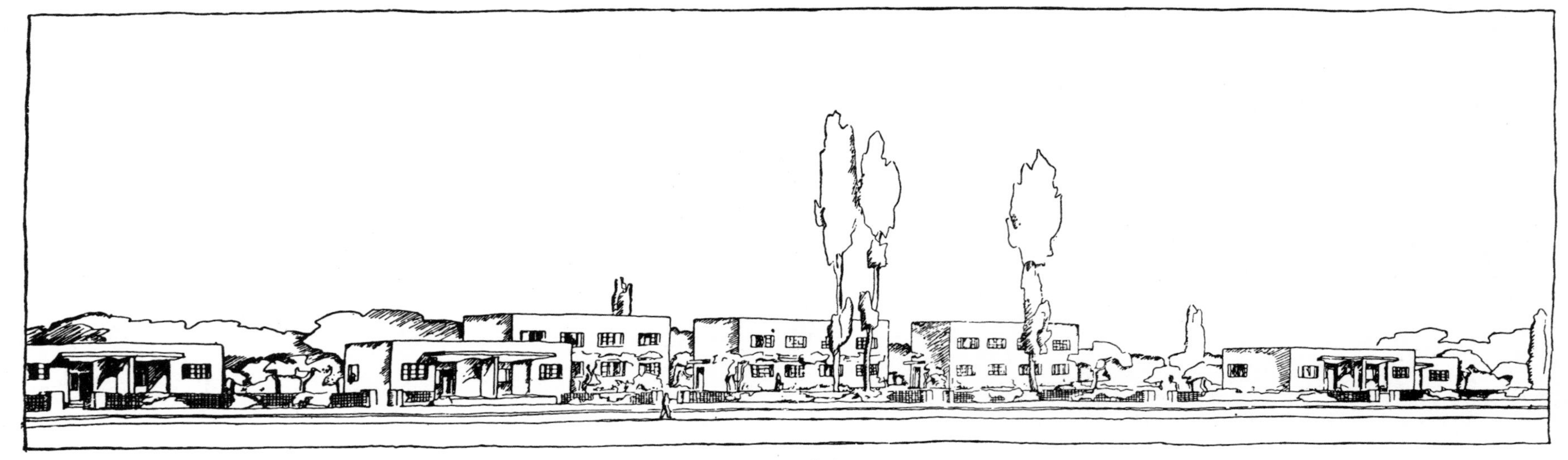

粗混凝土住宅

Troyes 现浇混凝土住宅，1919 年

粗混凝土住宅。场地由砾石层构成。采石场设于此地；石灰搅合砾石，在40cm深的浇捣模里浇筑；钢筋混凝土的楼板。一种独特的审美直接产生于手段。现代施工的经济性要求直线，并且只要直线。直线是现代建筑的大成，这是一种恩赐。应当将浪漫主义的蛛网从我们的思想中清理出去。

现浇混凝土住宅。它们是用水泥砂浆从上面灌进去的，就像灌满一个酒瓶。3天，只需要3 天房子就盖起来了。它从模板中出来就像铁铸的一般。如此“洒脱”的手段，人们却抗拒它，人们不信任花3天立起的房子，应该用一年的时间，应该有尖尖的屋顶、老虎窗，还有阁楼！

现浇混凝土住宅

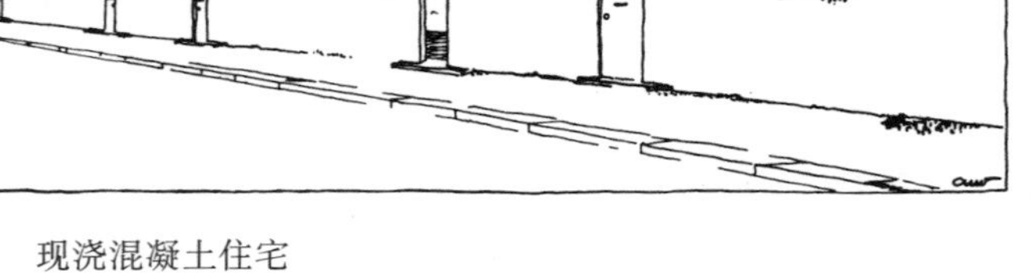

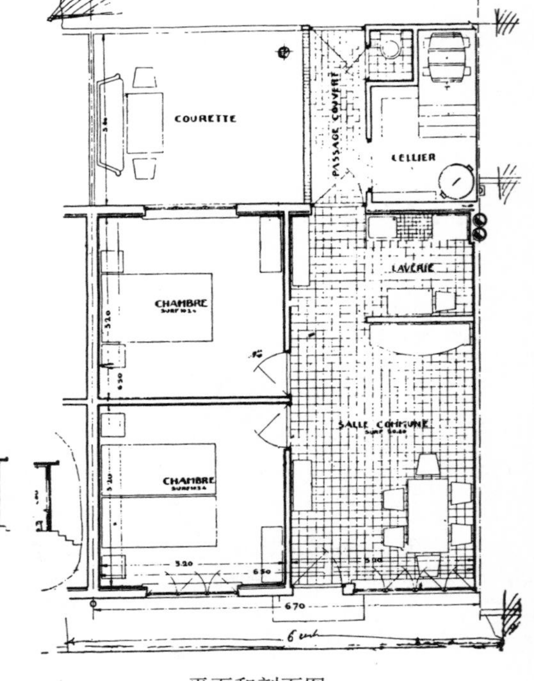

平面和剖面图

“Monol”住宅（2层）

一栋“Monol”住宅的室内

整体“Monol”住宅，1920年

谈到批量生产的住宅，就不得不说地块划分。建筑构件的统一是美的一项保证。而建筑整体必要的多样性是由地块划分所提供的，它决定大的布局，演绎出真正的建筑韵律。一处批量建造的、地块划分得当的村落，会给人以安静、规矩、干净利落的印象，并必然会将纪律植入居民的心中：美洲已然向我们展示了取消围墙的范例，这要归功于在那里形成的尊重他人财产的新风尚；于是市郊给人以开阔的印象，因为隔墙不见了，一切都在阳光下，一切都明明白白。

“Monol”住宅（1层）

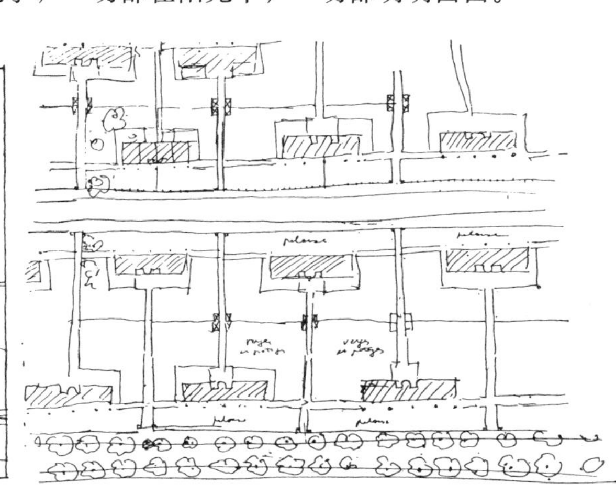

地块划分

雪铁龙住宅，1920年

睁开眼睛——我们常去巴黎市中心的一座小型马车夫餐厅吃饭。厨房和吧台（柜台）位于底层；阁楼把房间的高度一分为二；门面朝向街道。有一天，我们突然意识到这就是证据，证明每一种建筑机制都能与人类住宅的组织相通。

位于端头一个完整的大窗洞(光源的简化)；位于两侧的承重墙；上面的水平屋顶——这些就构成一个真正的盒子，一个可以有效地用作住宅的盒子。我们打算在法国各地推广这种房子；那两堵侧墙将是砖砌的、石垒的，或者是地方的小投机贩用煤砖砌筑的。惟有剖面图揭示标准化楼板的构造，其所遵循的是钢筋混凝土极清晰的施工方法。

这第一个屋顶带花园的、结构框架批量生产的小住宅，将作为开启随后一系列研究的钥匙，这些研究将在若干年内分阶段展开。

人们已经认识到，巴黎郊区工厂的装配玻璃在提供采光的同时还可以防御盗贼，且免去了细木工的麻烦。人们认识到，只要运用得当，它们将散发出一种具有强烈吸引力的美。通过这个住宅，人们将不会再理睬那些刻板的学校的建筑观点，那所谓的“现代主义”。

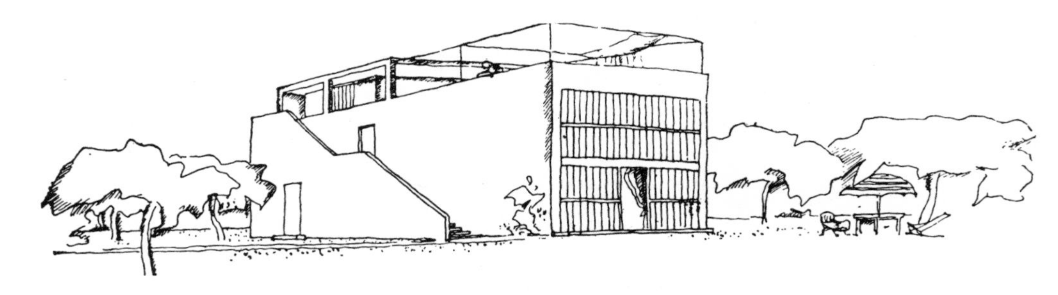

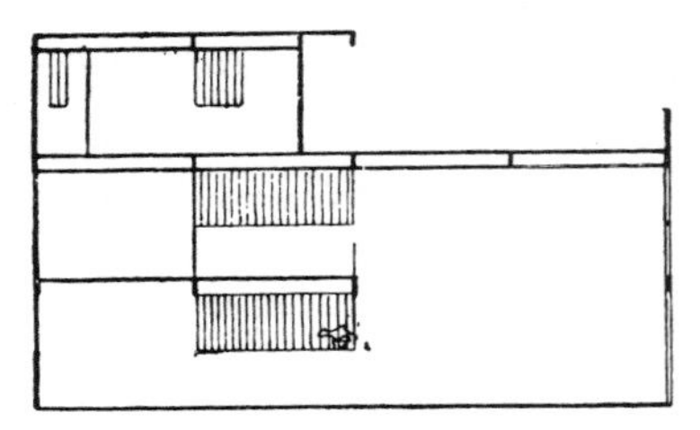

剖面图

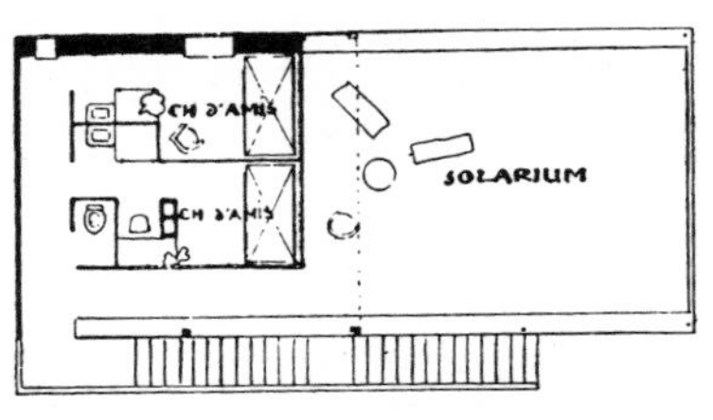

屋顶层平面图

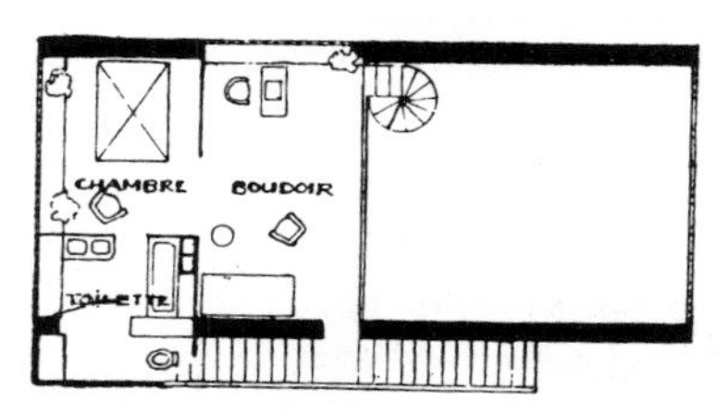

（首层与二层之间的）中间层平面图

注: 雪铁龙住宅。两堵独立的承重墙，采用当地的材料：砖、石、混凝土砌块等等；楼板遵循同一模数，由工厂生产的系列窗框及实用的小窗也遵循同一模数。房间的布置对应各种家务的操作；充足的照明对应各房间的用途；卫生的需求要优先考虑，要永远心怀敬意地料理好家庭。

——勒·柯布西耶

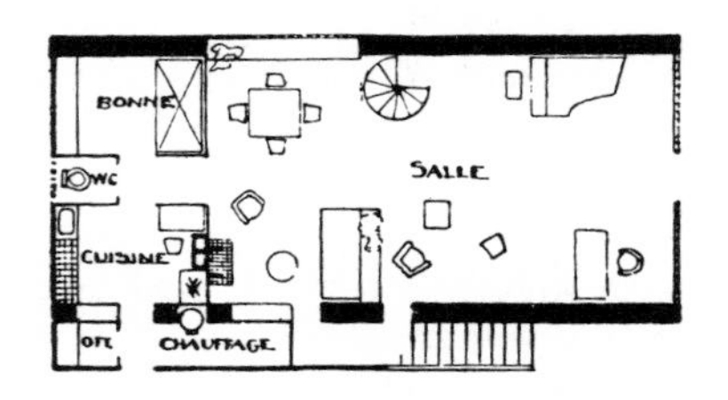

首层平面图

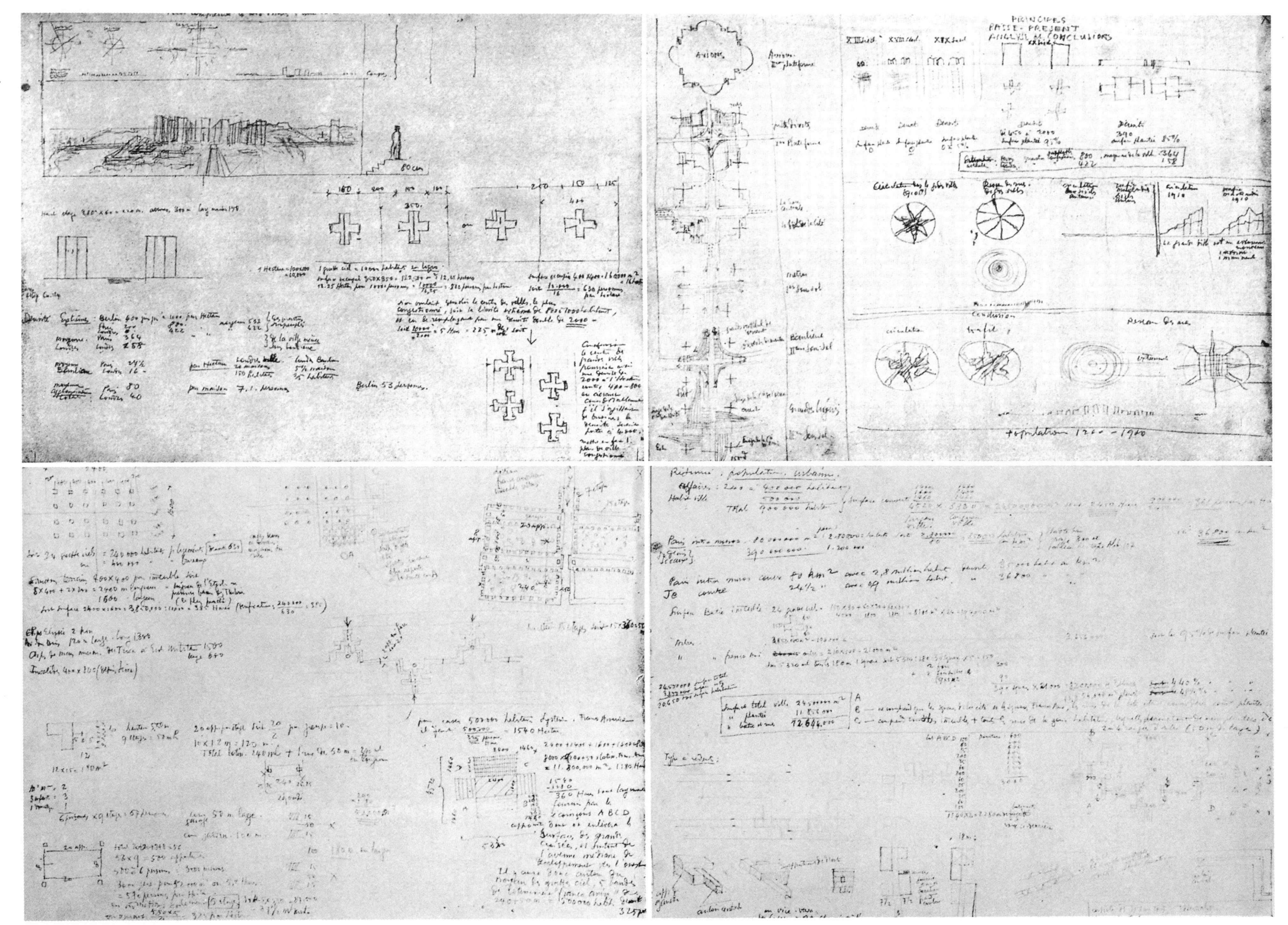

柯布小本子上的几页，有关300万人口当代城市的几个基本问题的研究

"一切皆可还原为球体和圆柱体"

存在单纯的、能够唤起恒常感受的形式。衍生出来的变体，以及组合的过渡等级，干涉和引导着第一感觉（依由大到小，由主到次的顺序）。例如：

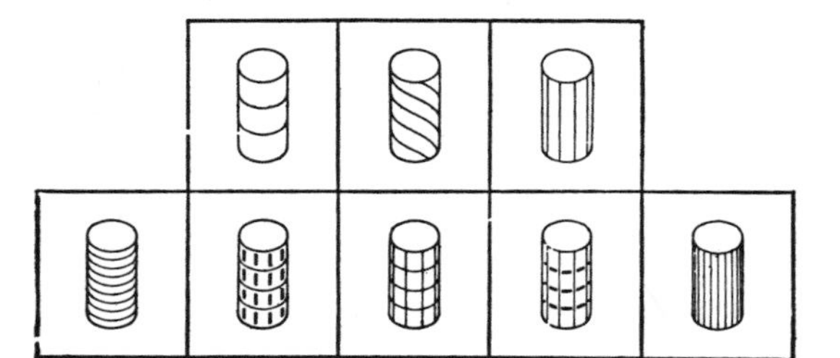

《新精神》，1920年

柯布西耶所力求的是开创《新精神》（1920年10月创刊），立足于一切造型无可争议的基础：形式，人眼所见的形式。客观的、积极的态度；清晰的阐释，清晰的概念，还有，行动。

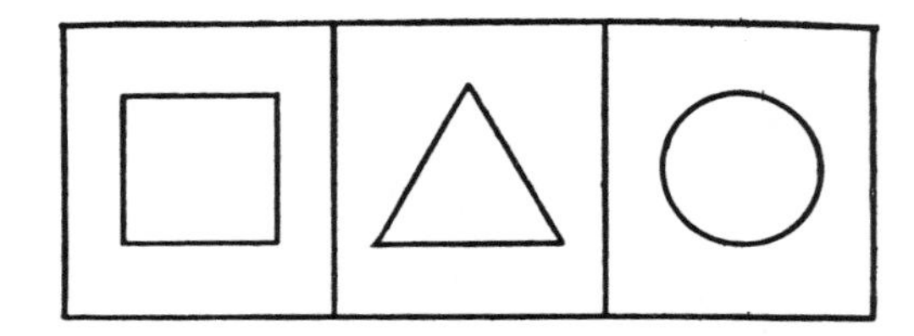

提请建筑师注意的三点

建筑，与"风格"无关

1．体量

建筑，是会聚在阳光下的体量间精巧、正确而卓越的游戏。

2．表皮

体量由表皮包裹，表皮依照体量的准线和母线来划分，突出这体量的特征。

3．平面

平面是生成元。

平面承载着感觉的要素。

摘自《走向新建筑》（1923年）

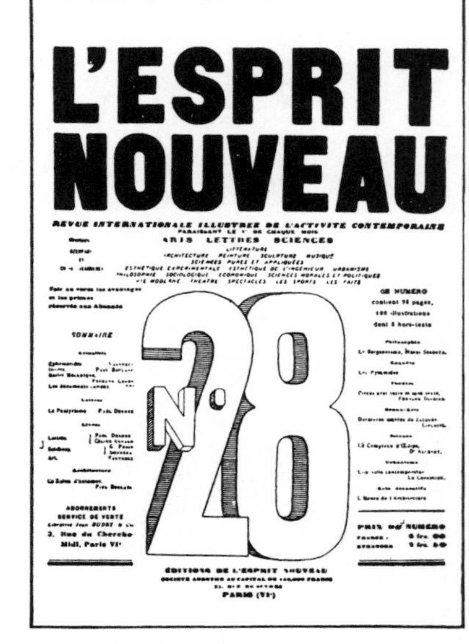

这是一个基本的圆柱体，经过系统的变形，唤起了主观感觉的游戏

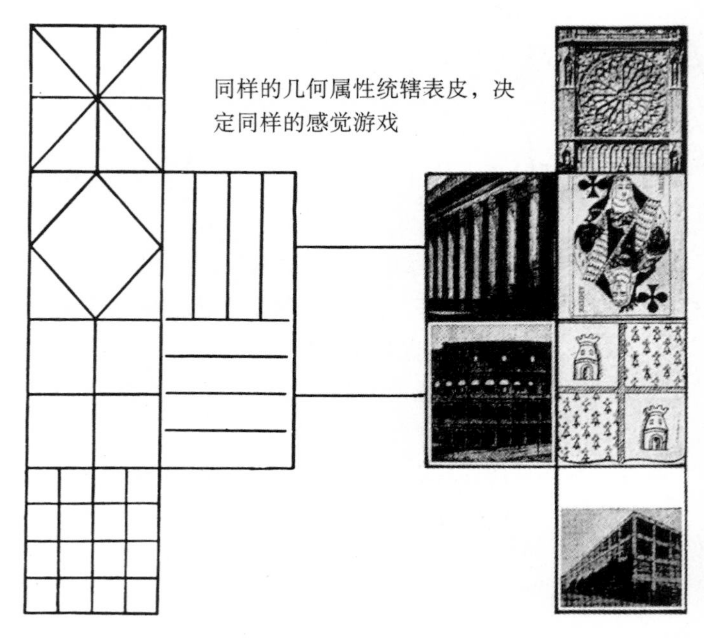

同样的几何属性统辖表皮，决定同样的感觉游戏

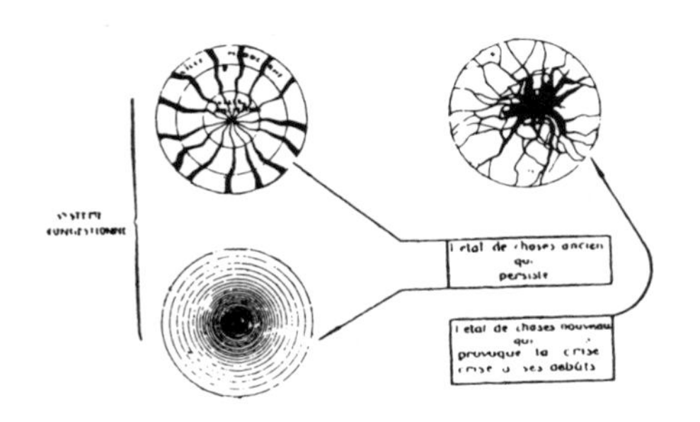

300万人口的当代城市

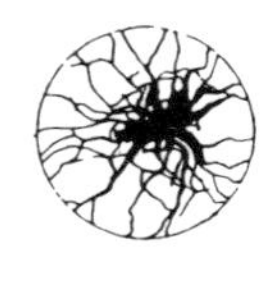

通过技术分析以及建筑综合，我拟定了一个拥有300万人口的当代城市的规划方案。这项工作于1922年9月在巴黎秋季沙龙上展出。迎接它的是惊愕，这惊愕导向愤怒或狂喜。方案直截了当地展示出来，缺少解说，没人读得懂。我真该到现场回答那些基本的问题，基于存在本身的问题。这样的问题提出了首要的关注，它们是不得不解答的问题。为此，我撰文以澄清城市规划的新原则。我坚定地开始回答的首先是这些基本问题。我采用了两个论证范畴：首先是人类本质的范畴，精神的标准，心灵的标准，感觉生理学（我们的感觉、人的感觉）；然后是历史的范畴和统计的范畴。我触及人类的根基，占据其中，展开我们的行动。

我想我已通过储备确定性的阶段来引导我的读者。接下来我将展开我的方案，平静地接受——他们的震惊将不再是呆愕，他们的敬畏将不再是惶恐。

公报中的一页，由柯布起草

1922年7月的一天，秋季沙龙都市部的负责人，Marcel Temporal先生，向柯布西耶建议为下一期11月的秋季沙龙做些什么。他说道："都市艺术嘛，就是店面、锻铁的招牌、住宅的大门、街上的喷泉什么的，所有我们用眼睛在马路上看到的。就来个漂亮的喷泉，或类似的什么吧！"

我们做了点别的："300万人口的当代城市"，27m

长的巨大展台，还有100m²的全景画。所有这些，没花一分钱。若非弗朗兹·儒尔丹先生这位秋季沙龙的主席慷慨相助，这冒险将会流产。

这项研究，将把人们带入一个逼近确定性的令人惊叹的世界。分析推导出了新的尺度和规模，而综合最终得出一个都市有机体，它与现实的存在是如此不同，甚至令人难以想像。

这项研究引发了一切可以想像的讨论，其激烈程度与日俱增，朋友们说："你们给月球设计的吧！"不过，到现在为止，还没有任何技术上的证据能有效地反驳这个方案的合理建议。

1．不同历史时期的路网（平面、剖面图），等比例尺绘制。

14世纪——人口密度为200人/hm^2；街道宽度为3m、5m、7m；绿化率为0。

1650年在巴黎出现第一辆四轮马车。

18世纪——人口密度为400～800人/hm^2；道路宽度为7m、9m、11m；内院局促且不卫生。

19世纪——奥斯曼大道，宽达35m；人口密度为200人/hm^2；绿化率为5%；很多内院的通风和采光都不充分。

巴黎目前的平均人口密度为360人/hm^2。

2．20世纪——倡导的体系：

a）人口密度为800、1200～2000人/hm^2；绿化率为95%；摩天楼的间距为250m。

b）人口密度为390人/hm^2；绿化率为85%；取消内院，每套公寓朝向一个比图伊乐宫（Tuileries）还广袤的大花园（400m × 600m）。

不容置疑的现实

1．事物旧有的状态：

城市中心布满最精细的路网，那是古老城市的遗留物。

2．事物新的状态：

猛然涌入城市中心的大量人群，使过于纤细的路网拥挤不堪。

汽车交通引入了一种新的因素，短短10年不到的时间，彻底扰乱了城市的心血管系统——今日巴黎街道所承载的各类机动车多达25万辆。

这两种相互矛盾的状态所引起的危机已相当严重，如果不鼓起最后一点力气做些什么，那将是死路一条。

结　论

一座300万人口城市的梗概轮廓

分类	居　民
中心商业城	40万
中心周围的居住区	60万
城市发展预留区	
城市周边的花园城	200万

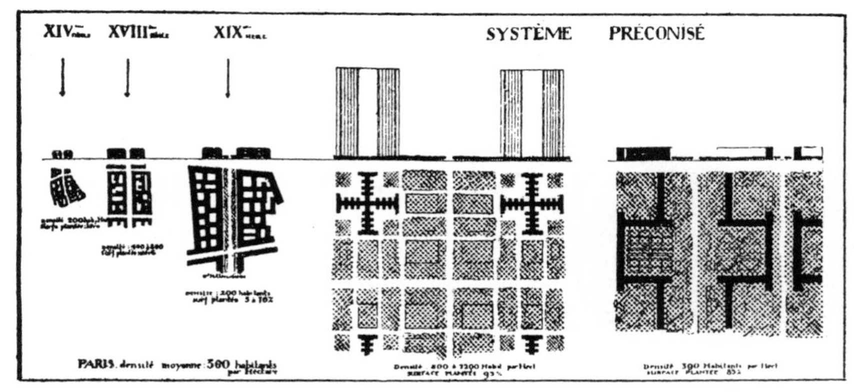

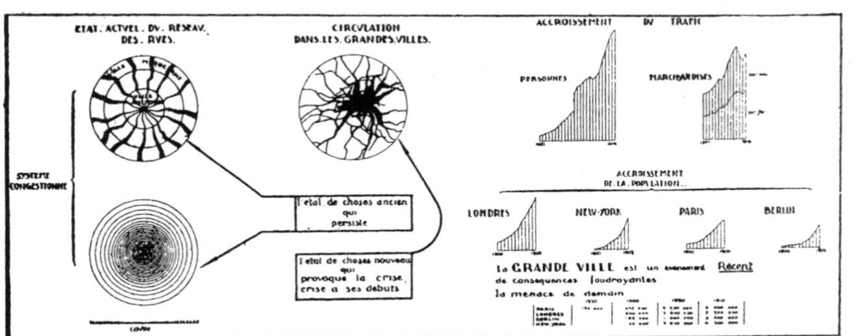

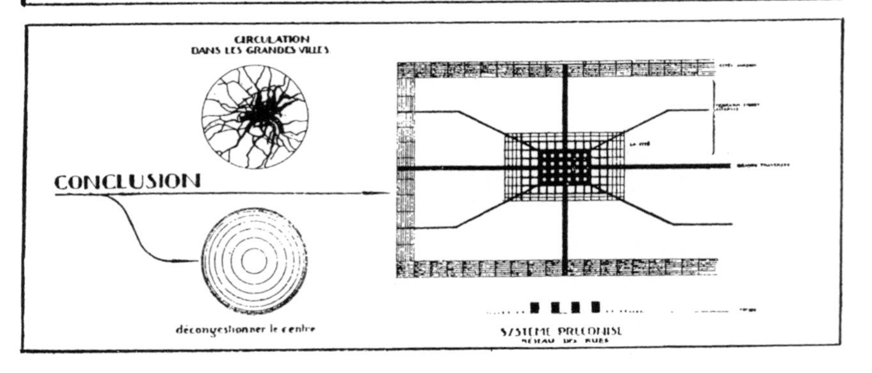

自古罗马时期及其后的几个世纪，人们已经建造了6层甚至更高的住宅。那时居住的卫生状况很糟糕，但人们并不经常呆在家里。

进步，将冲开这堆曲折狭窄的街道纠缠的乱麻；它要求道路和街区笔直宽广。20世纪经济的急剧变革推动了超大城市的进一步扩张，但似乎没有任何现成之物可以应对这新的需求。

大 城 市

a）人口流量的增长曲线，1885～1905年。

b）商品流量的增长曲线，1885～1909年。

大城市，突如其来的现象
——100年人口增长曲线

	1250年	1800年
巴黎	12万	64.7万
伦敦		60万
柏林		18.2万
纽约		6万

	1880年	1910年
巴黎	220万	300万
伦敦	380万	720万
柏林	184万	340万
纽约	280万	450万

然而，面对人口和商品流量曲线的极速攀升，这些大城市却仍靠着它们旧有的结构度日。

300万人口城市的全景

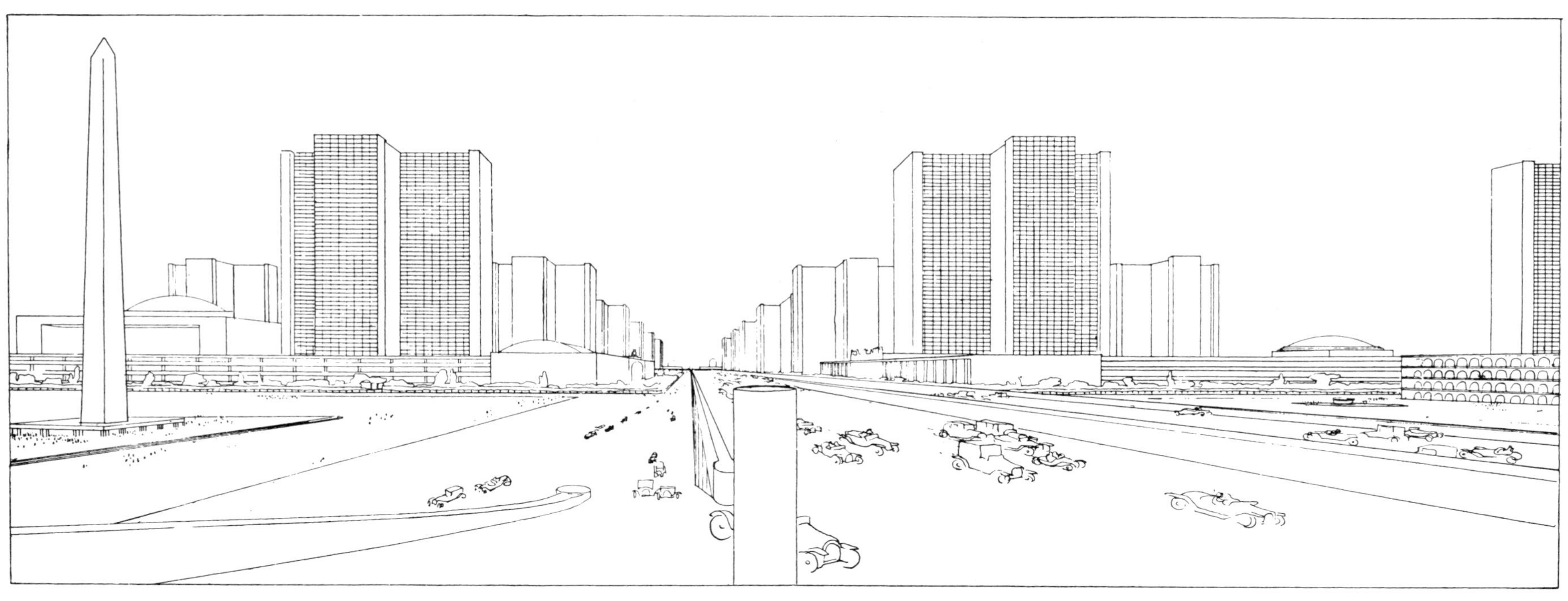

一座当代城市：从快速汽车交通“主干道”上看“商业城”。左右两侧是公用设施的场地，更远处，是博物馆和大学。排成方阵的摩天楼，沐浴在充足的阳光和空气之中

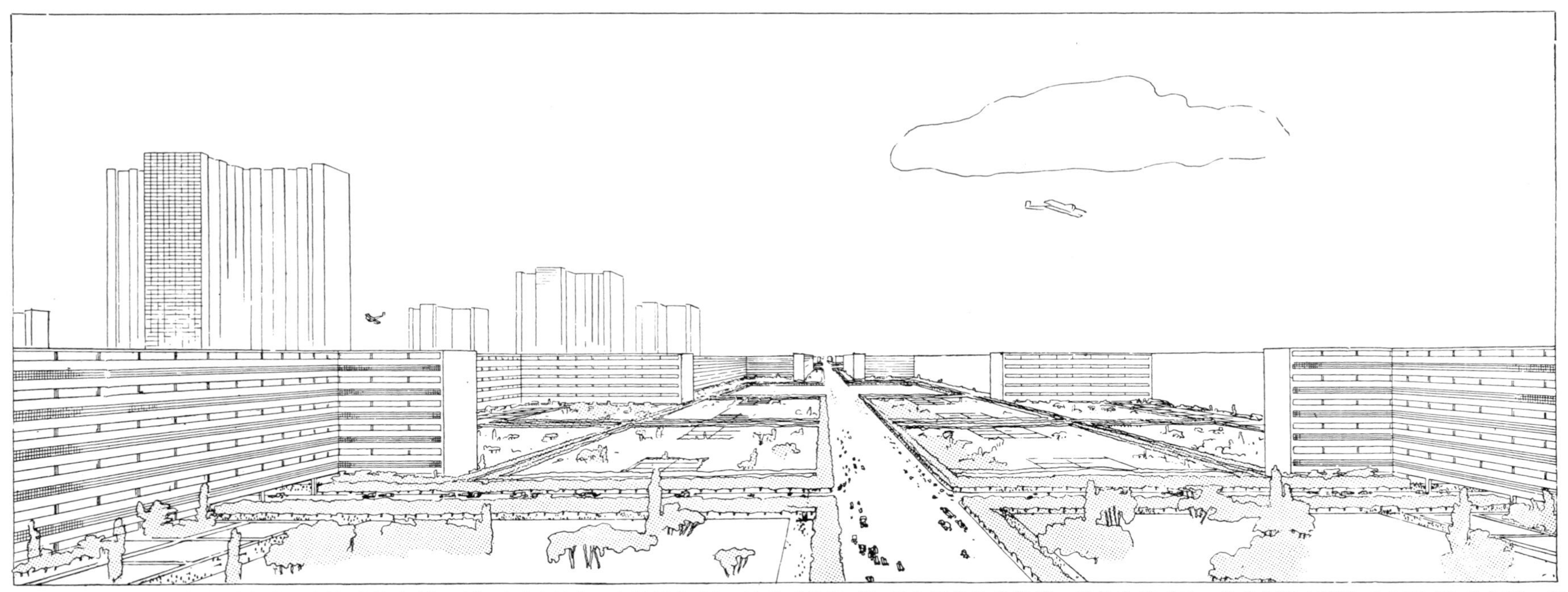

一座当代城市：一条大道穿越巨大的“进退式”居住区（建筑由6个跃层构成）。这种“进退式”居住区带给我们第一流的建筑感受，使我们远离那种“走廊式”的街道。每栋楼的每扇窗（前后两个立面）都朝向大花园

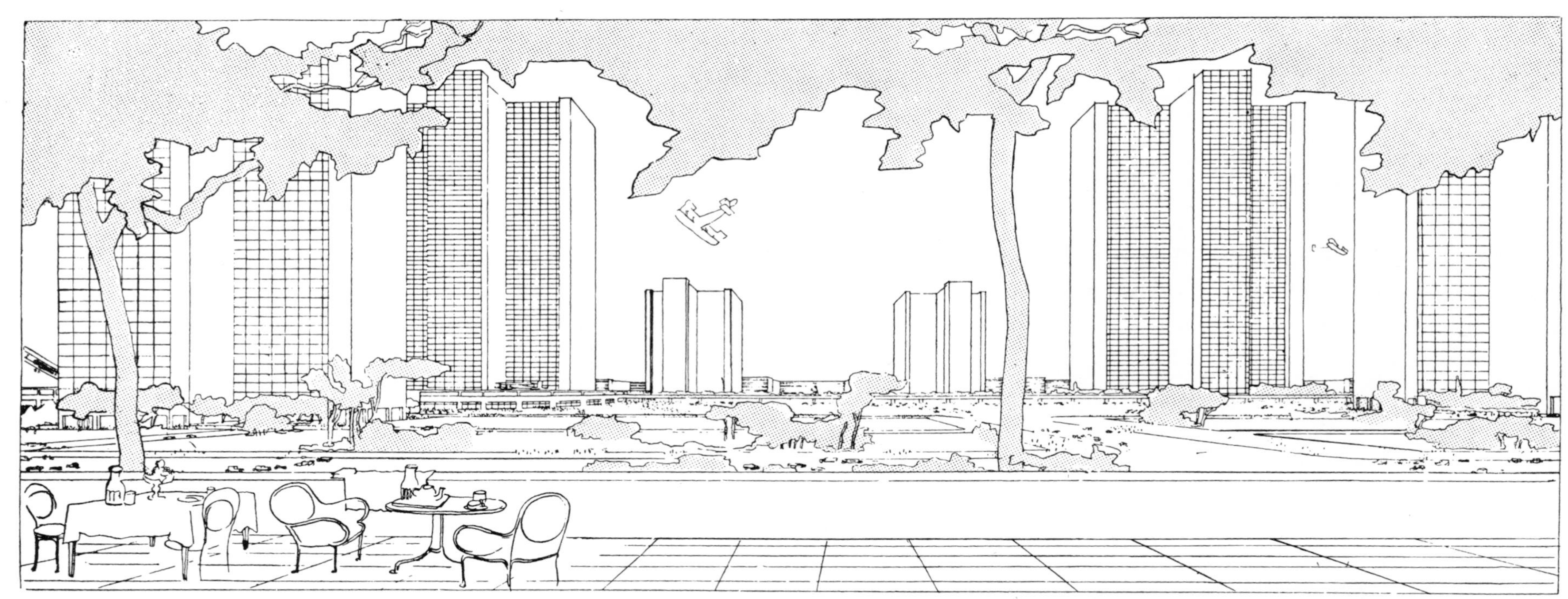

一座当代城市：自中央交通港周围的大台阶上的露天咖啡座望城市中心。中央交通港位于左侧的两栋摩天楼之间，只比地面高出一点点。离开车站，快车道一直延至英式花园方向。我们位于城市正中心，人口密度和交通流量最大的地方；设有露天咖啡座的平台随处可见，构成了人们常去的林荫道。在绿树的掩映下，剧院和沙龙散布在摩天楼间的空地上

同样的比例和同样的视角，纽约的商业城和“当代城市”的商业城。对比是惊人的

300万人口的当代城市规划，1922年

基本原则：

1. 缓解城市中心的壅塞；
2. 提高居住密度；
3. 增加交通方式；
4. 扩大绿化面积。

中心是交通港，设有出租飞机起落平台。

南北、东西各有一条主干道，用于高速交通（40m宽的高架高速路）

摩天楼的脚下及四周是2400m × 1500m（$3.6 \times 10^6 m^2$）的广场，那里有花园、公园，还有树木按照梅花形栽种的林荫道。在这些公园里，在摩天楼的脚下和四周，有两三层的台阶状建筑，其中设有餐馆，酒吧，精品店；有剧院，沙龙；还有露天或有顶的停车场。

摩天楼供商务使用。

左侧：大型公建，博物馆，市政厅，公用设施。左侧更远处，英式花园（用于城市中心的合理扩张）。

右侧：被“主干道”的一个分支穿过。那里是工业区和带货运站的码头。

城市周边是保留区，遍布绿树和草场。

花园城，在外围构成一个宽阔的环带。

在中心：中央交通港。

a）航空港飞机起落跑道：$2.0 \times 10^5 m^2$

b）地面与平台之间：主干道（高架高速路，惟一的一个十字交叉以回旋式组织交通）；

c）首层：地铁，郊区线，远程线和航空港的售票处和敞厅；

d）地下一层：纵横贯穿的地铁干线；

e）地下二层：郊区线（单行环线）；

f）地下三层：远程线(4个方位基点：东西南北)。

商业城：

24座摩天楼，每座可容纳1万～5万名雇员，用于商务或酒店等等。总计40万～60万人。

城市居住区：“进退式”或“闭合式”居住区，60万人。

花园城，200万人或更多。

中央交通港：酒吧，餐馆，精品店，各种公共场所；连续起台的宏大的文化广场，四周环绕着广袤的花园，这紧张有序的景象令人愉悦。

密度：

a）摩天楼：3000人/hm^2

b）“进退式”居住区（豪华居住区）：300人/hm^2

c）“闭合式”居住区：305人/hm^2

如此高的密度，既缩短了距离，又保证了交通的快捷。

巴黎期望这个时代：

挽救她受威胁的生命

护卫她往昔的美丽

卓越而有力地表达20世纪的精神

整个居住区都散发着恶臭，变成了疾病、忧郁、道德沦丧的温床。一项庞大的财政举措，类似奥斯曼所为，但显然规模要大得多，这将给城市带来巨大的经济效益（记得吗？奥斯曼建造6层的住宅取代6层的住宅，记住吧，今天我们可以建造16层、60层的住宅取而代之）。

（公报）

注意——巴黎市区的平均密度为364人/hm^2，伦敦：158人/hm^2；在那些人口超密的街区，巴黎为533人/hm^2，伦敦为422人/hm^2。

绿化率：

a区土地 95%（广场，餐馆，剧院）

b区土地 85%（花园，运动场）

c区土地 48%（花园，运动场）

公民教育中心：大学，艺术博物馆或工业博物馆，公用设施，市政厅。

英式花园区（将来城市扩建的预留地）。

运动场地：汽车跑道，自行车赛场，赛马场，有看台的体育场，游泳池，竞技场。

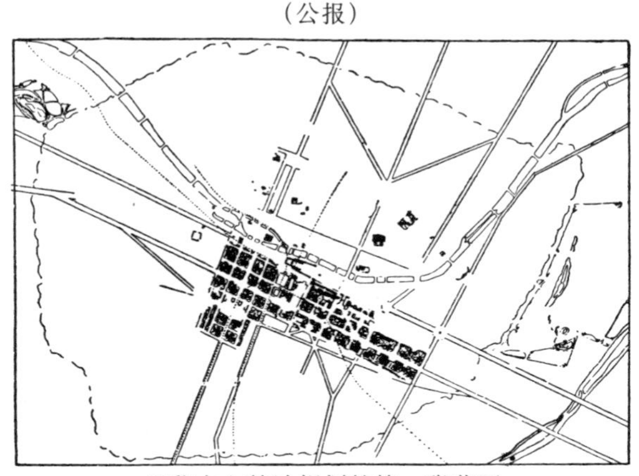

巴黎中心整治规划的第一张草图

“瓦赞（Voisin）规划”

保留区（属城市地产），这里设有飞机场。

该区禁止一切建设，是城市扩张备用土地，由市政府制定规划方案；设树林和草场及运动场地。通过逐步收购近郊的小块地产，对这一保留区进行组织，这是市政当局最紧迫的任务之一。它必将带来10倍的投资回报。

工业区。

地块划分。

商务：摩天楼，60层，内部不设天井。

居住：“进退式”居住区，6个跃层，内部不设天井；公寓遥遥相对，朝向广袤的大花园。

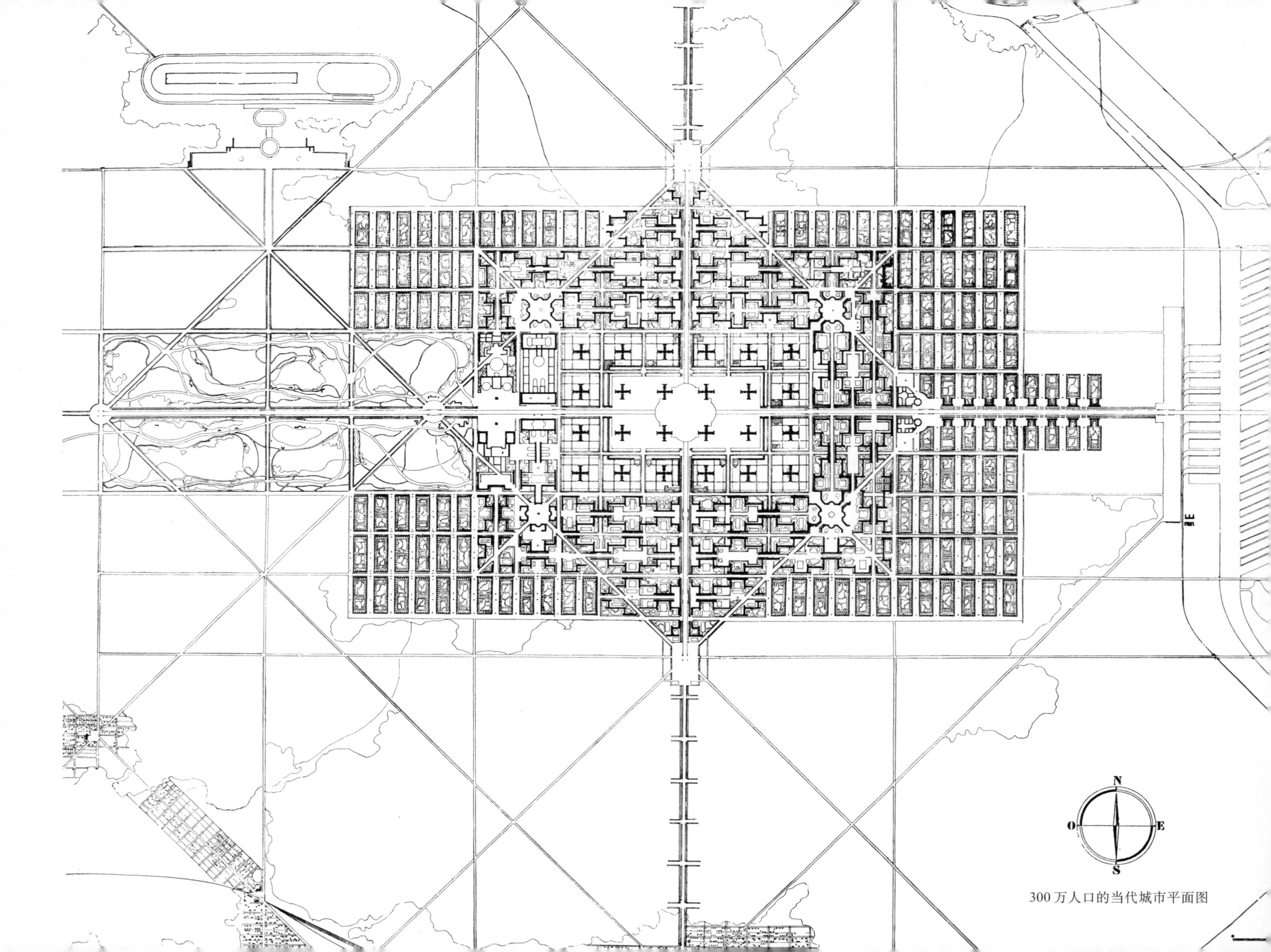

300万人口的当代城市平面图

“别墅公寓”，1922年

居住：“闭合式”居住区。5个跃层，带空中花园，朝向广袤的大花园；没有内部天井，公寓大楼设有公共服务系统(租赁住宅的新方式)。

秋季沙龙的城市规划展台，一栏用来展示对这个巨大城市的城市化所作的分析(轮廓，密度，交通，城市剖面图)；另一栏用来展示对居住“细胞”的研究。一方面，300万人聚集在一起；另一方面，每个人又各自回到家中，回到他的细胞里。怎样的“细胞”呢？

首创**“别墅公寓”**。它源自一次午餐后唤起的回忆，就被随手勾勒在餐馆菜单的背面，那回忆是关于意大利的一处查尔特勒修道院——“宁静带来的幸福”。城市规划的关键是人，他是因

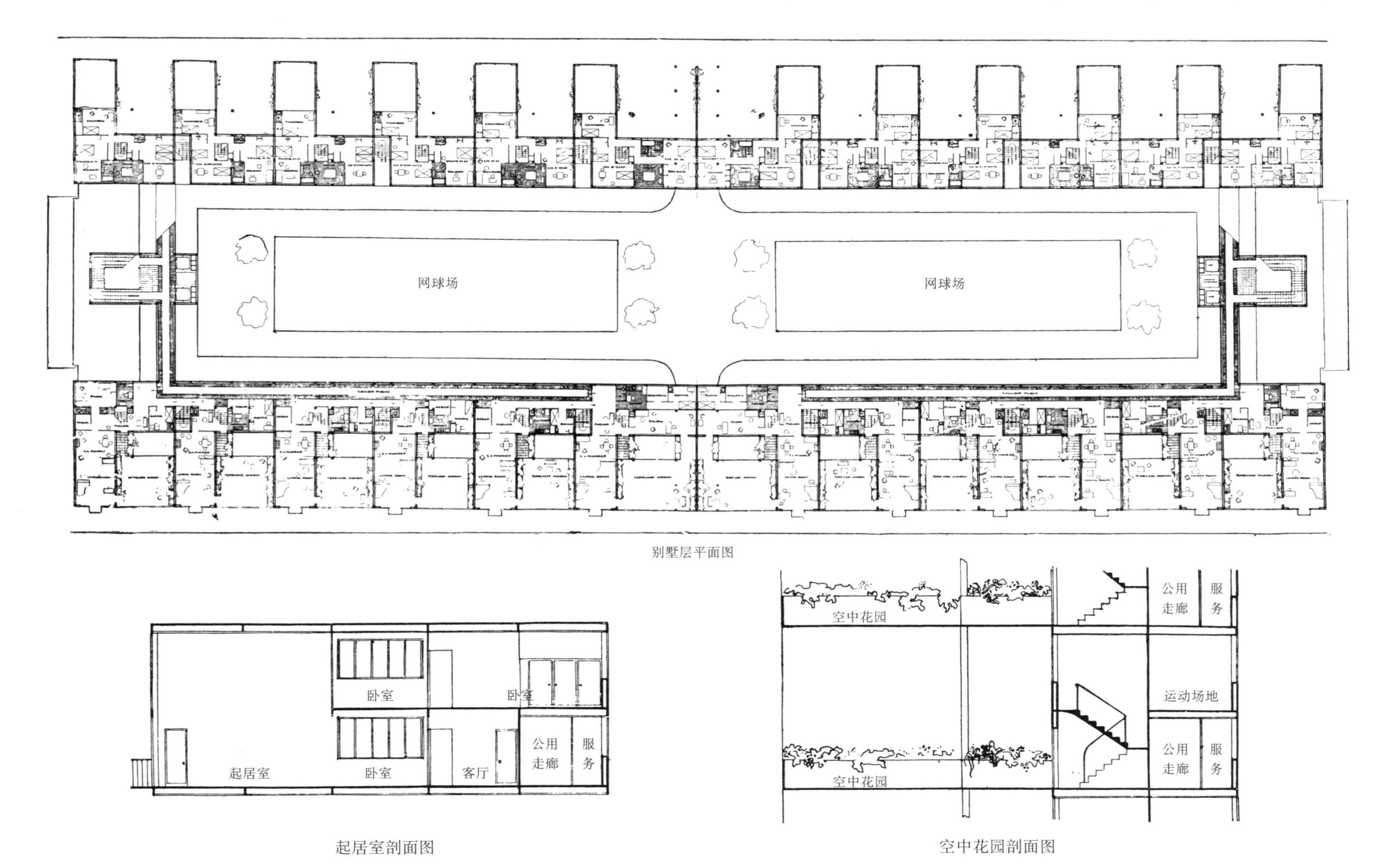

别墅层平面图

起居室剖面图

空中花园剖面图

由120栋别墅组合而成的公寓大楼

漫无秩序的都市现象而倍遭蹂躏，还是因我们对其需要投以特别的关注而满心惬意？是完全非人性的存在，还是充满了人情味的人？想想城市的轮廓线将怎样痛苦地忍受图板上理论规划的切割。想想300万个体，他们的心将被伤害，还是将得到满足。这是多么严厉的告诫！这是怎样的责任！

“别墅公寓”为大城市的居住提供了一种新型式。无论处于街道之上怎样的高度，每一套公寓，实际上，就是一栋带花园的别墅。街道本身也发生了变化，它远离住宅，树木淹没了城市；居住区的密度与今天的相同，但房子更高了，视野大大开阔了。仆役危机是不可回避的社会问题，这便促成公共服务机构的产生。“别墅公寓”将通过协作的方式供应食品，这便给出了大城市中心菜市场问题的解答。办法很简单，取消巴黎市中心的菜市场，设立一个食品交易市场，菜市场被集中或分散的冷藏机构所取代。由于每栋公寓都设有一个这样的机构，食品便可从产地直接抵达消费地。如此，终将消除巴黎中心菜市场这种极不光彩极不合理的事物。

花园露台（空中花园）

起居室

餐厅

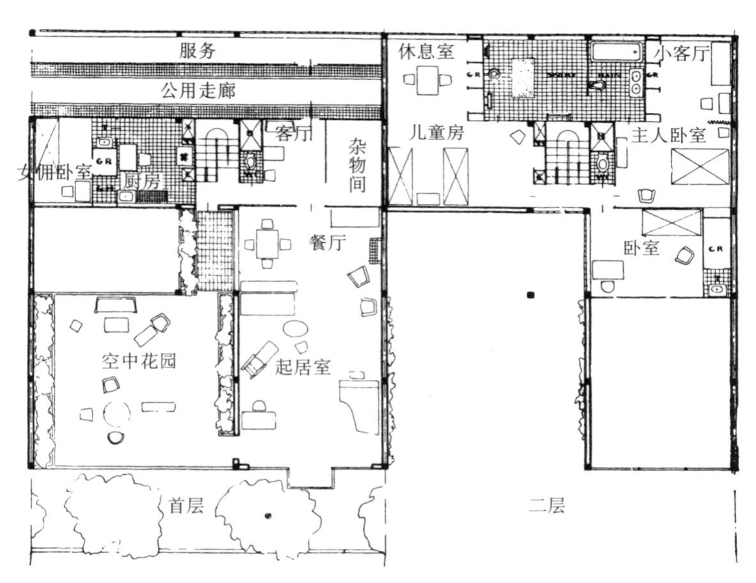

首层平面图，二层平面图

“别墅公寓”的门厅

“别墅公寓”的屋顶，将设一条1000m长的跑道。在那里，人们可以进行露天长跑。屋顶平台的日光浴场可以从夏天开始持续地提供有益健康的日光浴。

立面呈蜂房形的“闭合式”居住区。当前立面矮小的模数（3.5m）被扩展至6m，这将赋予街道一种全新的宏大气度

立面局部（最初的设计）

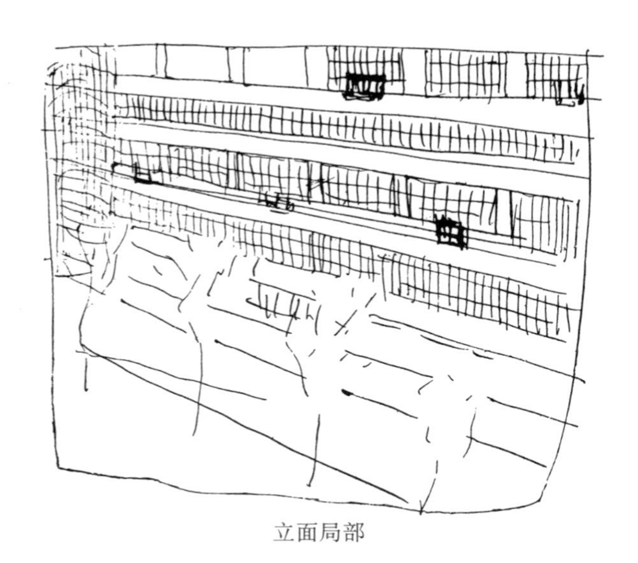

立面局部

有了“别墅公寓”这种巧妙的居住方式，就不再需要看门人了。6个门卫，3班倒，夜以继日看守住宅，接待访客通知主人，引导他们上楼梯和电梯。

300万人口城市规划展：
一座当代城市

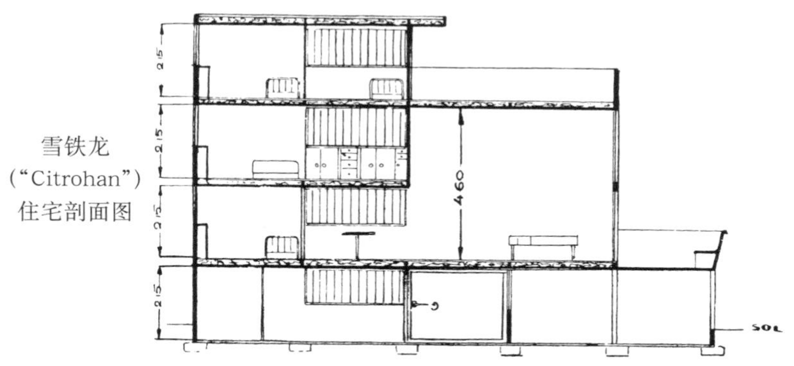

雪铁龙
（“Citrohan”）
住宅剖面图

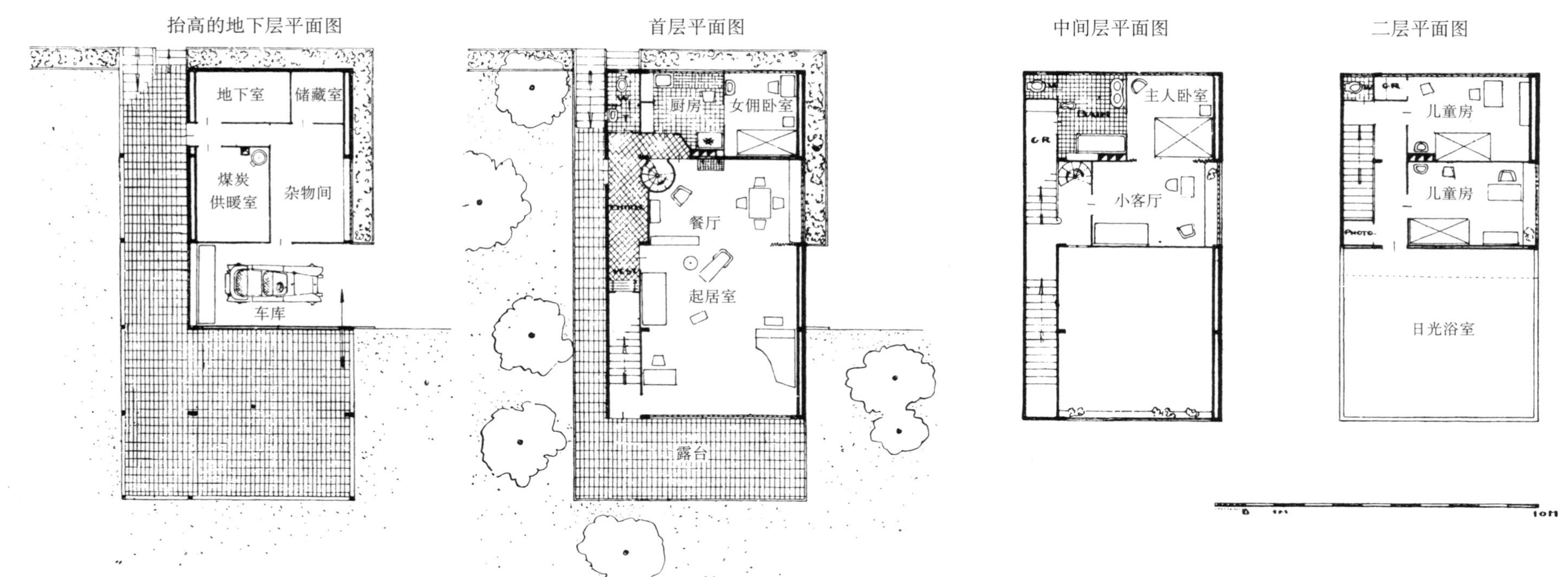

雪铁龙住宅平面图

展于“秋季沙龙”的雪铁龙住宅的石膏模型

雪铁龙住宅（秋季沙龙展），1922年

这是先前1920年设计的延续。1922年的秋季沙龙，展出了这个住宅的一个大比例石膏模型，研究进一步深入。首先是建造构件体系的标准化：骨架、窗、楼梯等等；并首次出现了底层架空柱：如果可以把房子抬起来，重新获得住宅下方的地面，那干嘛还把房子插在土里呢？

这个在1922年的秋季沙龙上展出的模型，代表了一则有意义的建筑审美宣言。确切的问题在此找到了革命性的解答：屋顶花园，取消檐口，水平长条窗，架在空中的住宅。与地域主义或1900年新艺术运动的追求截然背离，这是一种明确的情感——纯粹、率直、坦荡、忠诚。这钢筋混凝土所带来的革新，是一种绝对纯粹的具有普遍性的表皮，它只表明它自己，*建筑体量决定性的雄辩*表露无疑。持续数年的研究本指望这个房子能够在法兰西大区[1]或蓝色海岸[2]盖起来；不过，它的首次建造将在斯图加特的魏森霍夫居住区实现。

斯图加特——机会终于来了！在那里提供了一个*典范*：一个结构的典范，一个室内布局的典范，一个家具改革的主张，一种钢筋混凝土的明确造型，一种率直的审美。这一宣言包含一种道德判断。当然，它引起的异议和抨击也不计其数，且相当猛烈。

批量生产的雪铁龙住宅，换句话说，一个住宅就像一辆汽车，像一节车厢或一个船舱那样被设计、被组装。居住的实际需要应当明确，提出问题并给出解答。应当反对那些滥用空间的传统住宅。应当（也是出于实际的成本需要）把

[1] 法兰西大区（Ile-de-France），即巴黎大区。法国分为22大区，96个省。其中巴黎市是法兰西大区、巴黎省的省会，人口近1千万。——译注

[2] 蓝色海岸（La Cote d'Azur），法国尼斯（Nice）和土伦（Toulon）间的地中海海岸地带。——译注

住宅视作一部居住的机器，视作一件工具。当我们创办一个工业企业时，我们购买成套的工具；当我们开始共同生活时，我们租用的却是低能的公寓。迄今为止，建造房屋就是将许多的大房间毫无和谐可言地堆在一起；在这样的房子里，地方总是要么太多，要么不够。今天，值得庆幸的是，我们再没有足够的钱来沿袭这种习惯了。如果我们不把问题的实质看清楚（居住的机器），我们就无法在城市里盖房子；不在城市里盖房子，那么一场可怕的危机将随即而至。用这些预算，人们本可以建造布局合理、令人羡慕的房子。当然，前提条件是承租人改变他的观念；况且，出于需求，他也会乐于如此。门、窗的尺寸应当校正；火车车厢和小汽车已经向我们证明：人，可以从严格限定的洞口通过；也就是说，我们可以把面积精确计算到平方厘米；建 $4m^2$ 的卫生间，就是犯罪。建筑的造价已增至4倍，从前建筑上的卖弄得减半，住宅的体积得减半；这将是技术人员的问题；人们呼吁工业的探索；人们彻底改变了他们的精神状态。美？当意图和手段存在的时候，她就永远存在，这意图和手段便是比例；比例对于地产业主一文不值，这笔财富仅仅归建筑师所有。除非理性得到满足，否则心灵无法被打动。而只有当事物经过精确计算，理性才得以存在。住在没有尖顶的宅子里、拥有光滑如铁板的墙体以及和工厂车间一样的玻璃窗——我们不应当为此感到羞愧，恰恰相反，我们可以为拥有一个如此方便的住宅而自豪，它就像我们的打字机一样好用。

雪铁龙住宅。批量生产的别墅

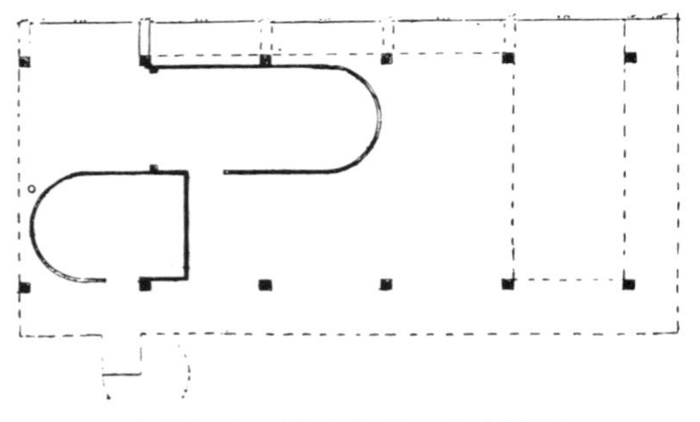
底层架空－独立骨架－自由平面

位于巴黎的别墅

斯图加特的魏森霍夫居住区（1925～1927 年）

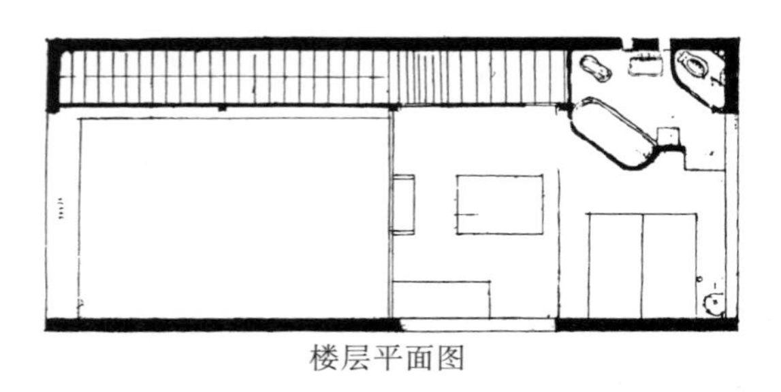
楼层平面图

别墅室内

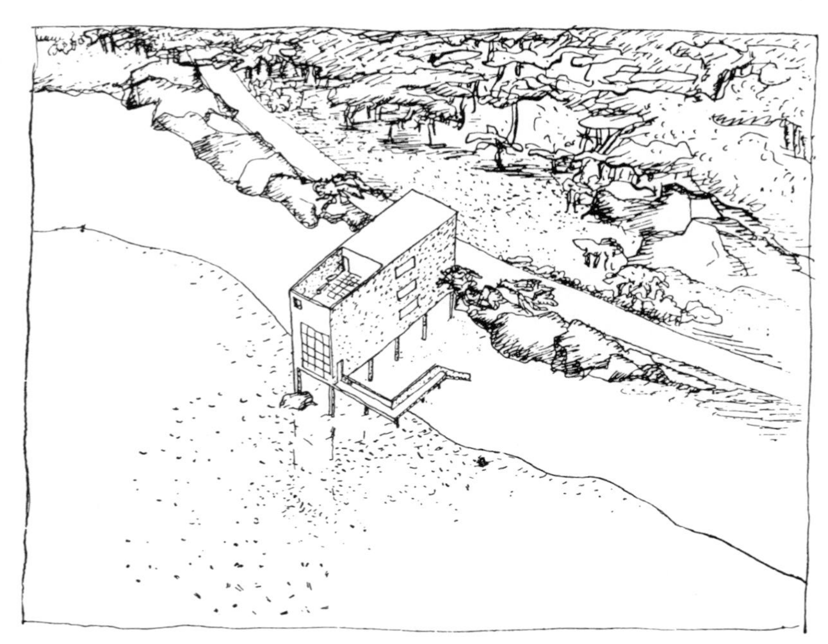
滨海别墅（蓝色海岸）

方盒子的理性建造不会损伤任何人的主动性，尽可以根据个人的爱好来演绎。

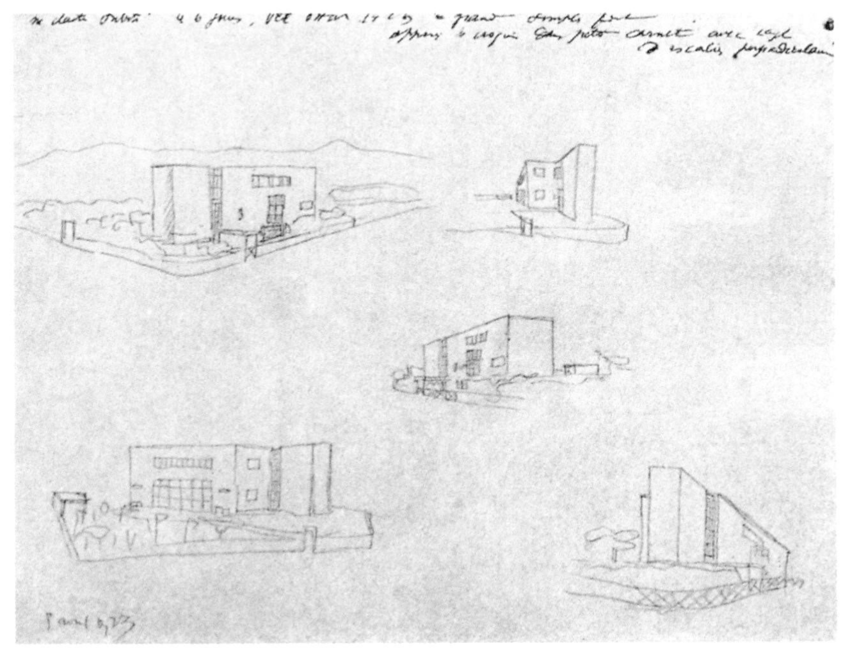

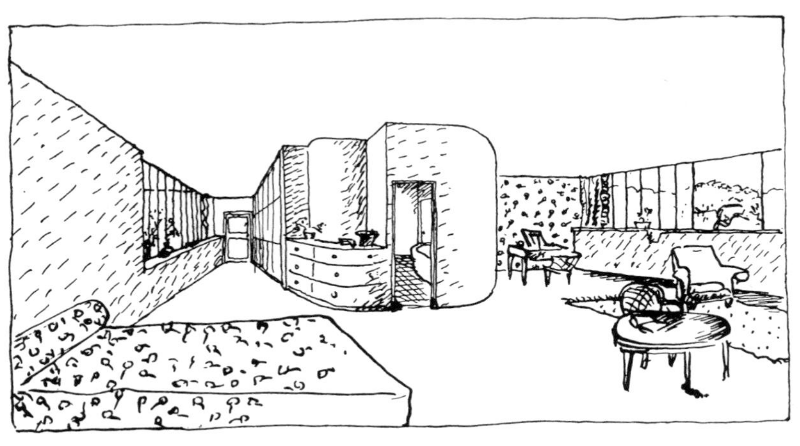

Vaucresson 别墅，1922 年

这个方案的委托得自1922年秋季沙龙城市规划方案展。这是一个所有困难都接踵而至的时期。为了清理阵地，我们已经在《新精神》中，提出了足够清晰的理论和足够明确的观点。但在这个小小的住宅中，从建筑学的角度讲，又有全新的创造：建造方法和关于屋顶、窗框及檐口等问题的有效而富创造性的解决方案。我们探索了“自由平面”（浴室位于二层的中央），我们确定了窗的形式以及它的模数（其高度完全符合人体尺度）……

Vaucresson 别墅沿街立面

这里举一个为审美而焦虑的例子：P43的草图展示了与主立面垂直的圆弧形的楼梯间。时值“6 日环法自行车赛”，在冬季自行车赛场举行的晚会上欣赏了一场气势宏大、动作协调的出色表演；从晚会离开，街道使人陷入精神的宁静。突然，一个想法出现了：这个楼梯间是一个不和谐的音符，它破坏了整体构成的统一。于是，楼梯间旋转90°，与立面对齐，延续并扩大了立面。正是这扣人心弦的时刻给了我终生的教益：不要理会次要的事，有时甚至可以牺牲刺激的细节；我们追求的是统一；要充分利用场地；要尽量谋取最大的尺度等等。我们意识到，在建筑中，我们同样可以进行投机，造型的投机；这是一笔“买卖”，我们既可能赚，也可能赔。

我们在这栋住宅的设计中明确使用了控制线。

楼梯间

入口

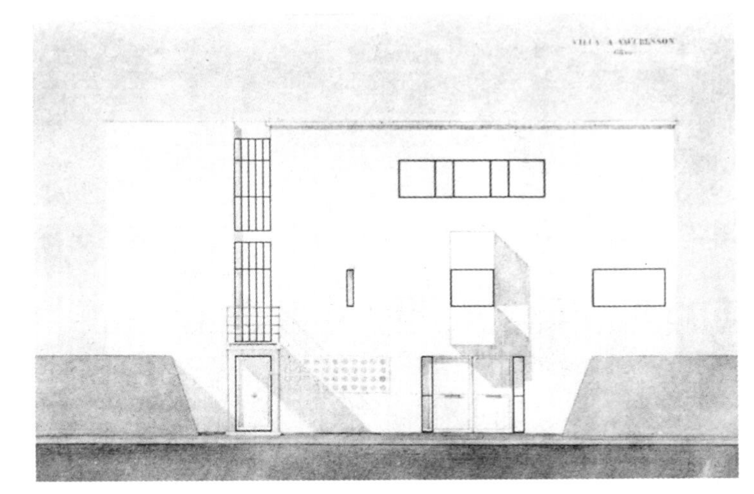

立面图

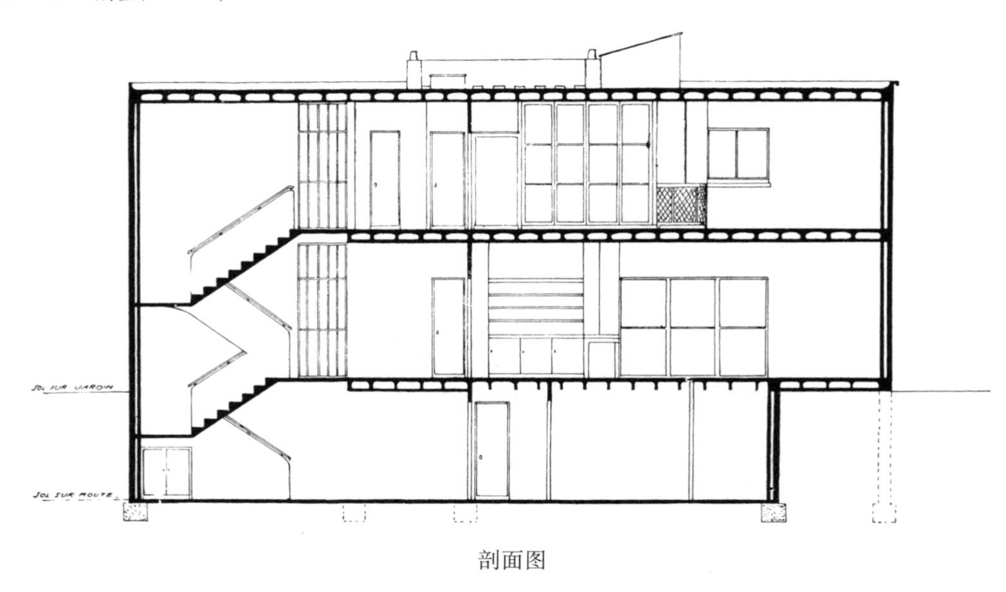

剖面图

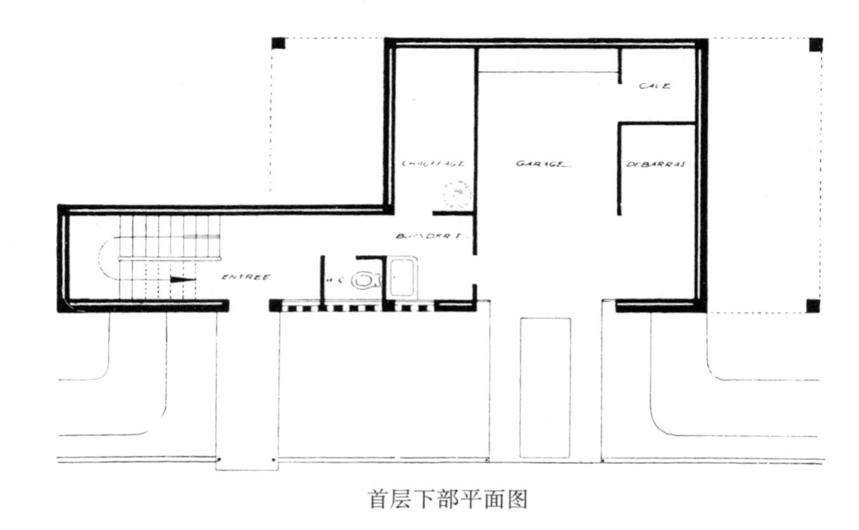

首层下部平面图

花园

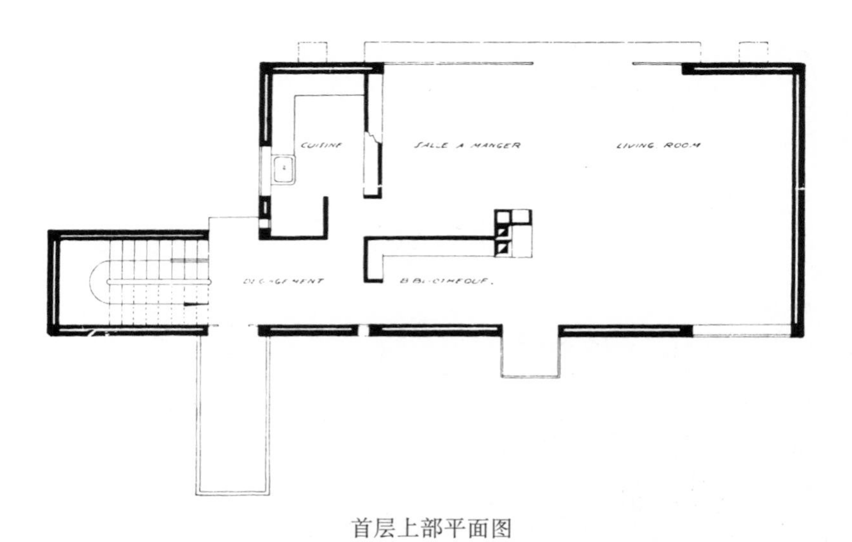

首层上部平面图

二层平面图

艺术家住宅，1922年

钢筋混凝土骨架，双层隔墙，各厚4cm，由“混凝土喷枪”建造而成。清晰地确定问题；确定居住的典型需要；然后像设计车厢或工具那样，给出问题的解答。

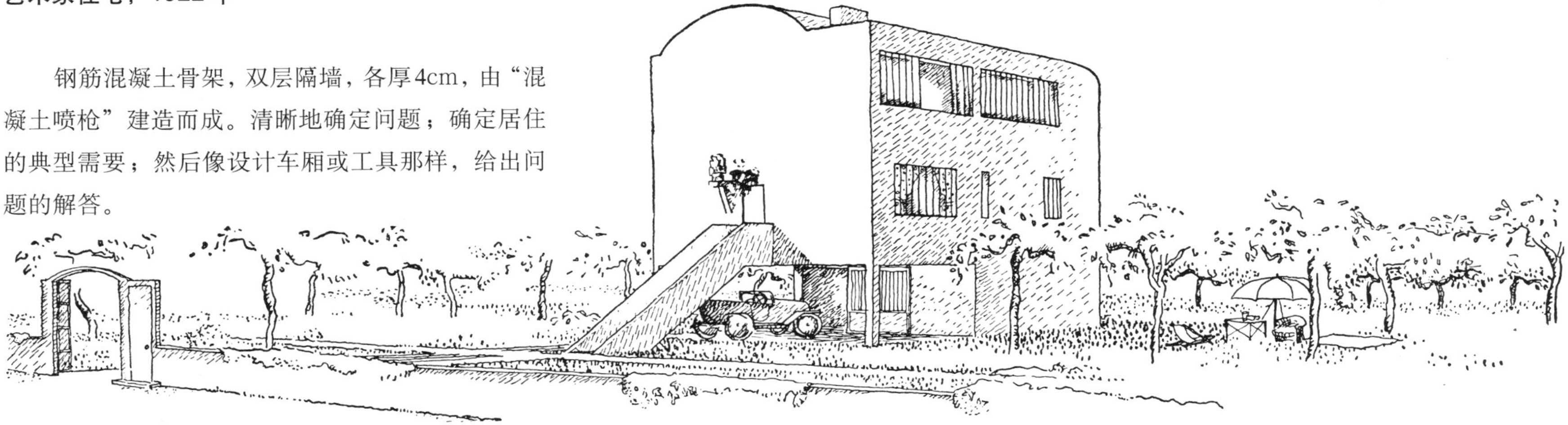

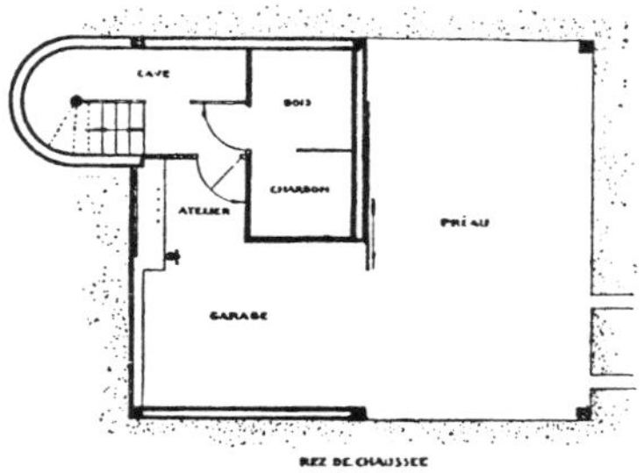

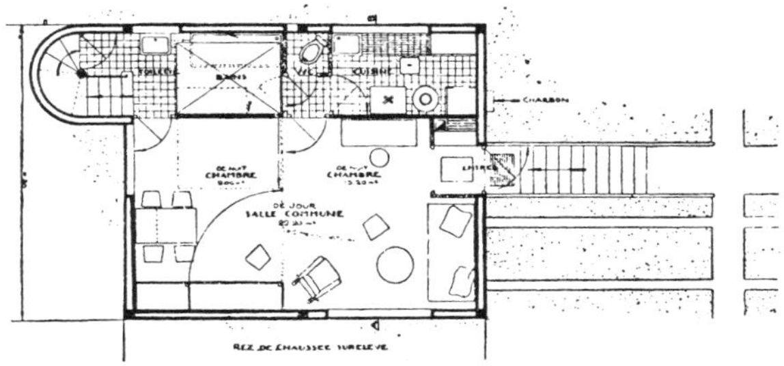

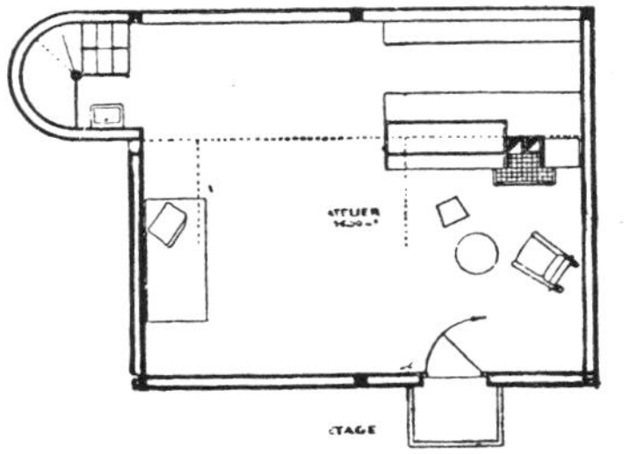

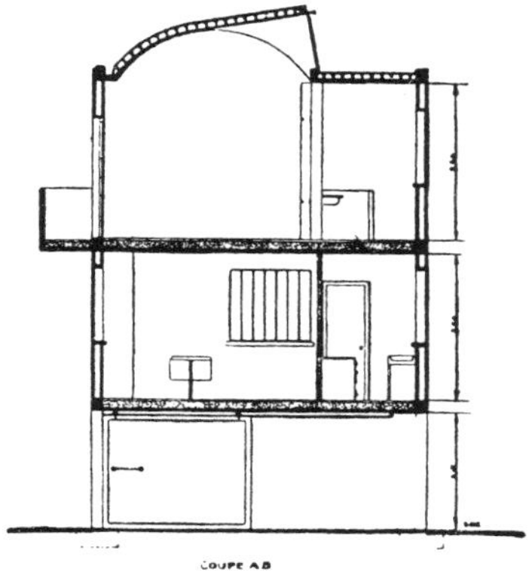

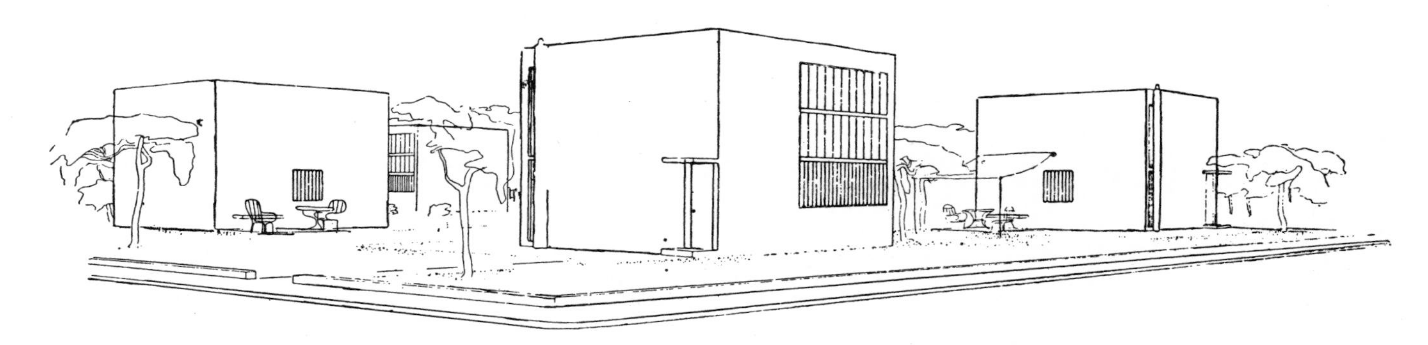

批量生产的工匠住宅

批量生产的工匠住宅，1922 年

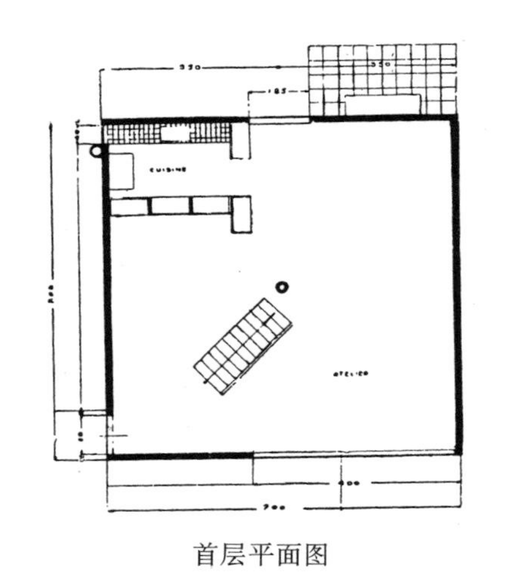

首层平面图

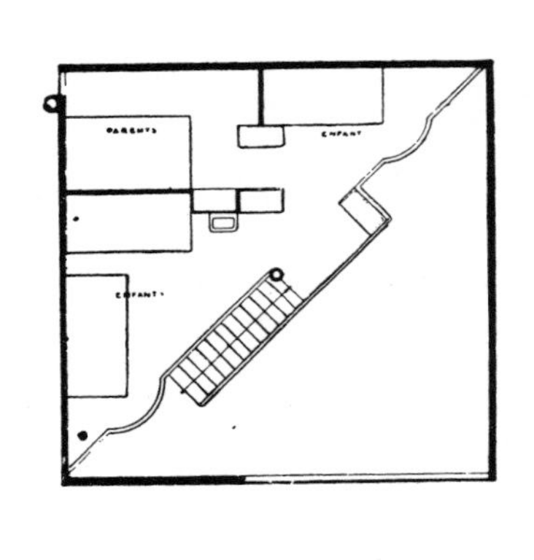

楼层平面图

问题：把工匠安置在一个采光极好的大作坊里（非承重墙为 7m × 4.5m）。为减少开支：通过建筑的手法进行约简，取消了隔墙和门，缩减了卧室通常的高度及面积。住宅仅靠一根特殊的中空钢筋混凝土圆柱支撑。墙可以保温绝热。整栋房子只有两扇门。阁楼沿对角线布置，顶棚得以整个展开（7m × 7m）；同样，墙也得以展示其最大尺度。而且，以阁楼这条对角线，我们创造了一个出人意料的尺度：7m 见方的房子，却为眼睛带来一个 10m 长的基本构成元素。

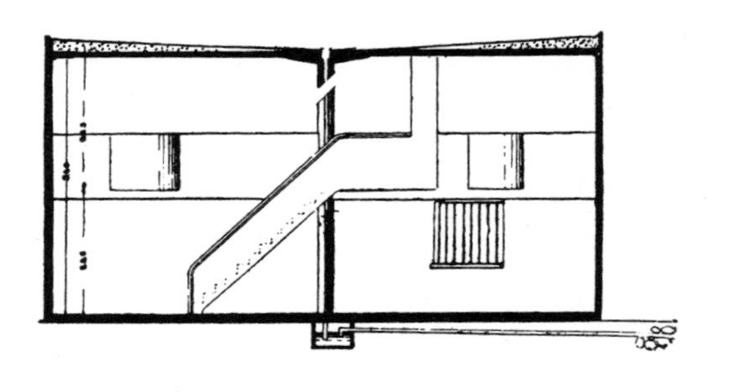

剖面图

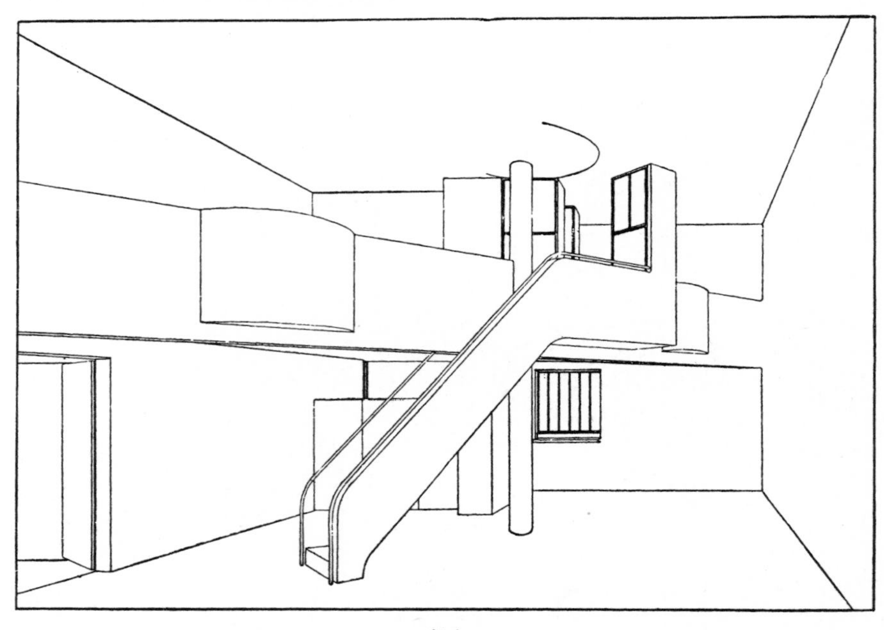

室内

画家工作室

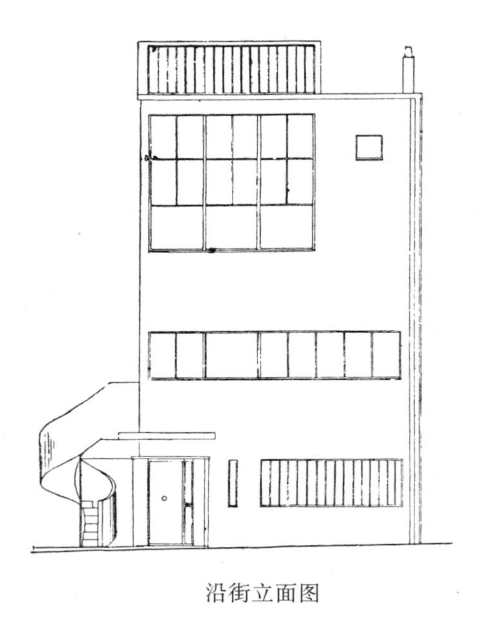

沿街立面图

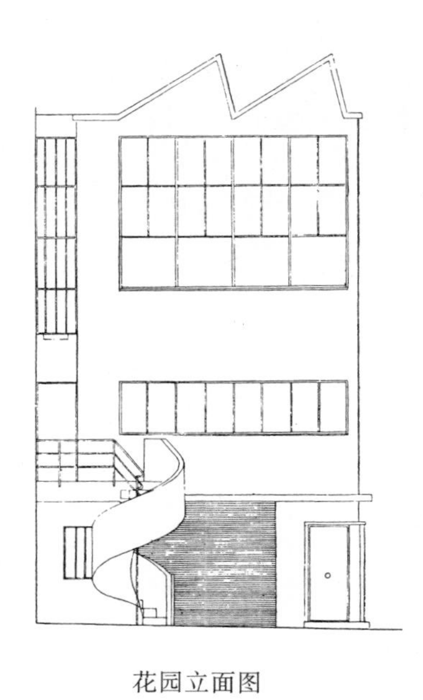

花园立面图

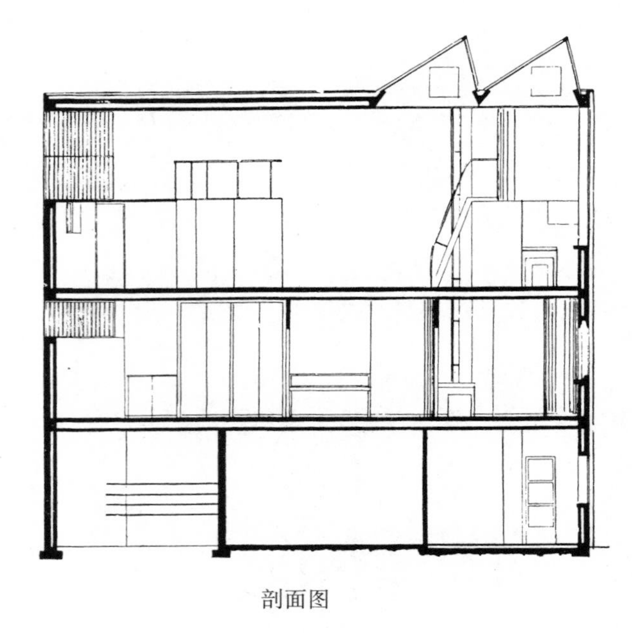

剖面图

首层下部平面图

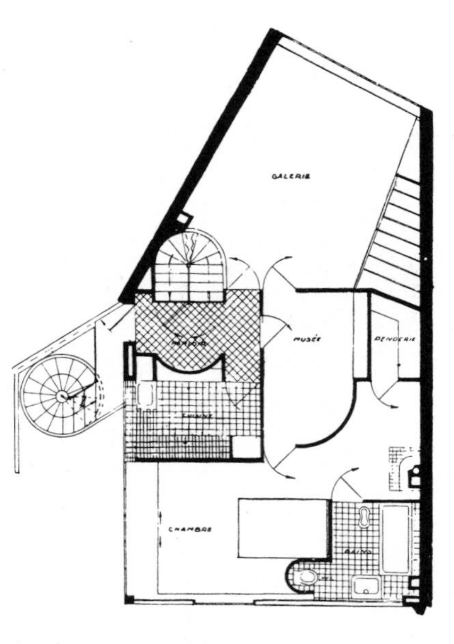

首层上部平面图

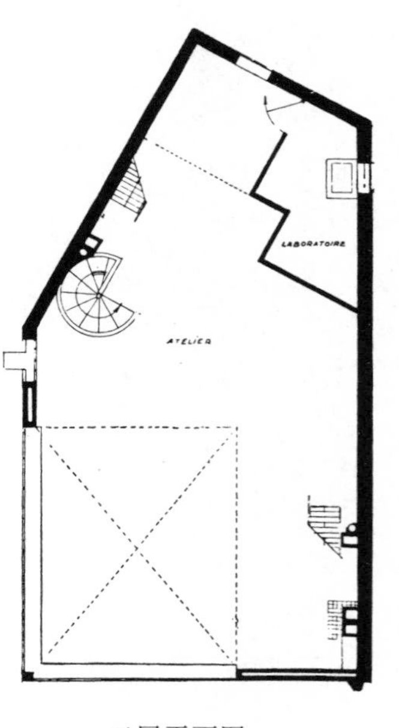

二层平面图

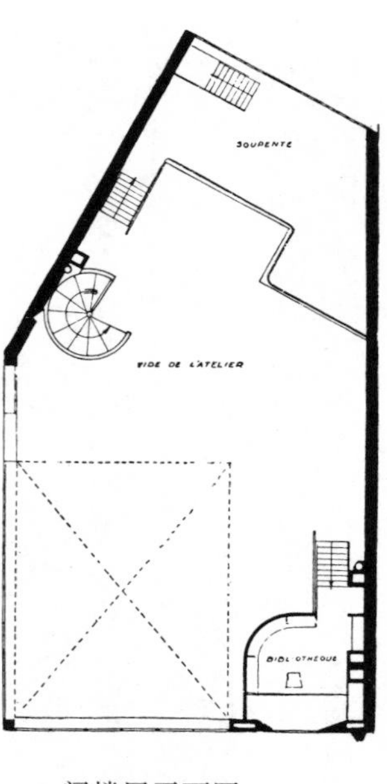

阁楼层平面图

画家奥赞方住宅，巴黎，1922 年

自由立面。符合人体尺度的标准化窗构件。单元及其组合。

工作室

欧特伊的双宅(初稿方案),1922年

双宅的初稿方案［业主是拉罗歇(La Roche)和阿尔贝·让纳雷(Albert Jeanneret)。基址：Docteur Blanche的欧特伊(Auteuil)广场］。

临街

门厅

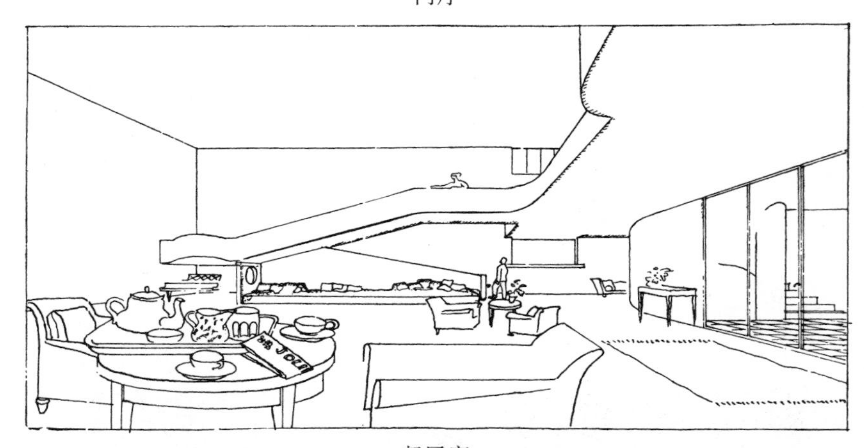

起居室

屋顶层平面图

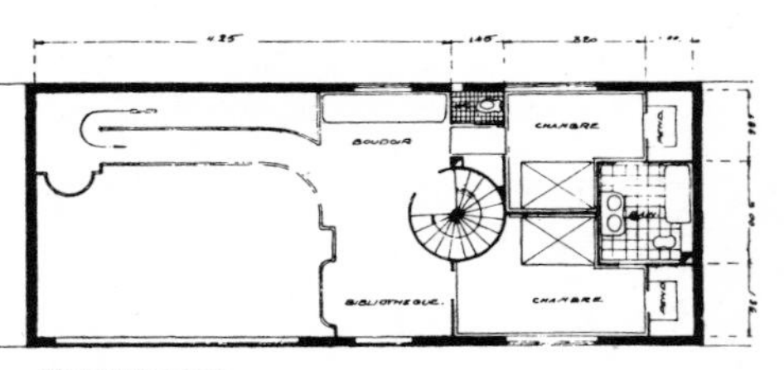

楼层平面图

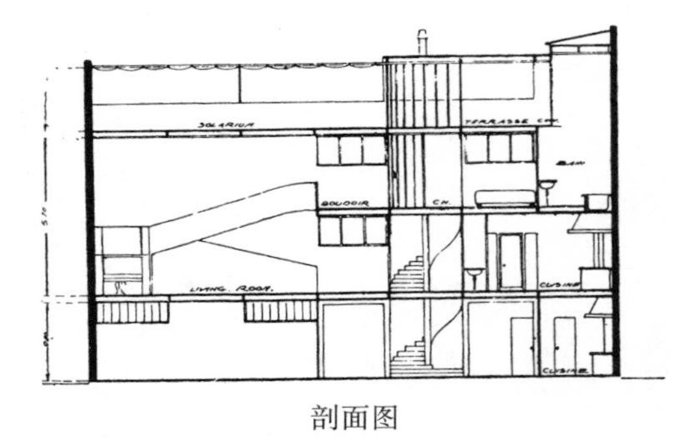

剖面图

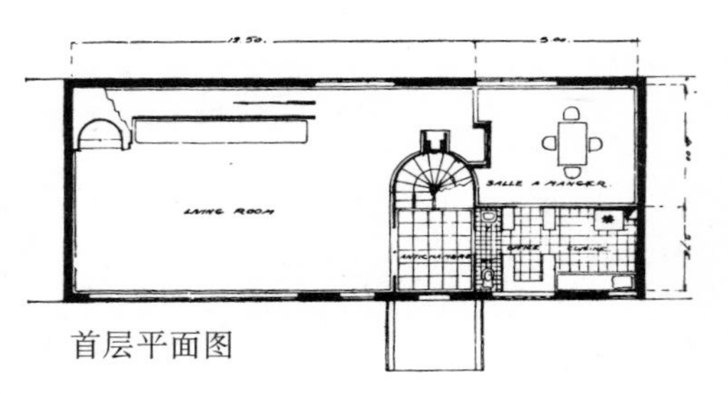

首层平面图

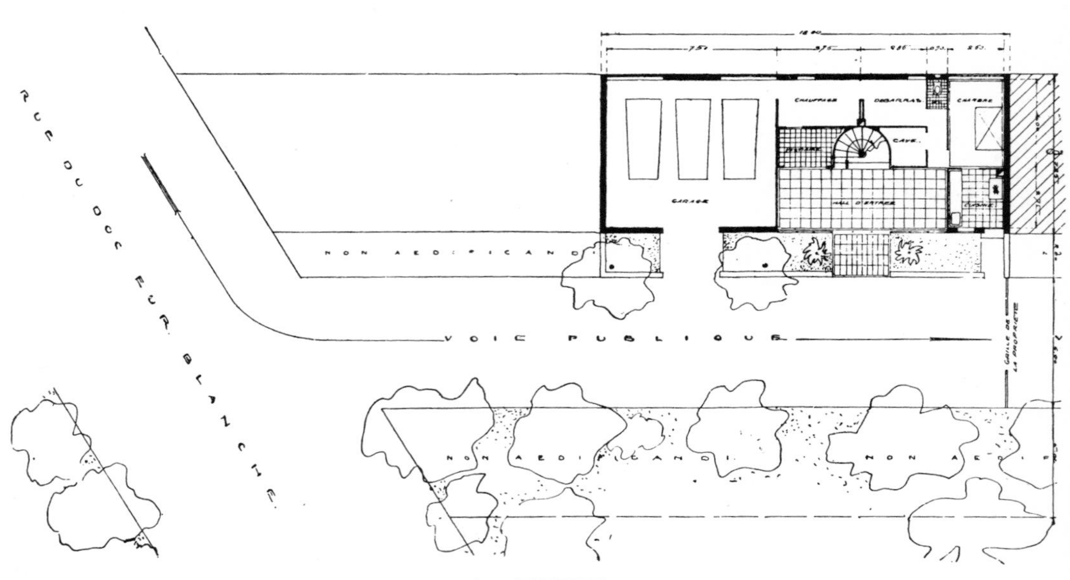

入口层平面图

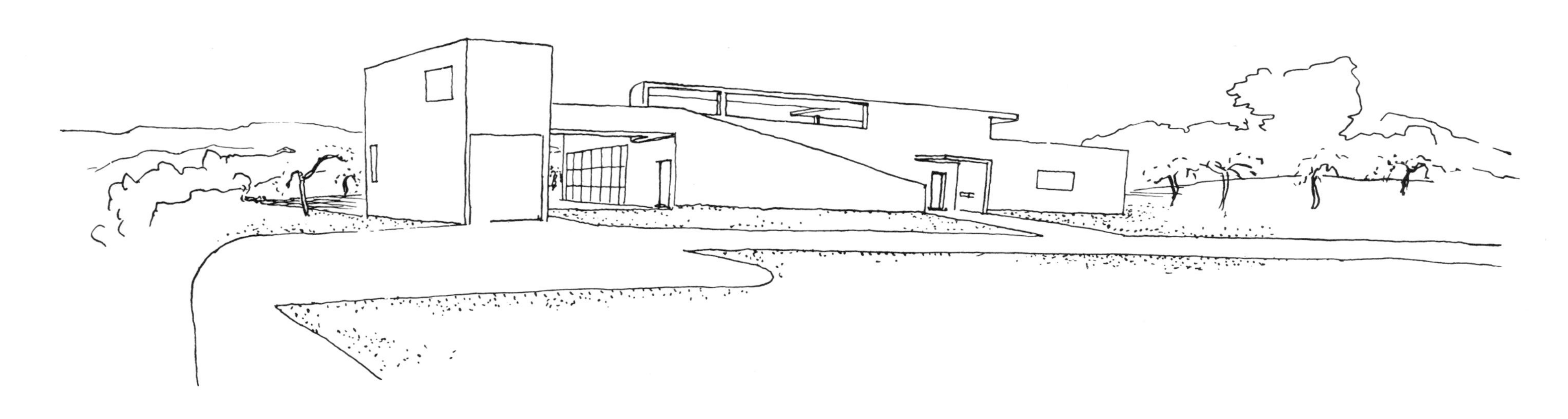

位于朗布耶的一栋周末住宅的石膏模型

秋季沙龙：朗布耶的周末住宅（模型），1924年

展出的是几个1：20的石膏模型；以这样的比例才可以真正见到我们的所为。有欧特伊双宅模型，Vaucresson别墅模型，以及这个位于朗布耶（Rambouillet）的周末住宅的模型。这些大模型的展示在舆论面前抛出了一个问题——钢筋混凝土的建筑审美。这是相当严肃的时刻：禁绝一切成为无机的可能，寻求诗意地表达一种新技术的可能性。并且，多亏了这些新技术，我们得以将全新的居住元素带给居住者。

欧特伊的双宅（拉罗歇－让纳雷住宅），1923～1924 年

这两个住宅联立在同一个基础上，回答了截然不同的两个问题：其一，供一个有孩子的家庭居住，设有很多小房间，提供所有对一个家庭的机制有益的服务。另一个，属于一个单身汉，一位热衷于艺术的现代绘画收藏家。于是，这第二个住宅将因此如同一场建筑的散步。进入——建筑的表演随即在眼前展开；沿着一条流线，场景相继呈现，充满了丰富的变化；这是与阳光的游戏，一涌而入的光，照亮了墙，生成了影。门窗的洞口框定室外远景，在那里重新找到了建筑的呼应。室内，基于人对各种颜色特定的反应，进行了首次“多色”的尝试，由此提供了“建筑伪装”，即，强调某些体量；或相反，削弱某些体量。房子的内部应当是白色的，可为了更好地欣赏这白色，应当衬以精心调配的色彩：光线幽暗处的墙涂成蓝色，光线充足处的墙涂成红色；为了消隐建筑的体量，可以将墙涂成纯自然的暗赭色，如此等等。

在这里，历史的建筑元素在我们现代人的眼中焕发了新生：底层架空柱，水平长条窗，屋顶花园，玻璃墙面。当时代的钟声敲响的时候，要懂得判断，是什么在支配；为了追求真理，要懂得摒弃往日所学；围绕着新技术，以诞生于机器时代的极度动荡之中的新精神为指引，真理，必然在发展！

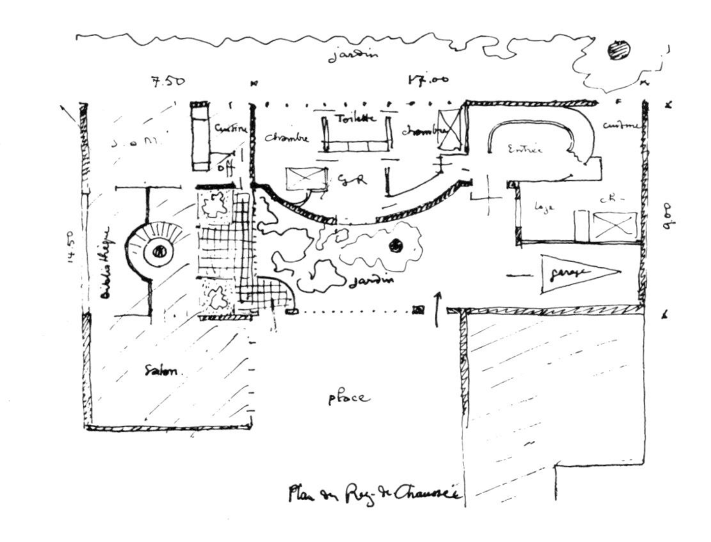

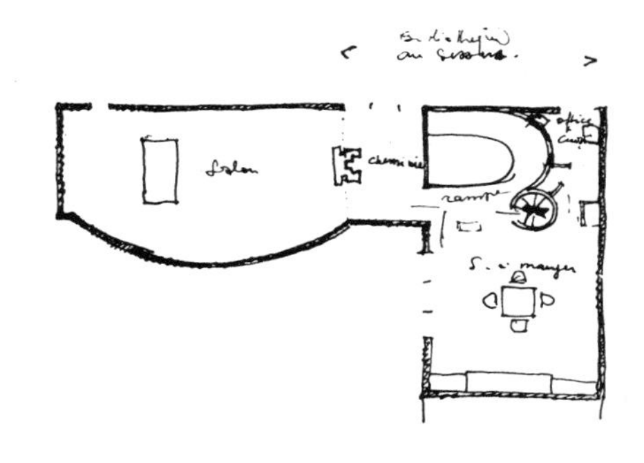

第二稿方案

定稿方案透视草图（右侧的住宅未建成）

门厅

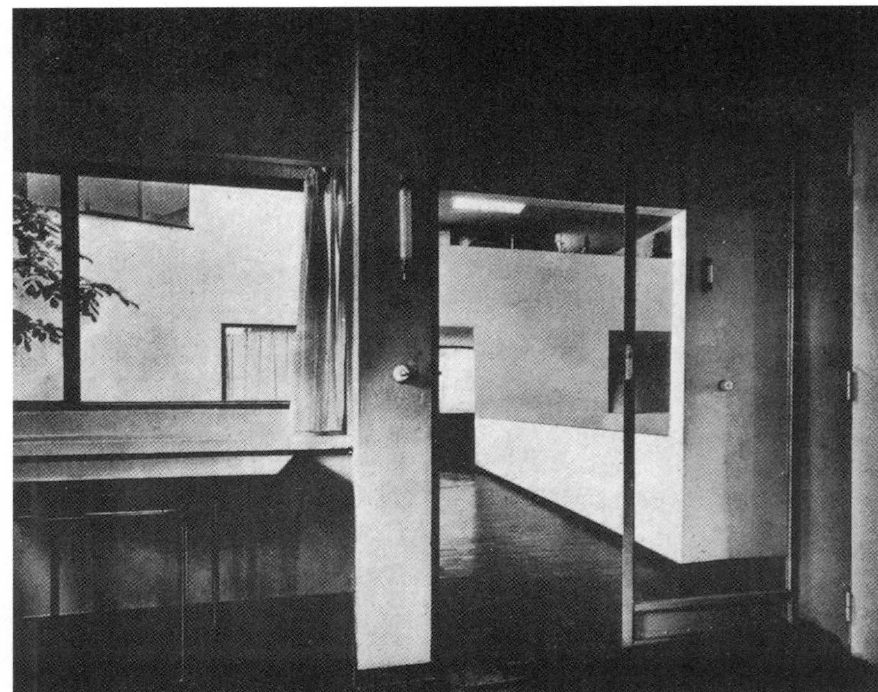

餐厅（拉罗歇住宅）

拉罗歇住宅的起居室

入口（拉罗歇住宅）

画廊（拉罗歇住宅）

拉罗歇住宅

平面看上去似乎挺别扭，那是因为粗暴的规范强迫且严格地限定了基地的使用：非建设用地的限制，建筑高度的限制，古树保护的限制。而且，基地朝北，太阳还在住宅的背面，得设法从另一侧寻找阳光。尽管有这样那样的严苛条件给方案带来痛苦的折磨，但一个想法却始终萦绕于心：一栋住宅应当成为一座宫殿。

拉罗歇－让纳雷住宅

屋顶花园

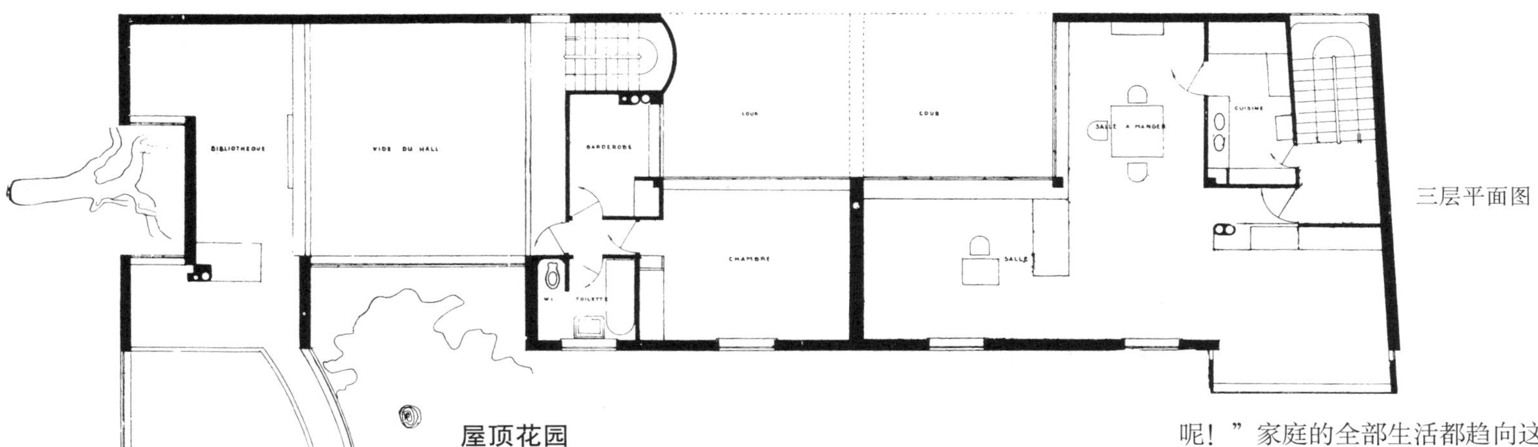

三层平面图

屋顶花园

草从石板的缝隙间探出头来；乌龟安静地踱着步；种子已经种下了：松，侧柏，卫矛，加蓬榄，女贞，中国的月桂等等。6 年过去了，青枝绿叶，比在花园里还美：这屋顶花园的环境与暖房有几分相像（空气纯净，阳光充足，根扎进温暖而潮湿的土壤）。这个春天，住宅的主人对大家说："来看看我的丁香吧，在屋顶上，有一百来串呢！"家庭的全部生活都趋向这个位于住宅高处的部分。平面已被搞得乱七八糟（室内的布置），人们逃离街道，趋向阳光与纯净的空气。

另外，屋顶花园有一个明确的目的：这是一个可靠的隔热层，以抵抗钢筋混凝土平屋顶的热胀冷缩。如果您希望拥有一片洁净而无水渍的顶棚，那么就在您的屋顶培植一个花园吧！但别忘了从房子内部排掉雨水！

起居室（拉罗歇住宅）

起居室（让纳雷住宅）

餐厅（让纳雷住宅）

起居室（让纳雷住宅）

楼阁（拉罗歇住宅）

楼阁下方为架空的底层

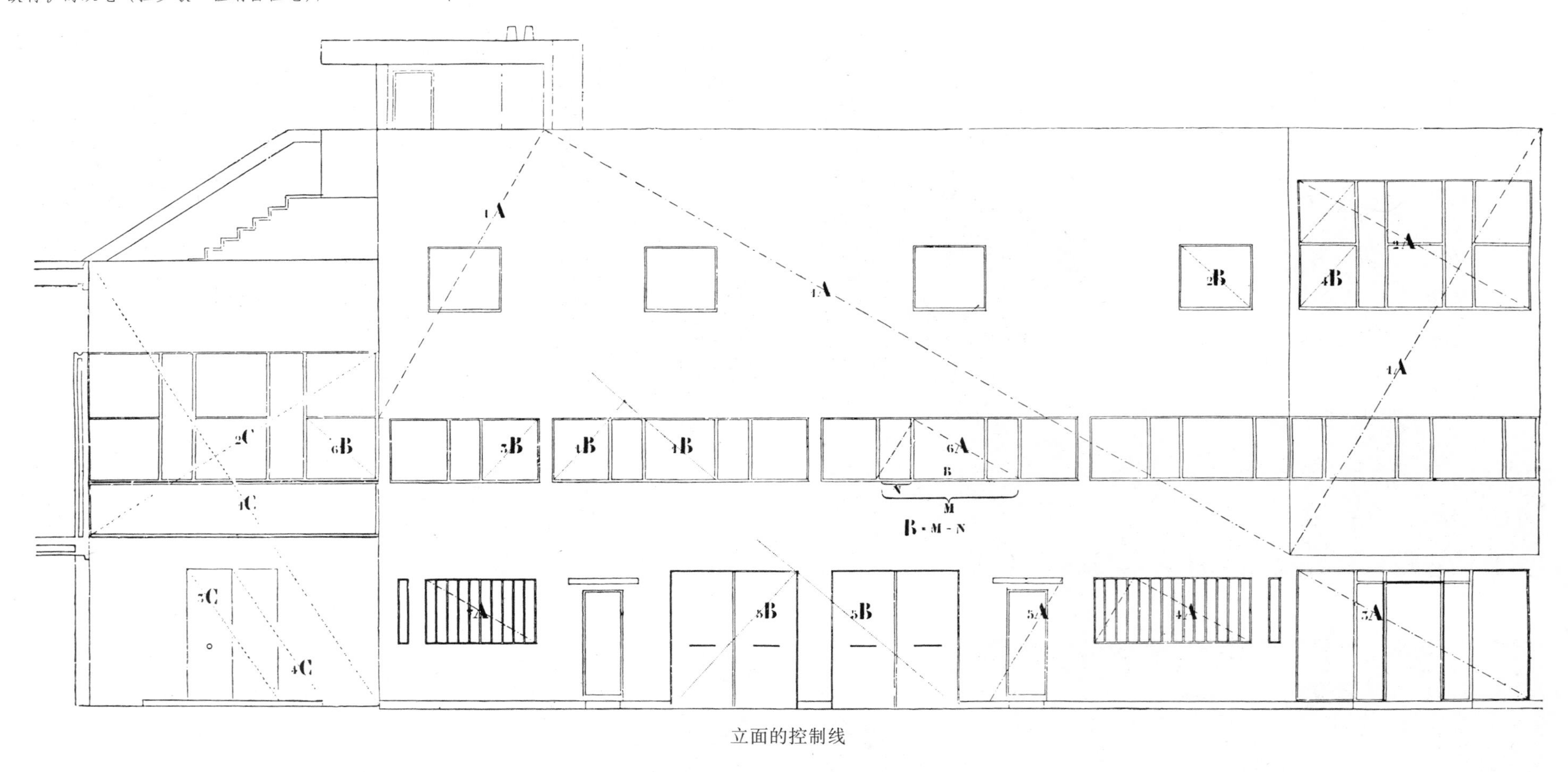

立面的控制线

控制线

今天的人用刨床，几秒钟就把一张木板刨得奇平无比。过去的人用刨子刨木板，还算过得去。原始人用石器或刀子凿木板，简直差极了。但原始人用模数和控制线使他们的活儿变得更容易些。无论是希腊人、埃及人，还是米开朗琪罗或布隆代尔[1]，他们都使用控制线来校正作品，以满足艺术感觉和数学思维。今天的人什么也不用，就修建了Raspail大街。他还口口声声称自己是解放了的诗人，只凭直觉便够用了；但这不过是在卖弄他从学校里学来的手法。是的，一位解放了的诗人，脖子上却套着枷锁，他知道一些事，但他知道的既非他所创造，亦非他所能控制；在接受学校教育的过程中他丧失了一种活力，孩子那天真的且最最重要的不倦发问的活力。

控制线是抵制任意性的一种保证，是一项检验运算。它证明一切在热情中创造的作品的有效性；它是小学生的九验法，是数学家的"证明完毕"。

控制线是一种精神秩序的满足，它引导我们寻求巧妙而和谐的关系。它赋予作品协调的音韵。

控制线带来了可感知的数学，它有助于对秩序的领悟。控制线的选择决定了作品基本的几何学；它如是决定了一个基本的印象。控制线的选择是灵感启动的一个决定性时刻，它是建筑学的一项基本操作。

[1] 布隆代尔（Blondel，1705～1774年），法国建筑师。以教学和著作闻名，对建筑理论及形成其时代良好的建筑艺术审美情趣，具有重大的贡献。著有《别墅布置及建筑装饰概论》2卷。早年钟爱洛可可装饰，后来转而反对这种风格。——译注

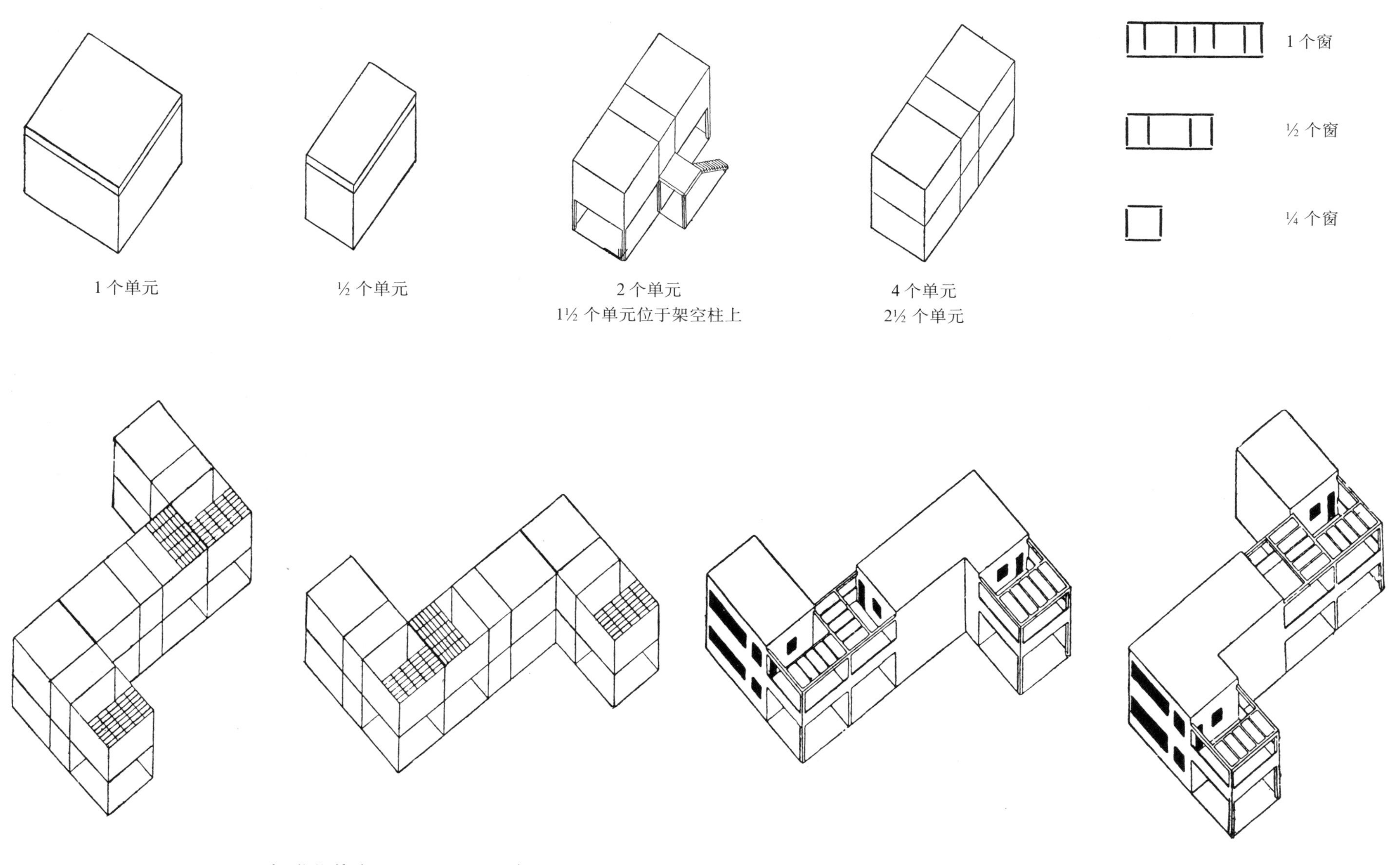

标准化住宅，1923～1924 年

这个标准化方案引导柯布西耶确定了“佩萨克（Pessac）”的基本构成元素。方盒子的理性建造不会损伤任何人的主动性，尽可以根据个人的爱好来演绎。

米斯查尼诺夫（Miestschaninoff）住宅

里普希茨－米斯查尼诺夫住宅，塞纳河畔的布洛涅区，1924 年

建筑一面朝向花园，另一面朝向作为近景的花园和小路。这两栋住宅是为两位雕塑艺术家建造的。首层：作坊，门厅，车库；中二层：阁楼，工作室上空；二层：套间。

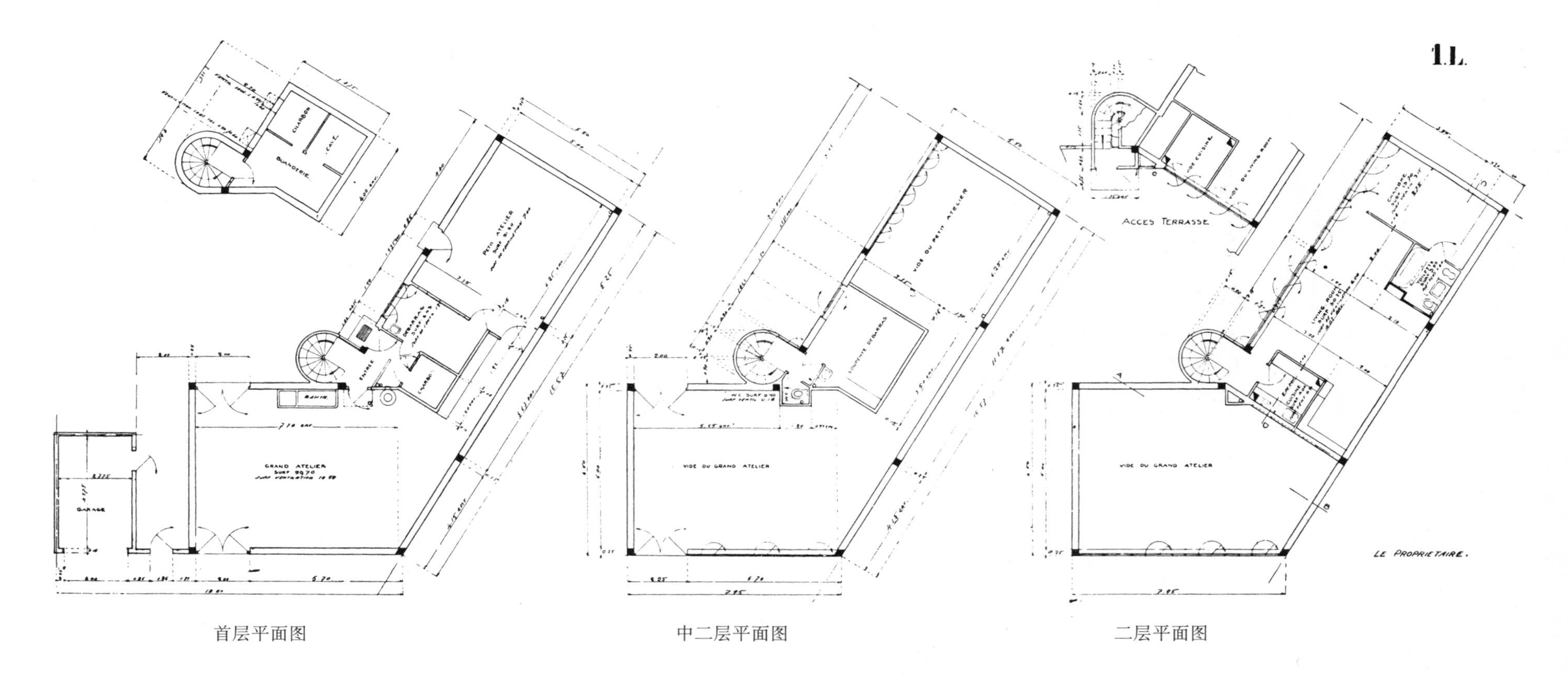

首层平面图　　中二层平面图　　二层平面图

里普希茨（Lipchitz）住宅平面图

花园

花园

米斯查尼诺夫住宅

里普希茨住宅入口

CITE AUDINCOURT　　SUPERE MOY. DES LOTS 290 M². 1

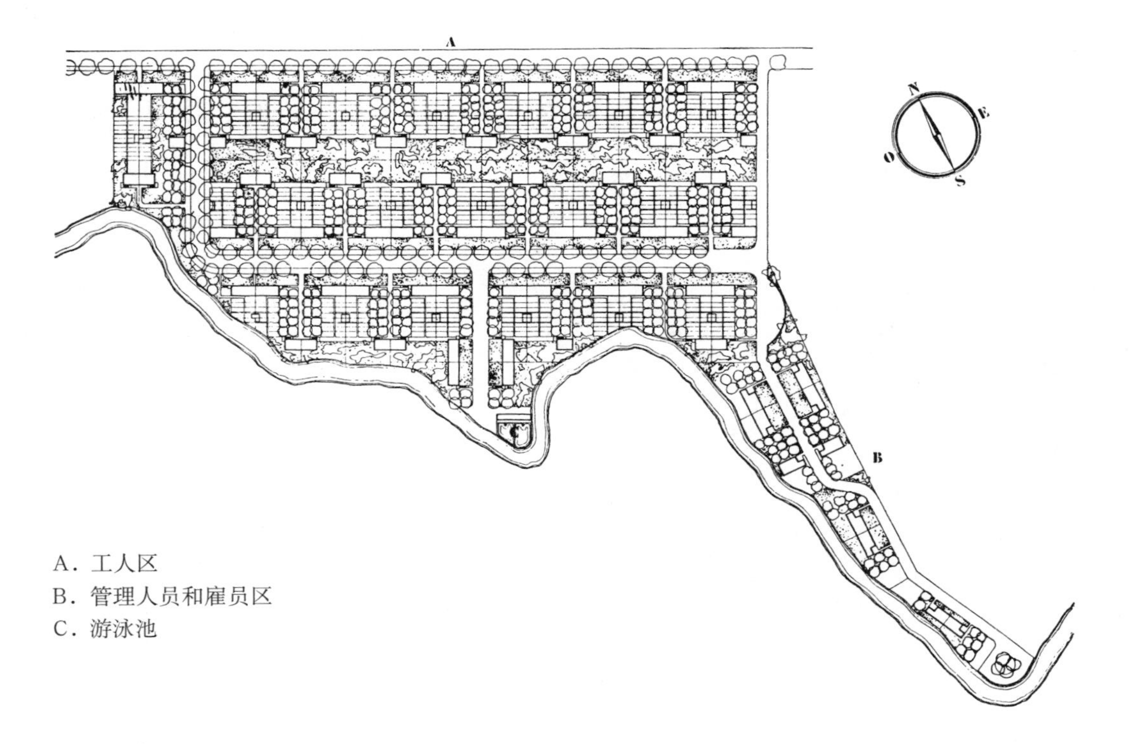

A. 工人区
B. 管理人员和雇员区
C. 游泳池

Audincourt 居住区，1925 年

道路是必需的，但应当懂得节制。我们的问题是修了比实际需要多得多的道路。这些是灰尘的面积，是养护的面积，是对于文化和休闲活动毫无意义的面积，是对土地的浪费。关于道路，这个小区的规划提供了一种相当经济的解决方案。

尽管基地的轮廓蜿蜒曲折，可这恰恰强调了不可动摇的保持正交的意向。弯曲的道路适合高低起伏的地形。而在平坦的基地上，笔直的道路重获它所有的权力。首先，它赋予住宅构成的景致以秩序，它们一一对应，遵循直角。

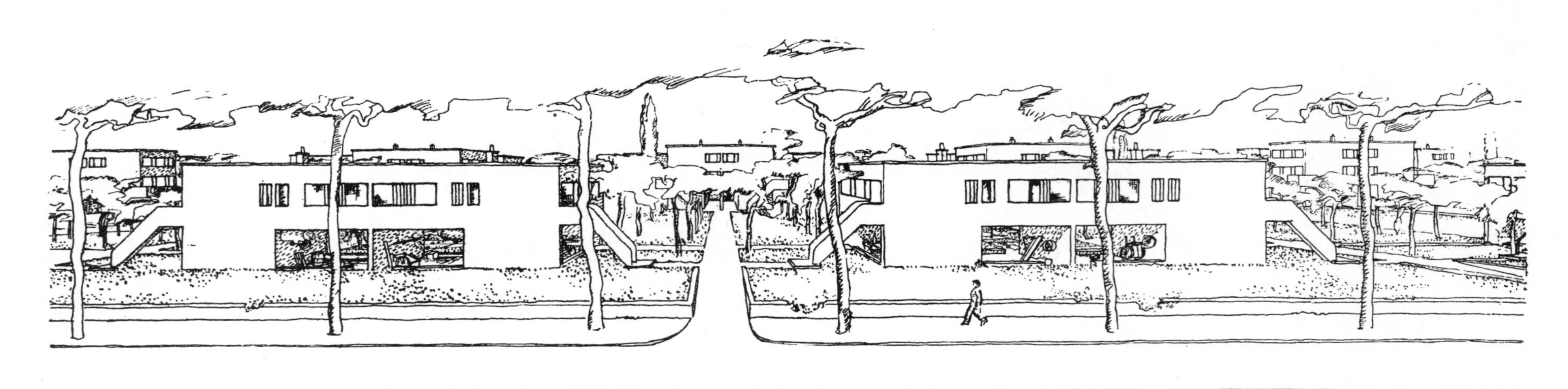

Audincourt 居住区

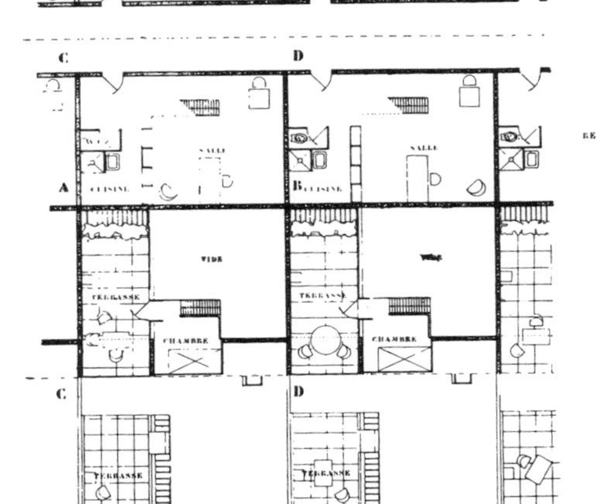

平面图和剖面图

大学城学生公寓，1925年

所有学生都拥有同样的单元，若穷学生和富学生的单元还存在差别，那真是残酷。问题：国际大学城，每个单元设有候见室、起居室、厨房、卫生间、阁楼卧室及屋顶花园。单元之间以墙隔离。所有学生在毗邻的运动场或公共服务建筑的共享大厅中进行交流。排列，类型化，确定单元及其组成要素。经济，效率，建筑！永远要先明确问题。

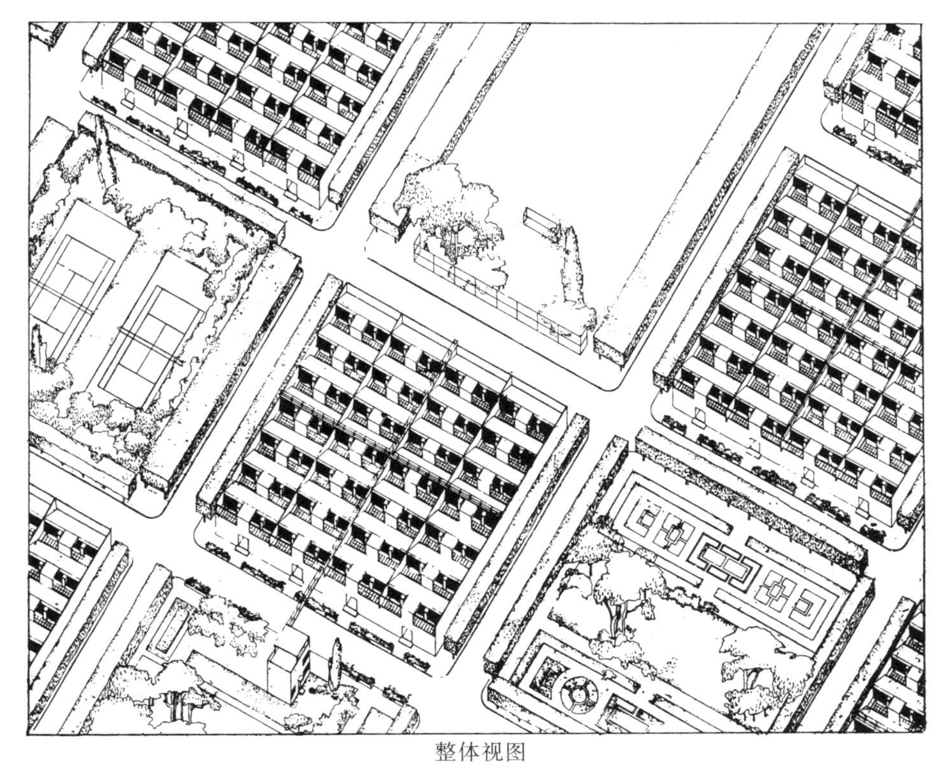
整体视图

每个单元都拥有一个屋顶花园

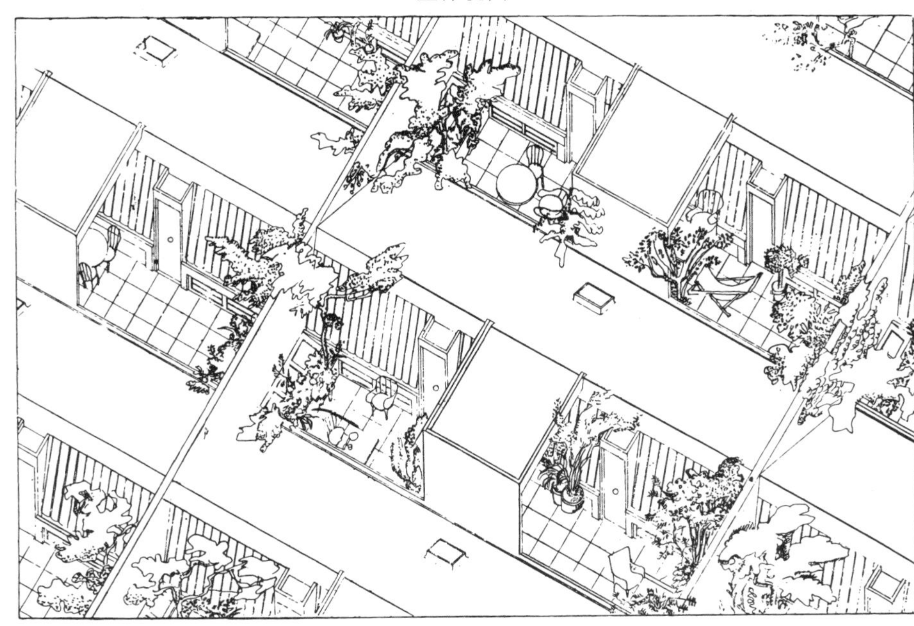
屋顶花园细部

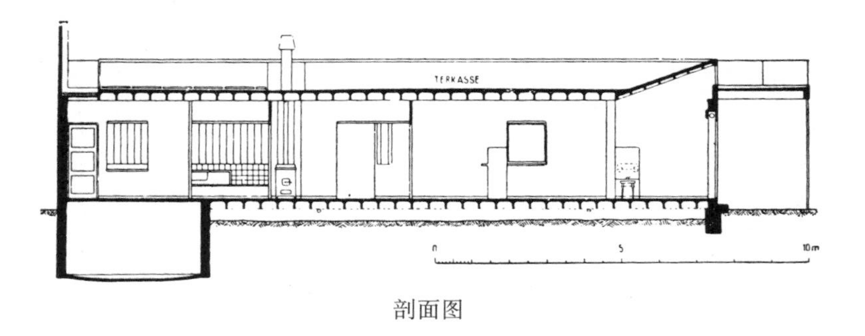

剖面图

沿街立面

莱芒湖畔小别墅，1925 年

问题：一个仅供两人使用的住宅，没有仆人。基地：莱芒湖最东端；山丘俯临的湖滨，正面南向。我们的做法一反常规：先拟订出严格的、功能化的住宅平面，一丝不苟地回应任务书的要求，设计一部真正用于居住的小机器；然后，将方案揣在上衣口袋里，我们出去寻找适合的基地。这种方式比乍听上去要有道理。居住的机器：它的每个组成部分都分配以确定的面积，整个住宅共计 $56m^2$。通过灵活的布局，使用面积可达 $60m^2$。在这个极小的住宅中有一个 11m 长的窗，会客部分展现了进深达 14m 的透视。另外，住宅中还设置了可移动的隔墙和隐藏的床，可以安排临时访客的住宿。

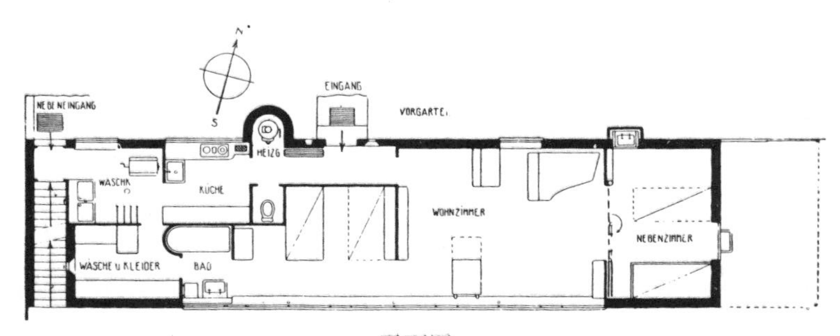

平面图

侧立面

小别墅

莱芒湖畔（Vevey）

花园

符合人体尺度的窗

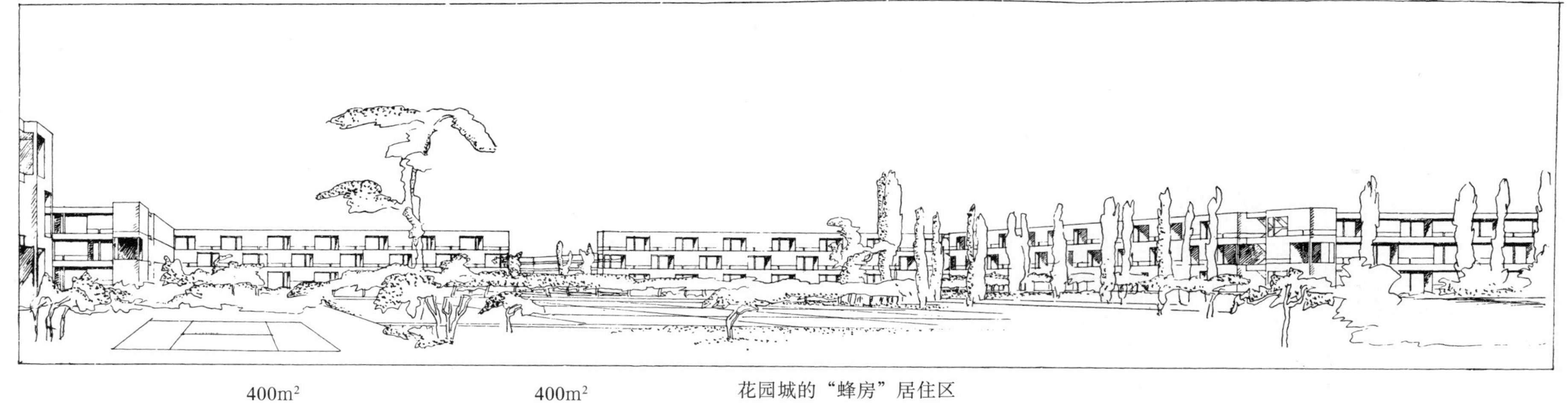

花园城的“蜂房”居住区

400m² 400m²

公寓 2 倍
5 × 10 = 100m²

运动
150m²

种植
150m²

JARDIN
D'AGRÉMENT
50m²

让我们来分析一下通常的花园城中分配给每户居民的400m²土地：住宅及附属建筑，50～100m²；剩下的300m²贡献给草坪、花坛、果园、菜园和田垄。维护要求精心，既费钱，又费力。收益：不过是几捆胡萝卜和一筐梨。没有一丁点儿活动的场地。男人、女人和孩子，他们不能游戏，不能做运动。运动应当能够在任何一天、一天中的任何时间进行。场地应当就在住宅脚下。而不是在设有看台的体育场，那里只有专业运动员和看客才去。让我们更加合乎逻辑地重新提出这个问题：住宅50m²，花园50m²（这住宅、这花园将位于地面层，或者位于地面以上6m、12m），位于我们称为“蜂房”的组织之中。住宅脚下，按照每户150m²，是广阔的运动场地（足球场，网球场等等）

花园城的“蜂房”居住区，1925 年

这是“别墅公寓”的直接延续。城市规划的革新建立在住宅的基础之上。现代生活要求恢复矫健的体力；要运动。在哪儿？远郊？这可不切实际！运动场就应当在住宅脚下。于是，采用一种独特的方式将运动场的面积分摊给花园城的小住户。这里，“蜂房”住宅采用了林荫道旁的高档居住区的“进退式”，为郊区的地块提供了新的解答。

住宅类型

1 小花园
3 住宅
2 小花园
2 住宅
3 小花园
3 住宅

400
JEUX
POTAGERS
280
576 MAISONS POUR 270000m²
=468m² PAR MAISON

总平面图

呼 吁 工 业 家

APPEL
AUX INDUSTRIELS

1925年值“新精神馆”开馆之际发出

《呼吁工业家》，1925年

1925年：呼吁伟大的工业：基于对普通玻璃或厚玻璃，对偏心连杆关闭装置和推拉机械的使用，我们能够以一种新的尺度生产一种新型的可以无限组合的窗。

窗，过去一直是个难题。历经各个时期，它的演化标志着建造工艺的进步。窗是住宅革新最重要的目标之一。进步带来解放。钢筋混凝土在窗的历史中掀起了一场革命。

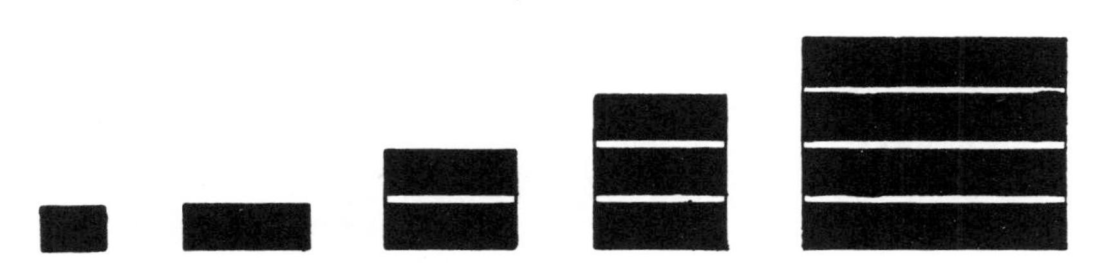

这是在钢筋混凝土的墙面上预留的孔洞

窗将被视为一种机械装置。

滑动自如，密闭。

我们装备机械窗！

我们建筑师，将仅仅只需要一个固定的模数。有了这个模数，我们将进行组合。这是一个模数及其衍生的例子。

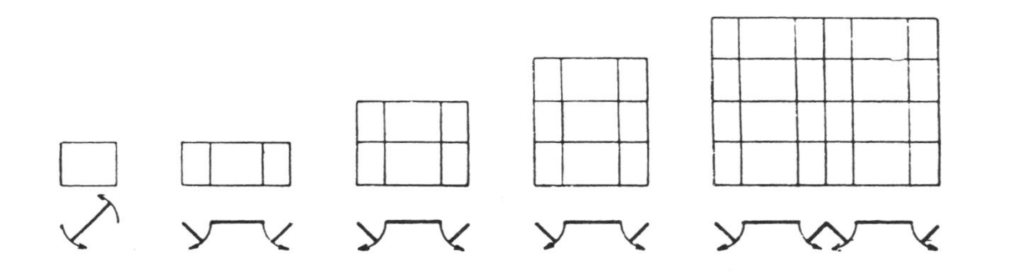

注意！窗不应当再向室内推开，那样会碍事；也不应当由立面向室外推开。它将侧向滑动（单扇窗可以绕轴旋转）。

如果我们有10个采光面积，那么3～4个通风面积就足够了。

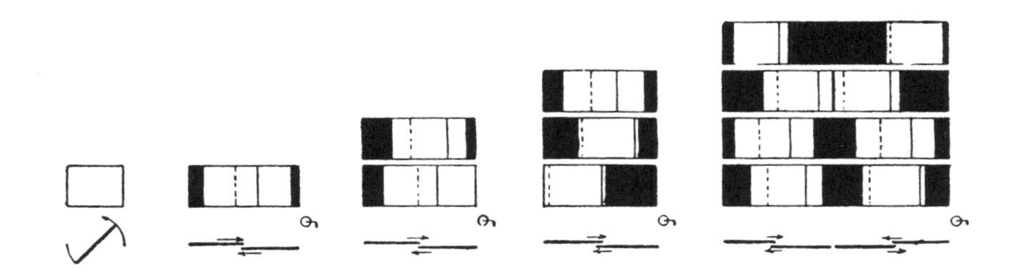

我们所有的宅邸，

所有的别墅，

所有的工人住宅，

所有的出租公寓，

都应当设计并安装这样的窗，采用同样类型的构件。几年来，我们已经对以人体尺度为依据的模数进行了仔细的研究。

但——迄今为止，人们所做的，只不过是五金匠人的工作，而不是机械师的工作。然而，窗乃是机械类型的构件。

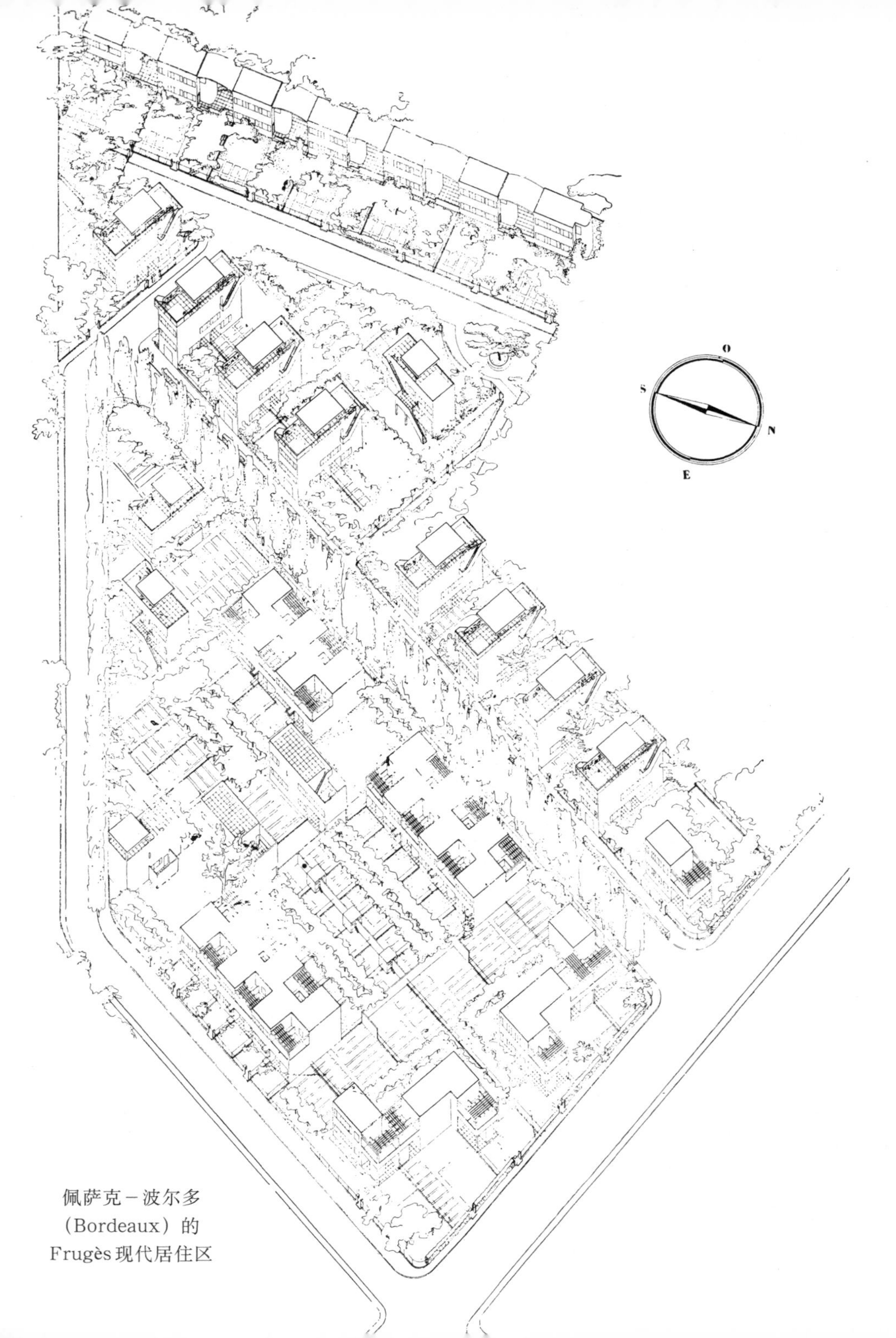

佩萨克－波尔多（Bordeaux）的Frugès现代居住区

佩萨克，1925年

Frugès先生曾这样对我们说："我允许你们将理论付诸实践，将其做到极致；我希望，你们在廉价住宅的改革方面达成真正有说服力的结果：佩萨克将成为一个实验室。我完全允许你们打破所有的成规，放弃传统的方法。一言以蔽之，我要求你们提出住宅平面的问题，我要求你们从中寻求标准化，我要求你们在墙、楼板和屋面的设计上符合最严格的可靠性及有效性，通过使用我授权你们购置的机器，我要求你们在建造上实现真正的泰勒制化。你们还要提供使居住变得容易且惬意的内部设施和布局。至于审美，她将产生于你们的革新，将不再是那种建造和维护起来都极为昂贵的传统住宅的审美，而是当代的审美，比例的纯粹才是真正的雄辩。"

佩萨克，有一段带点儿巴尔扎克色彩的传奇故事，一个慷慨之士立志向他的国家证明我们有能力解决居住的问题。一时间，舆论四起，妒意萌生；建筑界人士——从当地的小工头到大建筑师——无不为这可能扰乱既定状况的新方法而感到不安。于是，一点一点地，充满敌意的氛围形成了。一支来自巴黎的承包队取代了无能的当地匠人，一年不到的时间，佩萨克居住区就建成了。但，1926年，工程临近收尾时，却受到行政部门的暗中阻挠，本该由他们将材料送交路政局审批以指导该居住区给水系统的铺设，可当时只有销售和出租许可证得到批准。3年后，1929年春，*材料仍未被签署，以至于这3年来，佩萨克一直是无人居住的空城*。然而，公共工程部部长De Monzie先生和劳动部部长卢舍尔先生都曾亲自过问，并分别于1926年和1929年先后探访了佩萨克。1926年在部长De Monzie先生正式访问掀起的热情之后，紧接着，渐渐积聚起来的是焦虑和不安。3年后，几个国家的媒体纷纷报导：*佩萨克无法居住，因为它建立在错误的原则之上*。不过，多亏了卢舍尔先生的有力干涉，他委派一名调查员探明了这件扰乱人心的意外事件的根源，并最终找出了缺水的真正原因。这是一个痛苦、严厉的教训，可以归入"观念"演变的编年史。它表明了新的首创精神与舆论的正面冲撞，以及舆论与观念的交锋。

外墙的色彩

起居室

起居室和入口

佩萨克专为钢筋混凝土设计。Frugès 先生，这位波尔多的利他主义工业家，曾说过：“我希望能够让你们的理论付诸实践。”

目的：廉价。

手段：钢筋混凝土。

方法：标准化，工业化，泰勒制化。

结构：整个地块只使用一种5m长的钢筋混凝土大梁(Pima楼板)，等等。

分组：每一组执行相同的工作。

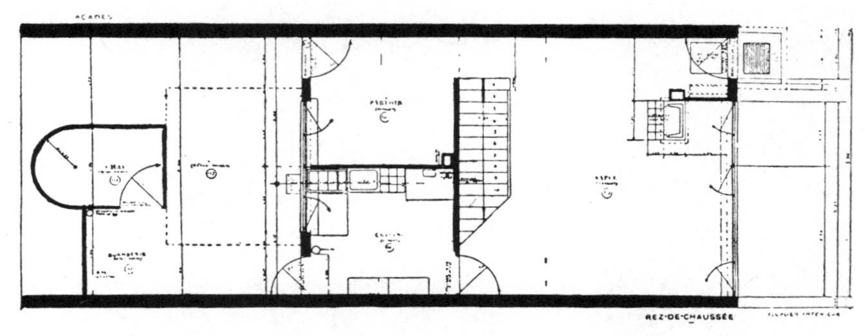

首层平面图：起居室、厨房、卧室、洗衣间和储藏室

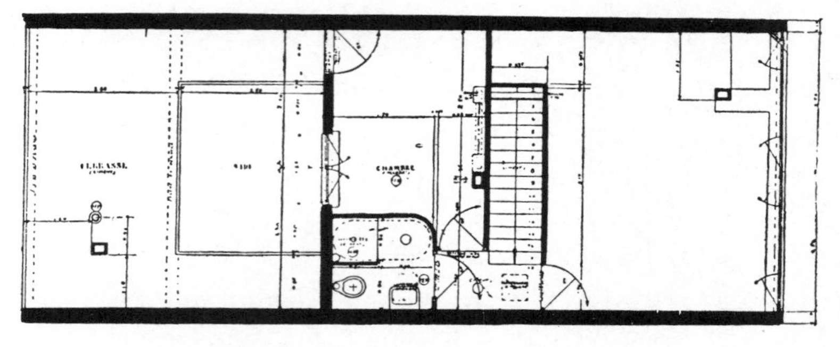

楼层平面图：大卧室、小卧室、卫生间和露台

小住宅（在建）

露台（远处是“摩天住宅”）

小住宅（着色的立面）

空中花园（左侧是“摩天住宅”）

花园露台

"摩天住宅"

空中花园的迷人之处显而易见

这是一个现代城市规划的典范、历史的纪念：瑞士的小木屋，阿尔萨斯的鸽子笼，统统放进历史的博物馆。摆脱了浪漫主义的桎梏，精神为恰切提出的问题寻求解答。

“摩天住宅”

“摩天住宅”，首层车库

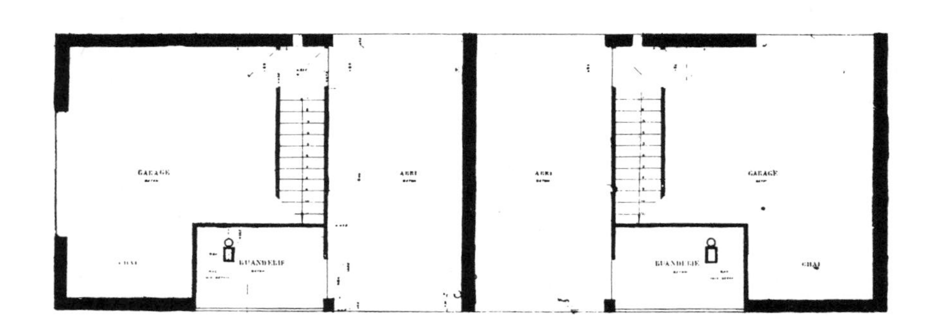

首层平面图：有顶的开敞空间、洗衣间和车库

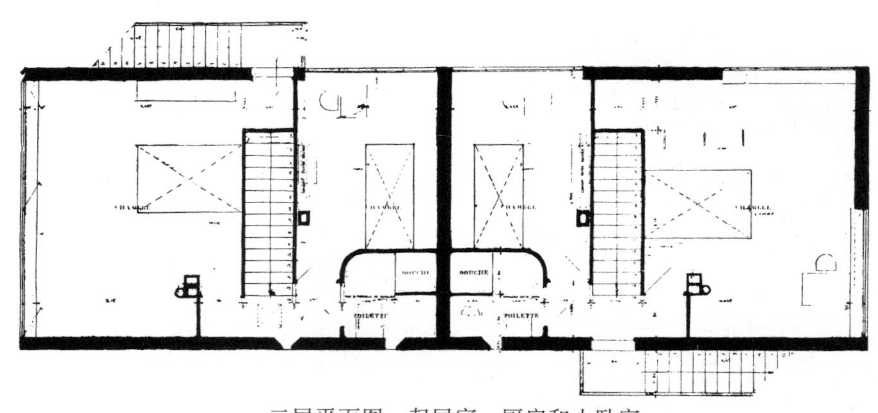

二层平面图：起居室、厨房和小卧室

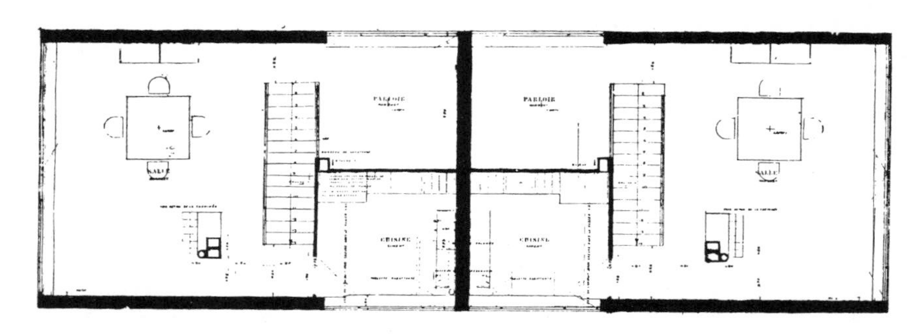

三层平面图：大卧室、小卧室和露台

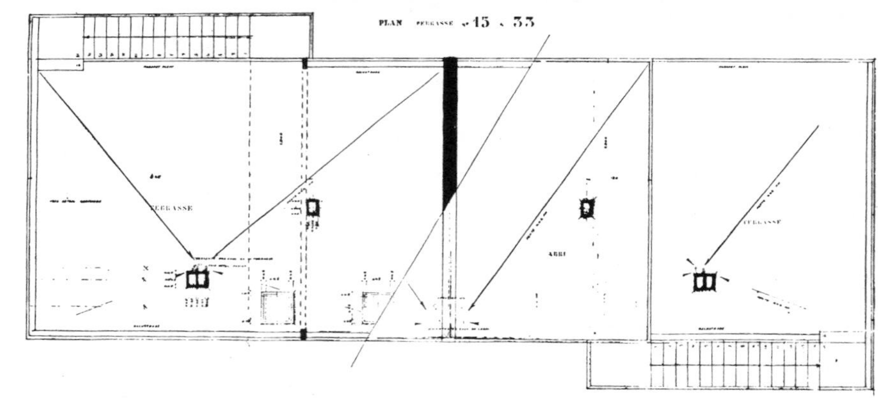

屋顶花园层平面图

含两套公寓和车库的“摩天住宅”

“摩天住宅”

屋顶花园

“摩天住宅”

多色

一位著名的美学家，从佩萨克回来后宣称："住宅，是白色的。"

我们给出过评价的标准：白色的立面。

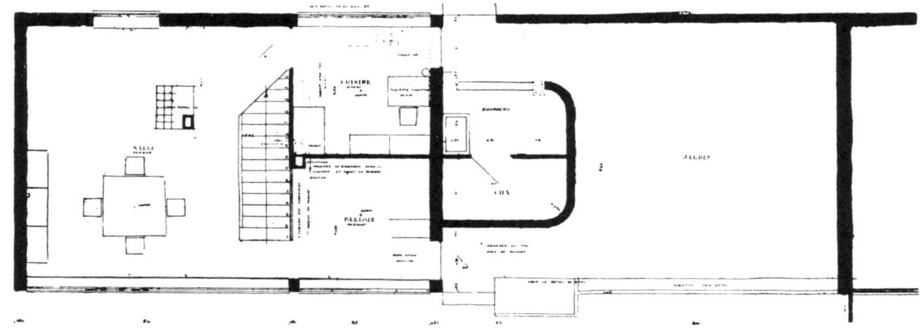

首层平面图：起居室、厨房、小卧室、洗衣间和露台

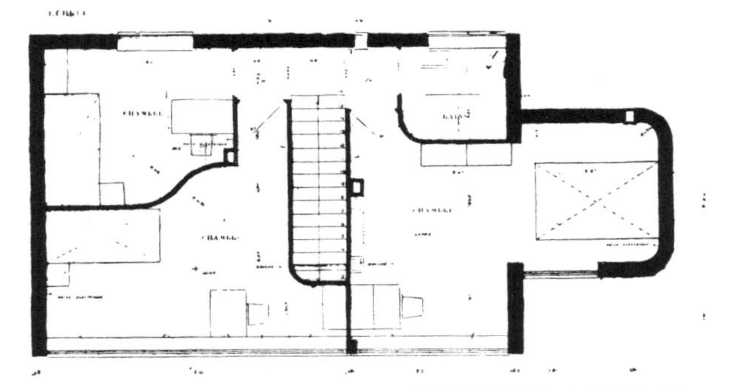

楼层平面图：三间卧室

位于首层的两层通高的有顶露台

着色

然而，当住宅的排列构成一个严严实实的整体，我们便对每栋住宅进行装扮：临街立面褐白交替。一侧的立面为白色，另一侧为淡绿色。棱线上淡绿色或者白色与深褐色相遇，造成体积（体量）的消解，并增强了表皮的表现力（扩张）。

这种多色的色彩配置是全新的，它根本上是理性的，它为建筑的交响乐添加了极具生理影响力的元素。

这由体量、表皮、轮廓与色彩谱写而成的各种生理感受的协奏，能够引发强烈的诗意。

未着色

楼层平面图

立面图

室外楼梯

佩萨克的用地非常紧张，钢筋混凝土的灰房子密不透风地挤在一起，令人难以忍受。

而色彩，将为我们带来丰富的空间感受。

为了确立基点：我们将某些立面涂以深褐色。

为了使房子后退：我们使用明亮的群青色。

为了将某些区域混入花园和树林的叶丛：我们使用淡绿色。

在屋顶花园上

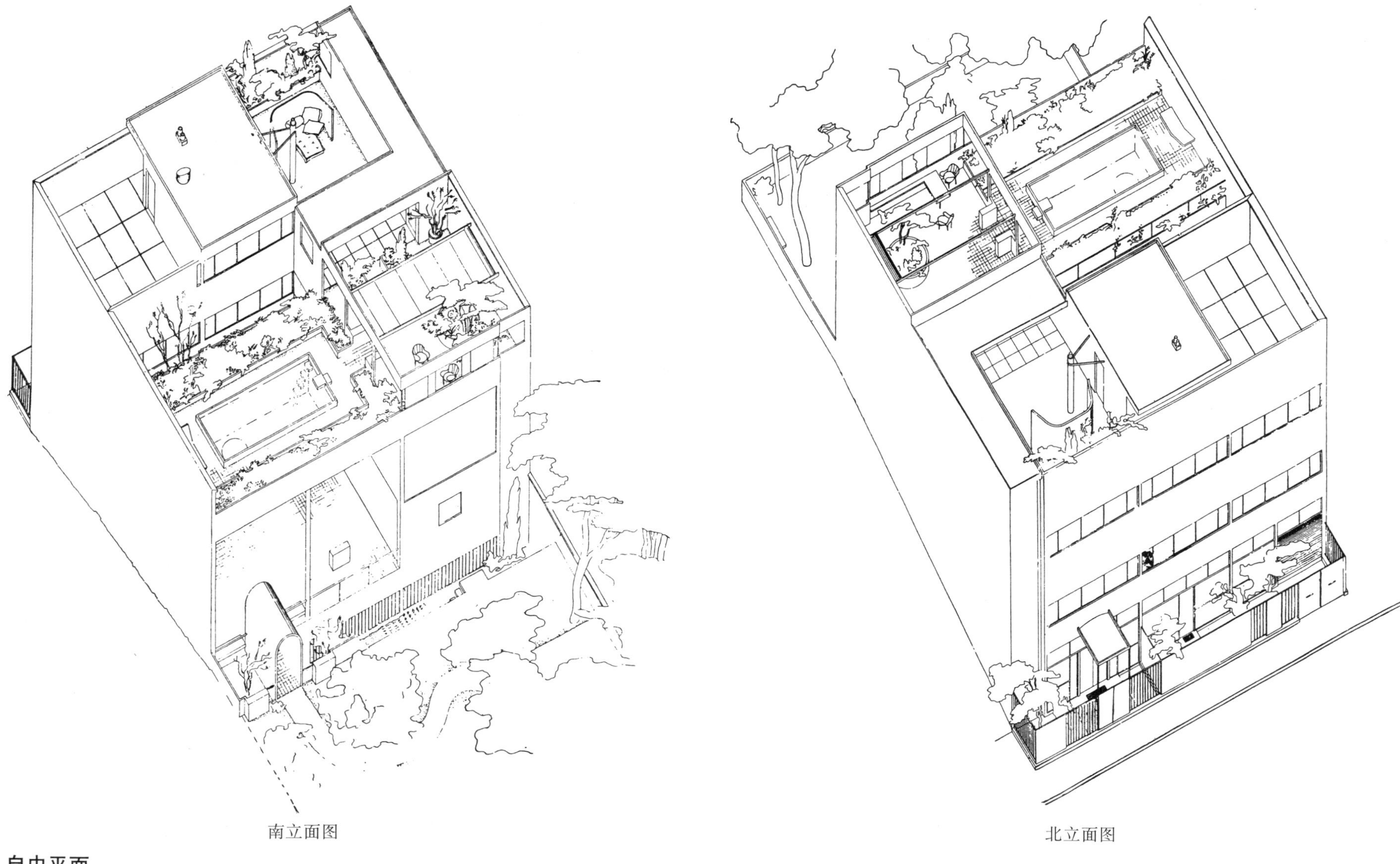

南立面图

北立面图

自由平面

迄今为止，承重墙从地下室开始，它们层层相叠，构成首层及以上诸层，直至屋顶。平面是承重墙的奴隶。首层及以上诸层提供的是完全相同的分隔。首层平面是收紧还是放开，完全取决于其上诸层包含的是卧室还是起居室。

一步一步地消减，在相继的建造过程中，我们注意到可以省下一大笔钱：取消承重墙，代之以合理而有效定位的柱，自下而上贯穿住宅。

继而，柱子摆脱了房间的角，安静地呆在房间中央。

随后，烟道也脱离了墙，独自处于房屋的中央，成为性能优良的辅助取暖器。

楼梯也变成了自由的构件。每一处，构件都展现出各自的性格，获得相互关联的自由。

批注：平面从对古典主义（路易风格或是文艺复兴盛期风格）的妥协中解脱出来，恢复了哥特式的活泼健康和唯理主义。不过，它采用了一种全新的调式。

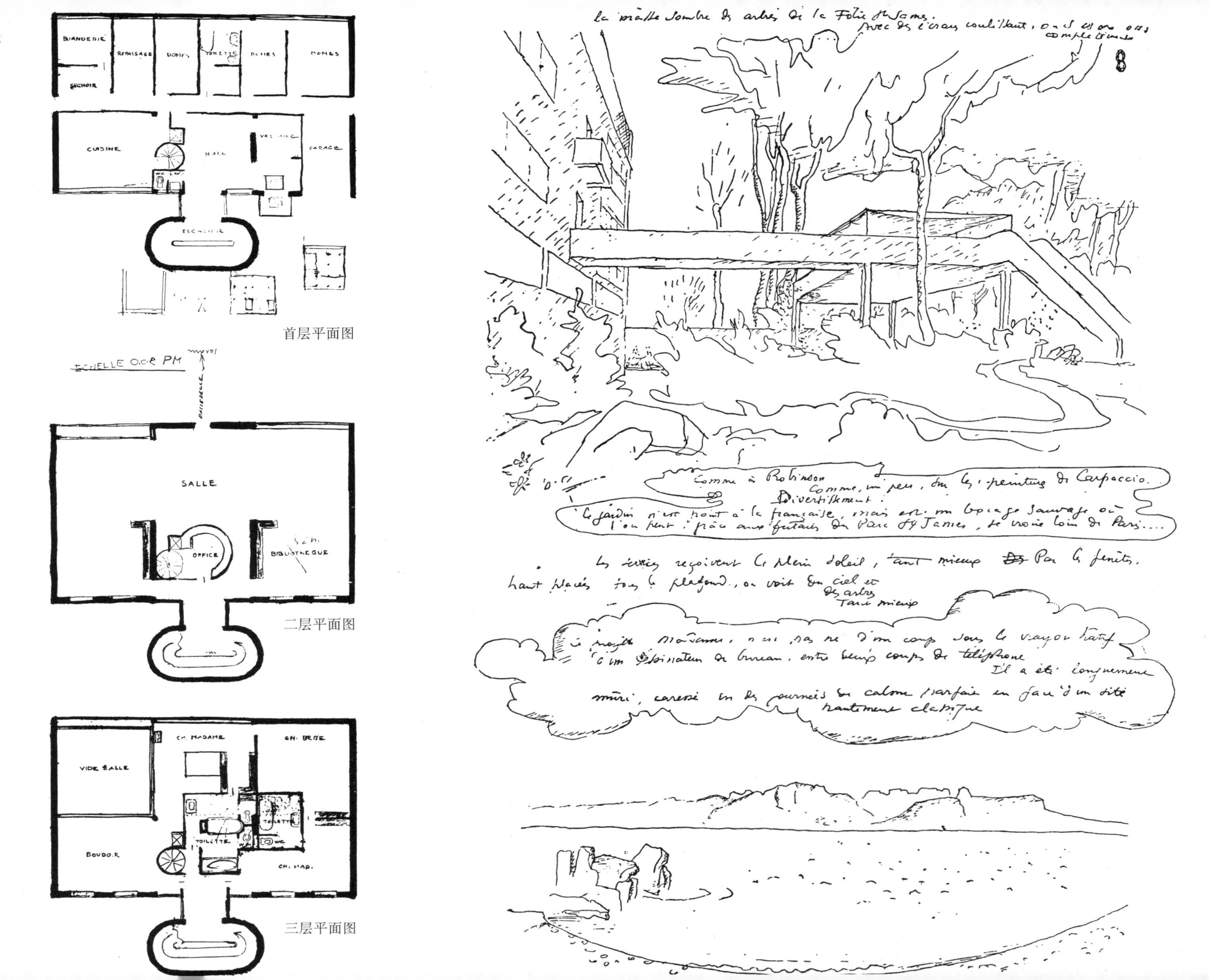

首层平面图

二层平面图

三层平面图

迈耶别墅，巴黎，1925年

（方案一）

夫人：

我们渴望为您建造这样一栋别墅，它光洁而平整，如同一个比例优美的匣子（1）。它将不会被各式的起起伏伏所叨扰，那些玩意儿制造的是做作和虚假的别致。它们在阳光下发出刺耳的声响，它们除了加剧周围的喧嚣，毫无用处。与那种在这个国家以及其他国家中猖獗肆虐的复杂而生硬的住宅时尚相悖，我们认为整体比局部更加有力。请不要以为这平整因于怠惰，恰恰相反，那是方案历经长时间酝酿推敲的结果。简，而不是易。的确，这栋面对叶丛矗立的别墅将引发高贵的感受。

（2）……入口处的门将偏在一侧，而非居于中轴线上。让学院派斥责我们吧！

（3）……门厅宽敞，充溢着阳光……衣帽间和卫生间隐于其间，服务的流线没有迂回。如果更上一层，那是为了通往树冠之上位于高处的客厅，是为了在眼前展开一览无遗的壮美景色，是为了仰望更广阔的天空……仆人们，如果他们住得舒适，这房子就会被照料得妥妥帖帖。不设屋顶阁楼，取而代之的是花园、日光浴场和游泳池。

（4）……起居室，经由我们精心的安排，光线充盈。在巨大窗洞的双层玻璃之间，我们设置了一个暖房，以抵消玻璃表面的冰冷：那儿，培植着我们在城堡或植物爱好者的温室里所见到的高大而奇特的植物；或者在那里安置一个玻璃水族缸……通过设在住宅中轴线上的一个小门，经由一个天桥，我们便来到花园深处，可以在大树下享用我们的午餐或晚餐……

（5）……这一层就是一个完整的厅，起居室，餐厅，还有书房。是的，还有一个服务筒！位于房间正中央。当然！为了便于提供服务，用软木块砌成，既隔声又隔热，就像一个电话亭或热水瓶。古怪的念头？并非如此！这其实是很自然的，螺旋楼梯自下而上贯穿住宅，就像一条主动脉，放在哪儿会比这儿更好呢……它的裙墙和服务筒的墙将被包裹起来。从图中还可以看到位于阁楼的小客厅（设有家具格架）。

（6）……自小客厅望去，是掩映在大树叶丛中的夏日就餐场所。倘若我们想上演戏剧，便可以在这里穿戴，经由两部楼梯可以下到位于大玻璃窗前的舞台。

（7）……螺旋楼梯向上一直通到游泳池旁的这扇门。游泳池和螺旋楼梯后面是享用早餐的地方（第一张图表现得很清楚）。从小客厅可以登上屋顶，那里既没有瓦片也没有石板，取而代之的是一个日光浴场和一个游泳池，还可以见到从混凝土板的缝隙间冒出头来的青草。头顶是天：有了四周的墙，没人可以窥视您；夜晚可以在这里看星星，还可以欣赏St-James公园中树丛那深暗的剪影。只需借助推拉的屏风您便得以宁静地独处。

（8）……像是在Robinson，又好似身处Capaccio的风景画中，逸致闲情……花园丝毫不带法国色彩，而是一片充满野趣的绿荫，于此，悠然遥望St-James公园的乔木林，令人身处其中竟以为已远离了巴黎……

……服务空间采光充分，棒极了，透过顶棚下的高窗，可以看云看树……棒极了。

夫人,这个方案并非由一名呆在办公室里的绘图员利用两个电话间隙的功夫，用铅笔草草勾勒而成。它是在那些心智明晰的日子里，面对一片极其经典的风景，经过长时间的仔细思考，反复酝酿所得。

这些想法,这些带有某种诗意的建筑主题都要服从最严格的建造规则……12根等间距的钢筋混凝土柱毫不费力地承托起楼板。在如是构成的混凝土框架中，平面演绎出一种单纯，这单纯容易（很容易！）被当作“傻”来看待……曾几何时，人们已惯见了那些复杂的平面，复杂得就像是人把自己的内脏翻了出来。而我们始终坚持认为内脏应当在它们应当在的地方，在内部，分类明确，排列整齐。我们坚持只呈现一个清晰明朗的整体。这并不简单！说实在的，建筑最大的困难就在于：使事物各归其位。

一旦棘手的关联问题得到了解决，这些建筑的主题必将导向诗意的迸发。事情做完了，一切都显得自然流畅。这是好兆头。可当纸上落下构图的头几笔时，一切尚处于混乱之中。

如果结构和平面非常简单，就可以对承建者不那么挑剔。这重要，这很重要，那种令人难以忍受的以经济为目的的削减是不可原谅的，除非问题的解答歌颂了建筑师的功德！这最后自命不凡的表露不过是个玩笑而已，因为应当来点儿笑声……

勒·柯布西耶和皮埃尔·让纳雷

1925年10月，巴黎

（柯布写给迈耶夫人的信，附草图）

迈耶别墅

（方案二）

1. 首层门厅
2. 二层会客室及客厅，右边是餐厅
3. 起居室和画廊（小客厅）
4. 空中花园，有顶
5. 三层卧室
6. 屋顶花园
7. 屋顶花园

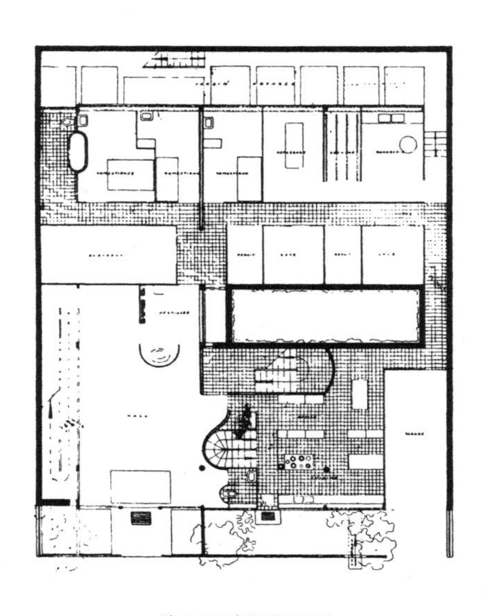

首层下部平面图

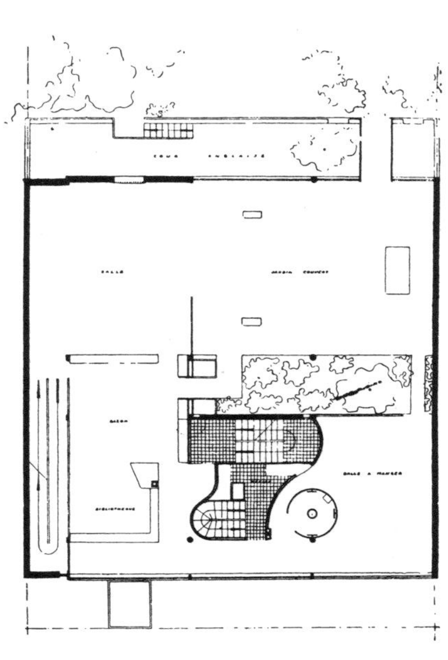

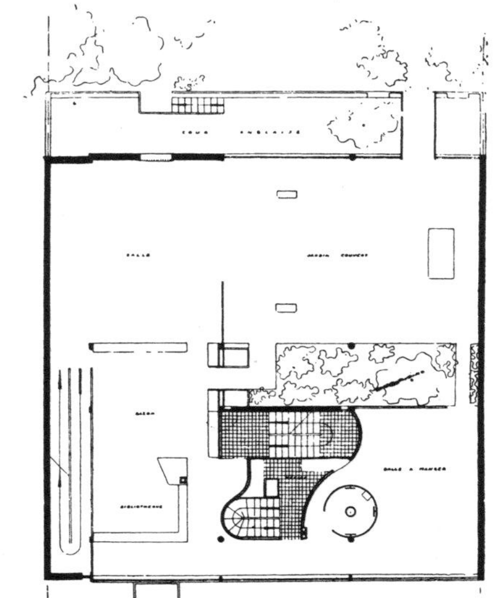

首层上部平面图

有一天，我们注意到一栋住宅可以像一辆汽车：一个简单的外壳，以自由的方式，包含内部极其多样的独立构件。

1927年3月，一位当代的建筑师在劳工联合会的礼堂，这样结束他的讲座：“至于我，我确信，将钢筋混凝土用于小住宅的建造是个错误，这太昂贵了！”

是的，倘若我们仍然采用路易或者文艺复兴时期的平面，那么钢筋混凝土确实太昂贵了。

钢筋混凝土为小住宅带来了**自由平面**，各层不再按照承重墙相互重叠，它们是自由的。每一平方厘米的精确使用，将带来建设量的巨大节省。

新平面自在的理性主义。

自由平面

楼层平面图

露台平面图

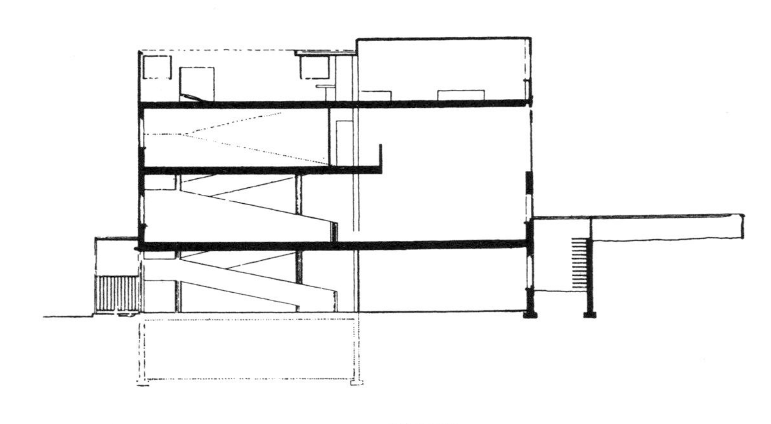

剖面图

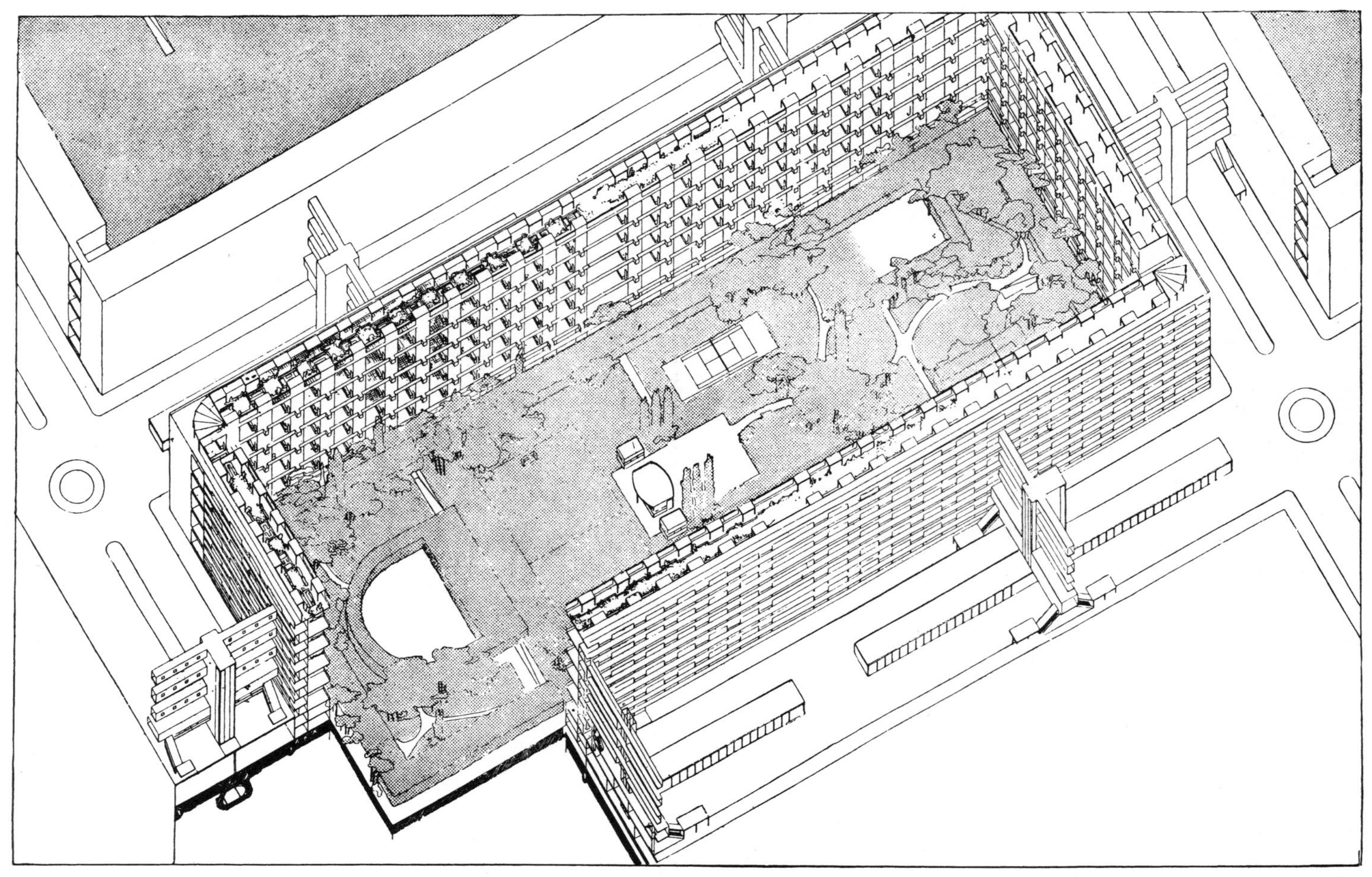

“别墅公寓”。一个地块的轴测图。在此，建筑的高度约为室外地平以上 36m

“别墅公寓”，1925 年

在此，我们将指出“别墅公寓”这一重要研究的持久性。正如雪铁龙住宅的问题，多年来，并且在接下来的数年中一直为柯布和皮埃尔所关注。这是两个始终吸引他们注意力的想法，通过不断地改善，他们得以提出自己审美的创造性设计原则。1925 年，在巴黎国际装饰艺术博览会上，以“新精神馆”的设计为契机，他们建造了一个独立的“居住细胞”，他们证明了现代居住的论点，他们表达了居住街区的概念。仔细看看P92上这张小小的合成照片，我们就不难估计这样一组建筑对城市景观的影响。这张合成照片的右侧捕捉到的是某日在巴黎廉价大百货商店前搭建的脚手架；以一张线描的透视图，柯布沿续了脚手架提供的新尺度，并将其体现在层高中。我们同样可以想像由这种尺度的改变所带来的街道外貌的变化。

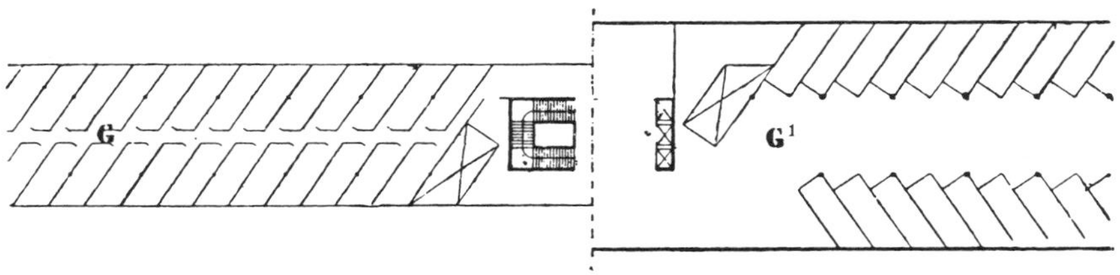

图1：通过街道的垂直剖面图，垂直的楼梯系统和水平的连接通道，以及空中花园。

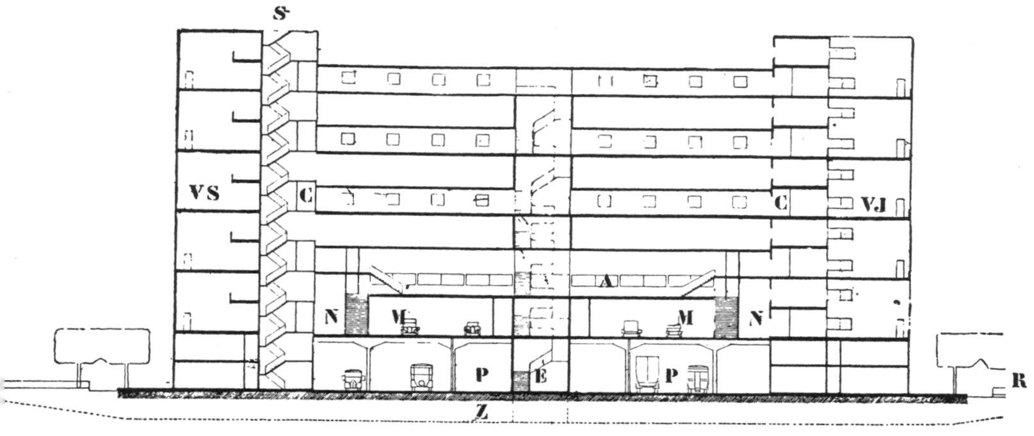

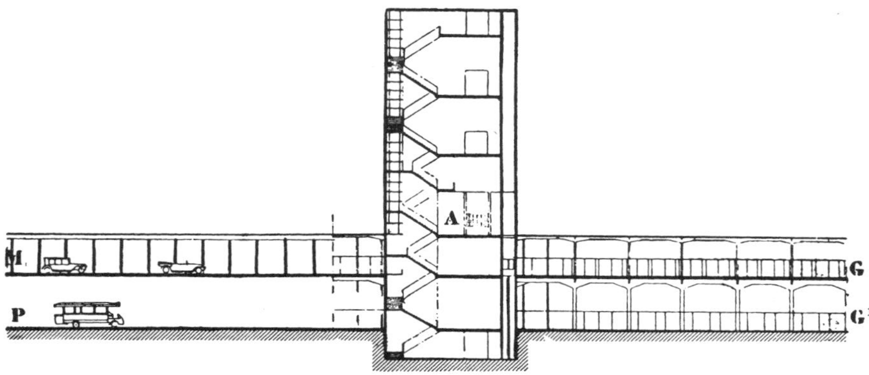

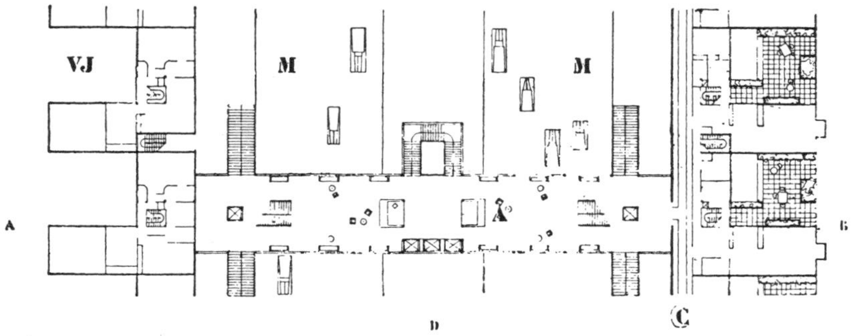

图2：平面图，街道之上入口门厅的高度。两侧是被50m宽的街道分隔开的公寓。接着是人行道，有入口通向门厅；最后是单行车道，中间是车库的屋顶。

图3：通过街道和主楼梯间的纵向剖面图。

图4：平面图（左侧车库位于由底层架空柱抬起的快车道上，右侧车库位于快车道下方，地面上）。

A =门厅

E =主楼梯间、客梯和货梯

C =连通走廊，别墅的门朝此开启

VJ =别墅的空中花园

VS =别墅的起居室

N =人行道和通往门厅的楼梯

M =底层的架空柱之上是供轻型交通使用的快车道

P =地面层，供载重卡车使用的道路

Z =地下通道，通往内部的大花园

R =内部的大花园

S =日光浴场（S之下可以看到一部服务楼梯）

G^{1} =通过货梯与G相通。从G到G1可直接通达主楼梯E和门厅A，并通过那里，到达空中别墅VJ和VS。

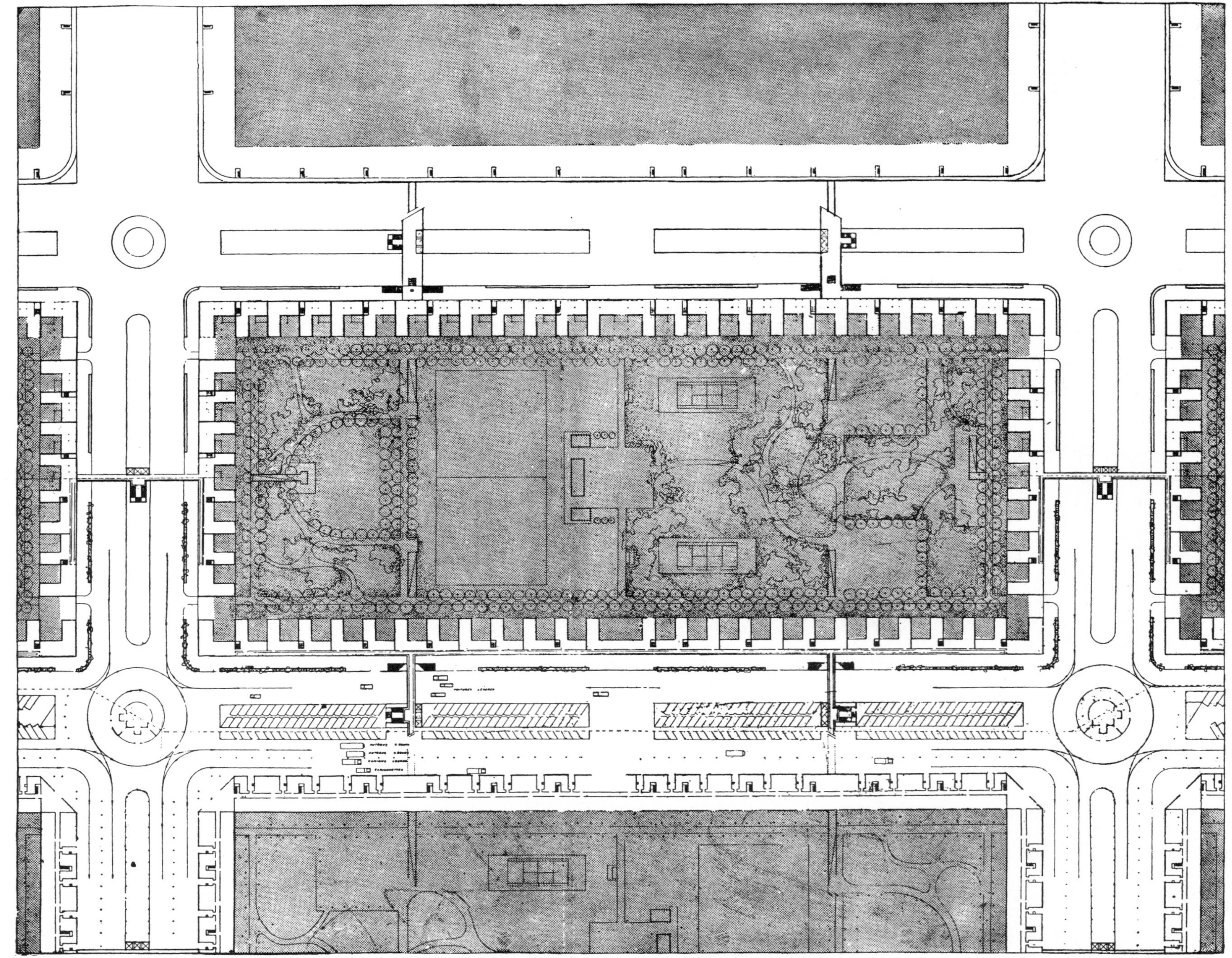

“闭合式蜂房居住区”或“别墅公寓”平面图
每个地块的规模为400m × 200m（便于设置道路交叉点）。居住单元的背面朝向街道，正面朝向一个300m × 120m的大花园（约4hm²）。根本不需要内院，每套公寓其实都是一栋别墅，一幢拥有可爱小花园的空中别墅

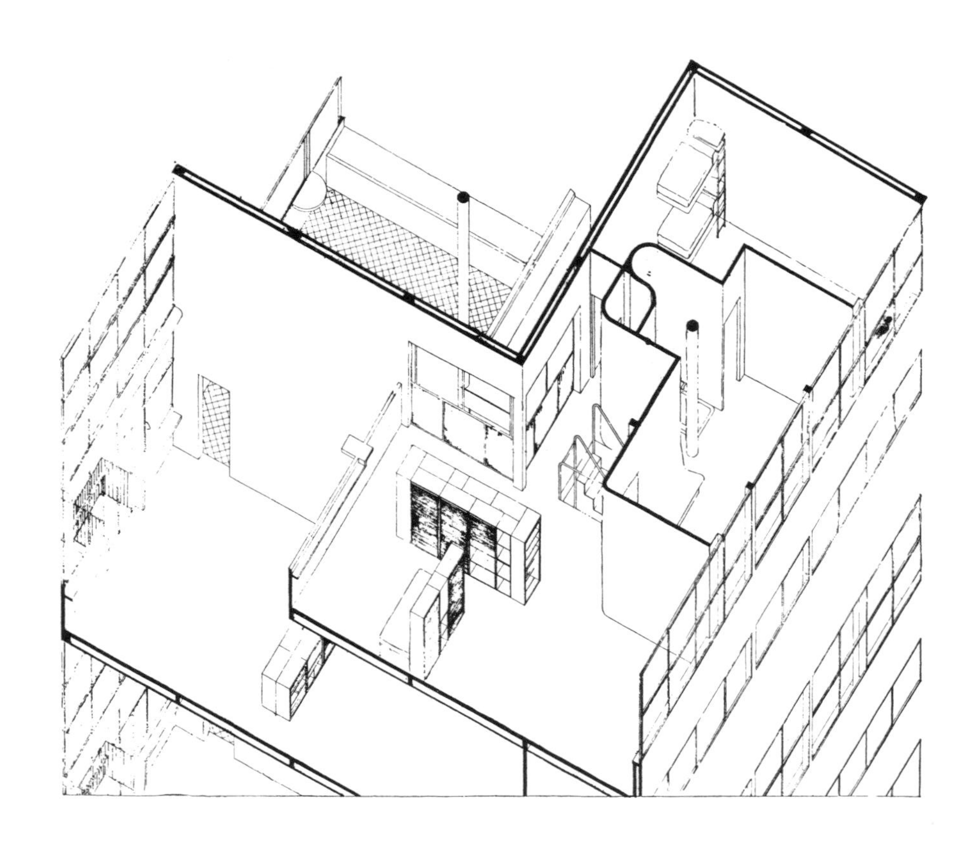

“别墅公寓”，一个“居住细胞”的剖视轴测图。所有的建筑构件都是标准化的

公寓的空中花园，位于地面以上 4m、10m 或者 20m 的高度，实现于 1925 年巴黎国际装饰艺术博览会上的“新精神馆”

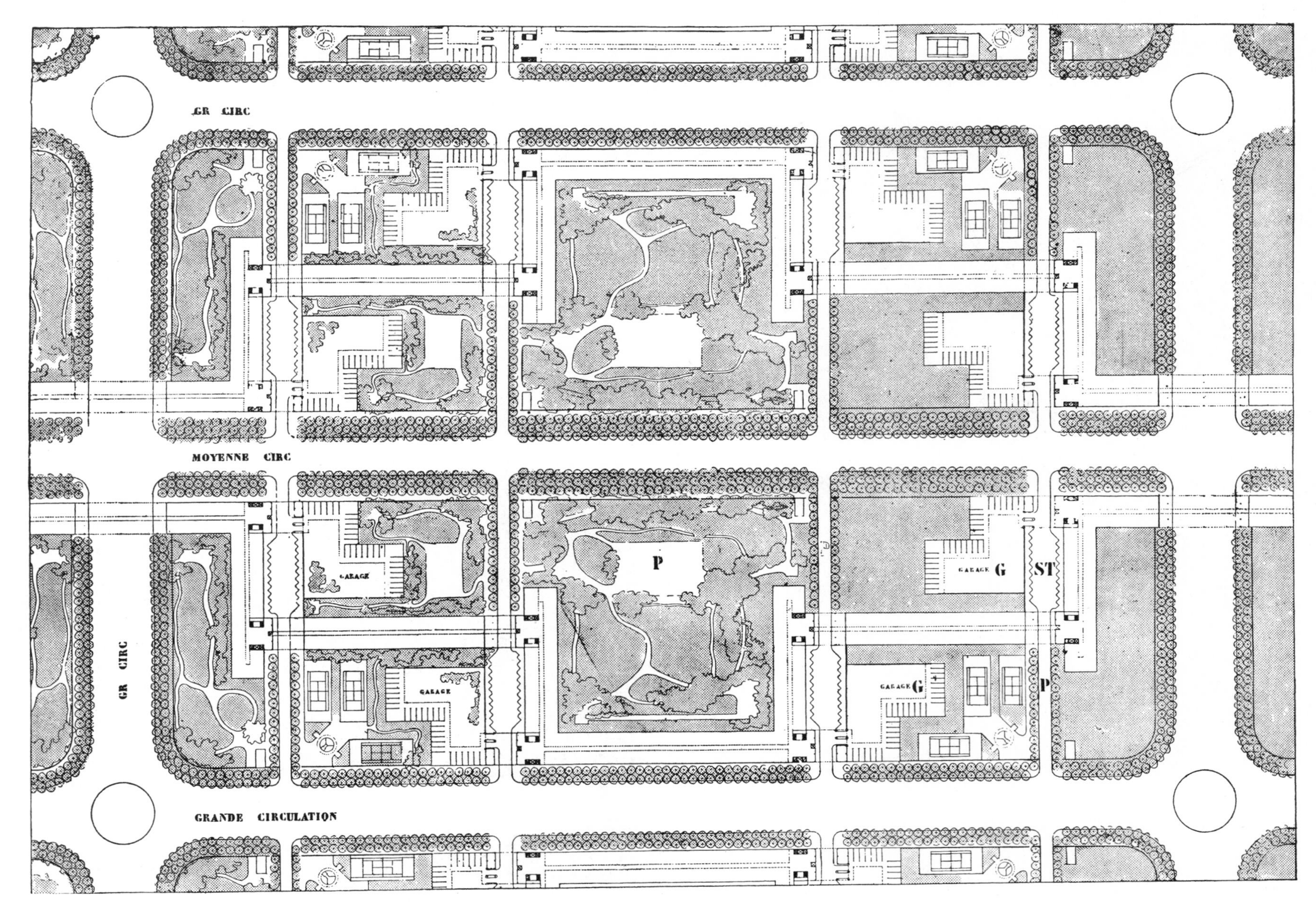

“进退式别墅公寓”组合而成的居住区。在这张平面图上，主干道为 50m 宽，构成面积为 400m × 600m 的街区。每隔 200m 设一条次级街道。由此形成了巨大的岛状基地，以栏杆围合。居住区内的道路直接导向公寓入口门厅，路边设有停车场地（ST）。每家每户都拥有自己的车库（G）。处处都是公园，与皇家宫殿（Palais-Royal）、卢森堡和图伊乐宫面积相当。建筑占地 15%，绿化率 85%，人口密度为 300 人 /hm²（巴黎目前的平均密度为 364 人 /hm²）

芝加哥

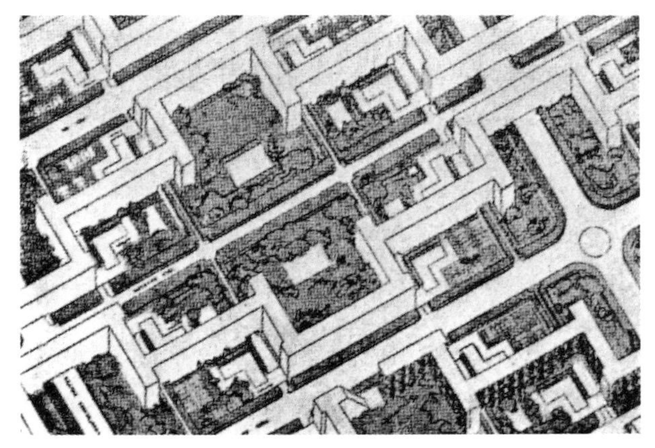
“进退式”居住区

有人说，“所有这些让人想起美国那令人憎恶的方格网城市”，请读者比较

定义现代感

现代感是一种几何学的精神，一种建造和综合的精神。精确和秩序于我们成为可能，发奋的劳动赋予我们实现的手段，它已然让我们产生了一种情感——一种热望，一种理想，一种不容逆转的意向，一种非满足不可的需要。这将是世纪的激情。我们将怀着怎样的惊愕来凝视这放纵的痉挛的跃进？正是剖析的力量所引发的自省导致了火山的喷发。更猛烈的喷发，更尖锐的音符。然而，方法的丰富广泛将我们推向普遍性，推向对事实的透彻评析。相比狂热的个人主义，我们更欣赏平凡、普遍，我们更欣赏规律而非特例。普遍，规律，普遍的规律，于我们就好比战略基地，由此向着进步，向着美逐渐推进。普遍的美吸引着我们，而英雄主义的美于我们倒像戏剧的插曲。相比瓦格纳我们更欣赏巴赫的格调，相比大教堂我们更欣赏万神庙的精神。我们渴望解答，面对流产，我们不无焦虑，那本该是激动人心的恢宏。

我们兴奋地注视巴比伦城那清晰的布局，我们向路易十四那清醒的头脑致敬，这是一个标志性的时代，这位伟大的君主，是自罗马人以来西方第一位城市规划师。

透过这纷纷扰扰的世界，我们看到了工业的、社会的巨大的潜能；我们觉察到从这喧嚣中萌生的对秩序和逻辑的热望；我们感到这与我们所掌握的实现手段相吻合。新的形式诞生了；新的态度确立了。陈旧的偏见动摇了，瓦解了，崩溃了，他们紧紧地拽住这新的冲动不放，他们焦急地渴望免于一死，甚至企图扼杀这对他们构成巨大威胁的新生命。由此可断定，他们的垮台指日可待。反动的力量恰恰揭示了行动的力量。一股无可名状的颤栗传遍全身，它使旧的机器陷入紊乱，正是它推动并引导着时代的洪流。一个新的时代开始了，前所未见的事物不期而至。

作为开端，人们需要一栋住宅，一座城市。这住宅，这城市源自新精神，源自现代感——一股横溢的、不可逆转的、超出一切控制之外的力量，它得自我们的先祖一点一滴的积累。

这是一种生自最艰辛的劳作和最理性的调查研究的情感；这是“一种由明晰的概念所引导的建造与综合的精神。”

勒·柯布西耶
摘自《城市规划》

闭合式“蜂房”居住区，立面局部，当前矮小的立面模数（3.5m的层高）将增至6m，街道将被赋予一种全新的宏伟气度

“新精神馆”，巴黎，1925年

当一个问题吸引了我们，我们会不停地思考。一天，解答出现了。有时，它会出人意料地在街道的拐角得到证明。就是这样，廉价百货商店立面前竖起的脚手架，以它的尺度证明了这个论断：应当赋予城市建筑新的尺度。房子将离街道越来越远，空间将变得越来越宽广，建筑物将增高，两三倍地增高。在这种情况下，迄今为止普通层高的建筑模数（3～4m）将扩大。新的规划环境将产生新的建筑环境，将有可能产生一个新的翻番的层高模数，6～7m高。——巴黎国际装饰艺术博览会上的“新精神馆”的建造真是一段不凡的经历：钱没有，地没有，有的只是博览会管理处对已确定要实施的纲要的禁令。

我们的纲要——拒绝装饰艺术。我们断言从属于动产的最小的日用品到住宅，到街道，到城市，甚至更远，建筑无处不在；我们指出通过选择（通过批量生产和标准化），大工业将制造出纯粹的产品；我们肯定纯粹的艺术品的价值。我们阐明由钢和钢筋混凝土带来的居住观念的根本变革和新的自由：住宅可以标准化，以满足人对“批量生产”的需要；居住细胞应当实用，舒适，美观。它们是真正的居住的机器，将在水平和垂直方向集聚成庞大的整体。于是，巴黎装饰艺术博览会上的这个展馆将构成“别墅公寓”的一个“细胞”，就像它是位于地面之上15m那样来建造。它拥有成套的房间，还拥有一个空中花园。另有一个附属建筑——圆厅，其中将展示有关城市规划的研究：两张100m²巨幅全景画，一张为1922年“300万人口的当代城市”；另一张是“瓦赞规划”方案，建议在巴黎市中心创建一个商业城。墙上挂满了图片，展示各项深入的研究：摩天楼，“进退式”居住区，“蜂房”居住区等诸多建筑的新型式，它们为我们展望未来所必见。

这是一张廉价百货商店门口的脚手架照片，这脚手架向我们提供了“别墅公寓”（图中由照片延伸出来的线图）的尺度

“新精神馆”。De Monzie部长先生在1925年7月10日的揭幕式上说道：“作为政府的代表，我坚持在此表明对这种努力的赞同与支持；一个政府不应当对在此所作的尝试无动于衷。”

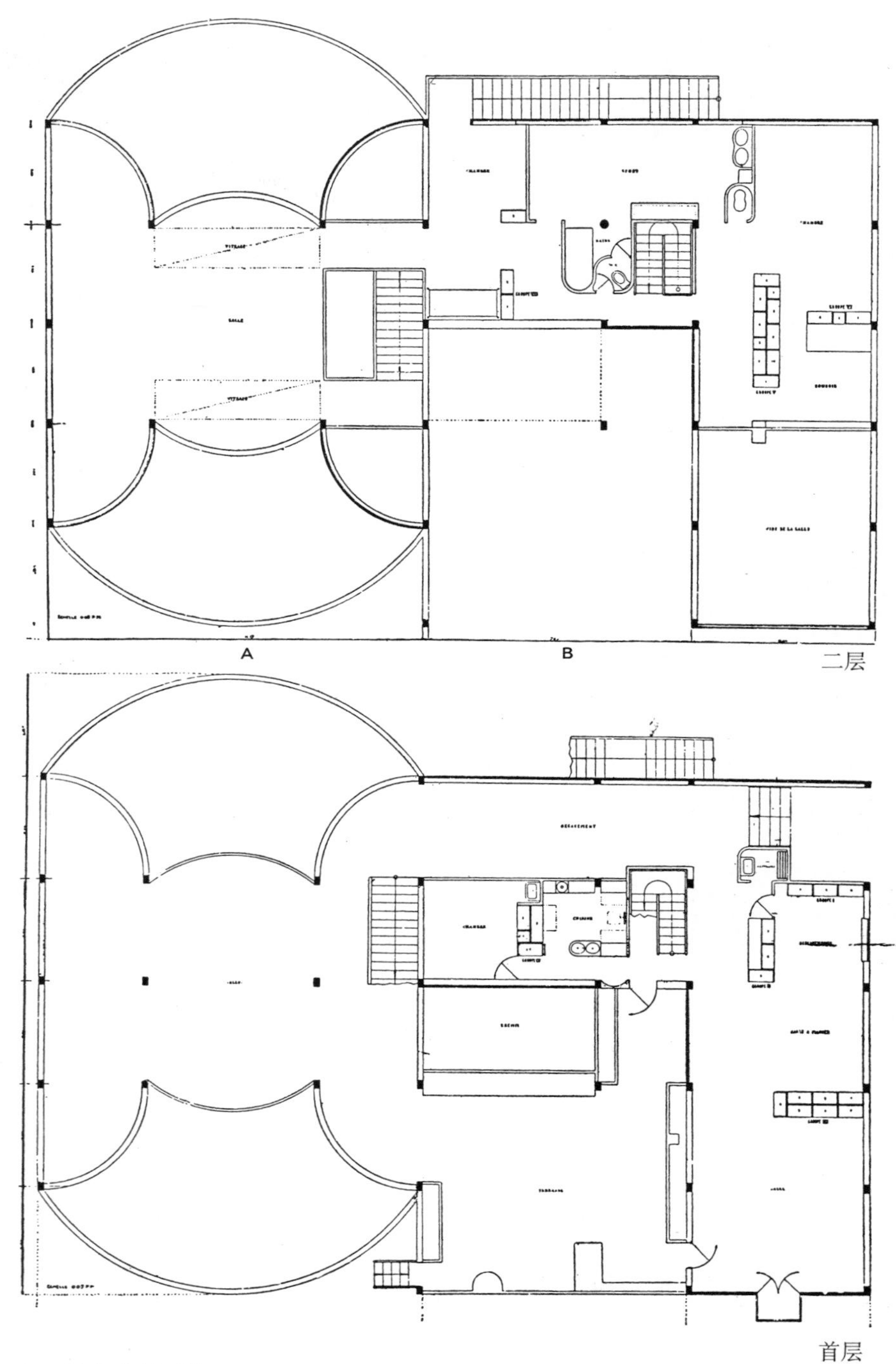

A.（左）全景画馆
B.（右）“别墅公寓”一个完整的“细胞”

博览会建筑管理处表现出极大的敌意，他们运用手中的权力阻止该纲要的实施。最后，还是艺术部长de Monzie先生（1925年）出席了“新精神馆”的揭幕仪式，推倒了展览委员会为阻挡参观者的视线而在展馆周围竖起的6m高的栅栏。博览会的国际评审委员会本想把最高的奖赏授予这座展馆，但这一提议却遭到副主席的否决，他宣称：“那不是建筑。”（然而，他也曾是一位杰出人物，一位建筑界的伟大先驱！[1]）

1929年，人们意识到，“新精神馆”成为新一代室内设计师们的集聚地，同时也标志着建筑演进的一个转折点。家具，这个体现了积存传统和陈旧习俗的词，将由一个新词取而代之。这个新词便是设施，住宅的设施。设施，是通过对问题的分析，将经营家庭所必需的各种元素分级归类的结果。以标准化的格架取代数不胜数的奇形怪状、名目繁多的家具。作为室内的装备，格架布置在房间的各处，嵌入墙内或安置在墙上，按照各自特定的用途（存放零星衣物、家用织物、餐具、玻璃器皿、小摆设、书籍等等），精准地履行日常的功能。它们不再是用木头制作，而是用金属在我们今天生产办公家具的工厂里制造。这些格架本身就构成住宅的家具，且在房间里最大限度地让出可自由支配的空间，还有桌和椅。对桌子和椅子的研究将导致全新的观念——不是受命于装饰，而是受命于功能；随着习俗的演进，“礼仪”已被废止；能够以各种舒适的姿势坐，椅子的新形式所要回应的正是这些不同的坐姿，而采用金属管和金属板便可以毫无困难地实现这些新形式；相形之下，传统的木制家具局限了创造性。

装备住宅？是该好好地想一想。思路的整理就体现在做讲座、写文章以及与人交谈的过程中。这是一个家庭组织的新体系。

[1] 此人正是奥古斯特·佩雷。——译注

“馆”的细部

色彩配置：顶棚为蓝色，左墙为白色，
右墙为棕色和白色，格架为黄色

起居室两层通高，阁楼上设小客厅

餐厅

小客厅

“新精神馆”

秋季沙龙的“别墅公寓”。
通过推广标准化促进建筑施工工业化

楼梯

起居室及
临街的巨窗

阁楼下方
的餐厅

空中花园

“新精神馆”（左侧为全景画馆）

入口

空中花园

尊重艺术品

不能再靠“风格”过活，更不应当死抱着装饰艺术。

风格，它们不是属于一个时代的风格，它们不过是偶发而肤浅的形态。添加，以使作品的构图容易；引缚，以掩饰虚弱；重复，以制造奢华。远离了皇室，奢华就显得不那么合宜；国民避之惟恐不及。思考的人，在空气流通的环境下才能更好地思考。

既然装饰艺术没有存在的理由，那与之相应存在的便是工具，是建筑，是艺术品。

工具，可用者也——为人所用，服务于人；是家庭生活的机器。前提是：利于人。

建筑是一个精神体系，它把产生于一个时代的情感以一种物质的形式固化。

艺术品，是“活的复制品”，对存在的、已消逝的抑或是未知的复制；是忠实反映个人情感的镜子；是深入交谈的时刻；是对相似性的认同；是单独面对绝对存在所吐露的直率而雄辩的话语，或许，这便是基督的山上宝训。[1]

艺术永恒。艺术与存在密不可分，艺术是真正可以带来至纯幸福的、持久不灭的、向上的力，与我们心灵的活动紧紧相联。它记录下穿越岁月和时代的荆棘，朝向一种意识形态艰难行进的步伐。它标示出分隔两个时刻的间期：无限地统治一切的自然施展暴虐的时刻，以及在获得的宁静中构想自然、并与它的法则保持和谐而劳作的时刻。从臣服到创造——是个人的故事，也是文明的历史。艺术的雄辩之镜，其所反映的是一颗心灵骚动的系数，也是一个时代力量的表征。

民俗诞生了：统治一切的自然令人生畏，又震撼人心，坦率质朴地，自然透过千百朵小花显露它的美。

不时地，有一段启示，蒙片刻恩赐，普遍的水平得到提升——乔托，米开朗琪罗。

那高度意识、享有自我、淡泊而坚忍的时期，帕提农拔地而起——标志着一个顶点。

[1] 山上宝训：耶稣对门徒道德训诫的一个重要组成部分。详见《新约 · 福音书》。——译注

格架（背景为莱热的画作）

“新精神馆”（前景为里普希茨的雕塑）

然而装饰艺术，却是一掠而过唧唧歪歪不痛不痒。那么该如何在两岸间给它安排一个合法的席位呢？这两岸标志着心灵历程的两极——因无法理解而产生的焦虑，以及理解之后的泰然。我们实在无法在这诚挚感人、充满激情地不断前行的道路上为装饰艺术安排一个席位，一个介于民俗与艺术品之间的席位。装饰艺术已经溢出了这条道路，却仍想为自己的席位找个称号，这无疑揭示了它的意图——不一样的意图——装饰装潢，遵从礼仪。这导向对精神品质的裁决，它代表了一类人：他们装扮，他们循规蹈矩。

艺术品将集结起来。

我们感到对艺术品油然的敬意。

建筑的时钟敲响了。今天，艺术期待时代的情感以物质的形式固化；今天，装饰艺术不在考虑之列，因为它是与当代精神体系互斥的因子。

勒·柯布西耶

摘自《今日之装饰艺术》

绘画：莱热（左）和柯布（右）；
Thonet 家具

绘画：胡安·格利斯(Juan Gris)(左)
和奥赞方（右）
里普希茨的浅浮雕

巴黎国际装饰艺术博览会“新精神馆”的城市规划展台。展示了巴黎的“瓦赞规划”，以及对交通、地块分区和新型公寓的研究。
右边是“300 万人口的当代城市”的全景画；左边是巴黎“瓦赞规划”的全景画，画幅分别为 $80m^2$ 和 $60m^2$

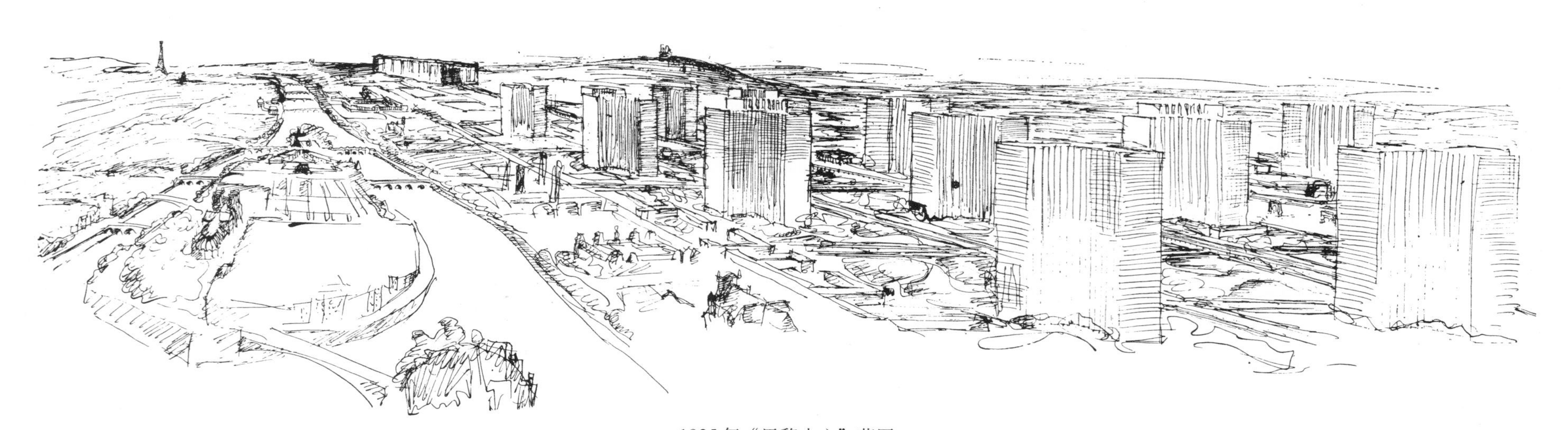

1925 年“巴黎中心”草图

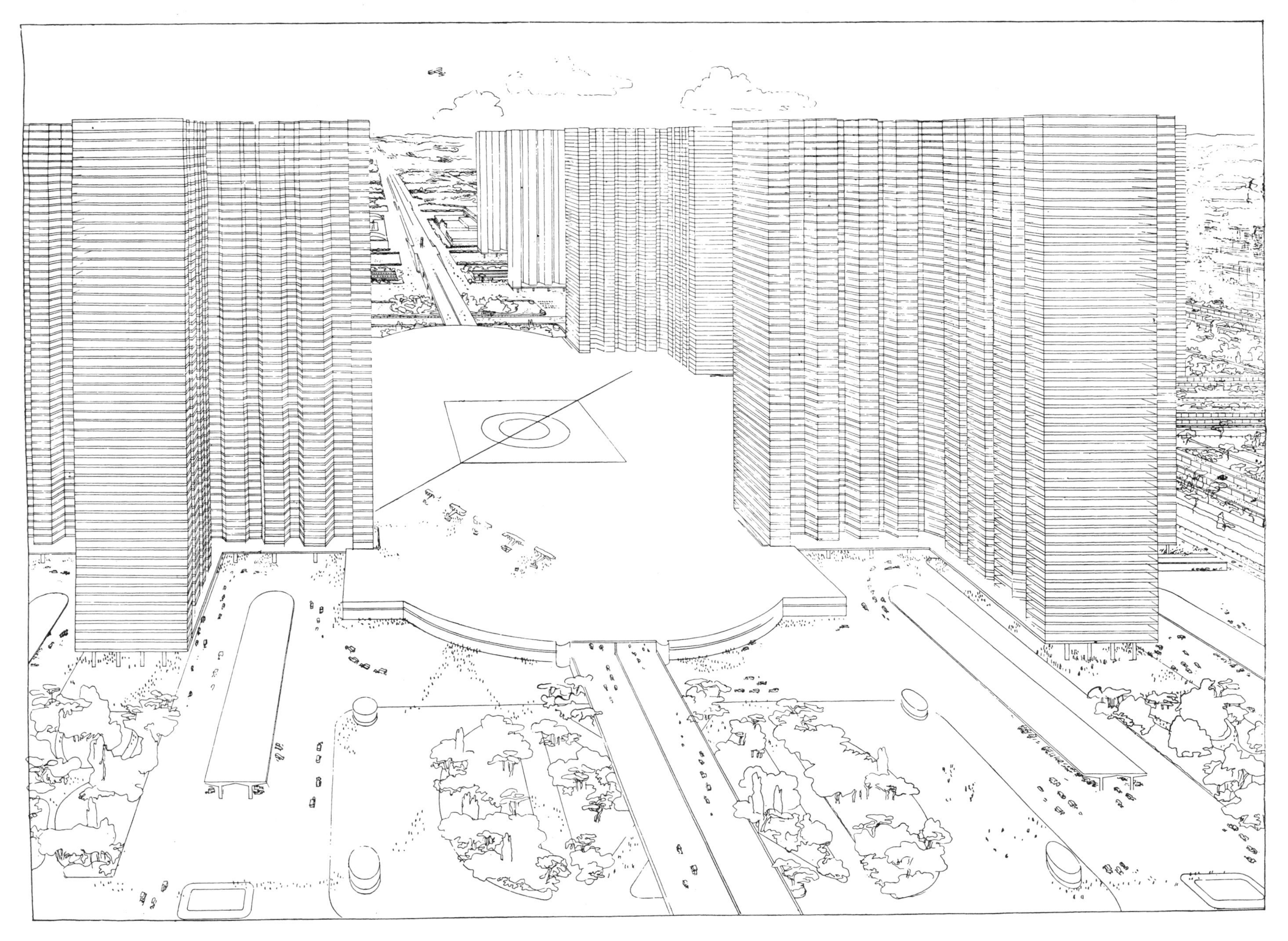

中央交通港，位于4栋摩天楼之间

快车道从飞机起落跑道下穿过。从图上可以看到摩天楼的底层是通畅的，甚至可以看到架空底层的柱列。还可以看到有顶的停车场。最右边是为绿树环绕的酒吧、商店等

上面是巴黎“瓦赞规划”提出征用的地块。下面是计划拆除和重建的地块
（两张图的比例完全相同）

巴黎“瓦赞规划”，1925年

瓦赞，著名的飞机和汽车制造商，在情势完全绝望之时，是他（与Frugès先生一道）给“新精神馆”的建筑师带来经济上的支持。

1922年，秋季沙龙上，300万人口的城市规划方案如同荒漠中的呐喊。1925年，巴黎中心的重建方案，似乎完全是一个可笑的乌托邦，一个煞费苦心却不投口味的作品。1929年，巴黎中心的形势到了不可收拾的地步，政府权力泛滥，一个精英技术专家团竟建议放弃巴黎这已变得无法居住的城市；并建议沿着圣日尔曼（Saint Germain）大道重建新城！！然而，一位擅长于棘手的宏观经济问题的先生，Daniel Serruys，在一次关于巴黎城市化的座谈会上发言。他证明了这“成群迁徙”纯属无稽之谈，并援引1925年在“新精神馆”展示的构思，认为它不可估量的价值在于提出了有力的措施，提出了现实状况下惟一可行的解决方案。

1922年（秋季沙龙）的研究，是一次深入的分析，是一项实验性的工作，从中得出了一个理论性的结论，即，*一种城市规划的学说。在当前的这个时代，极度缺乏一种城市规划的学说。*那将是怎样的学说呢？

提出一个学说，就要面对个案——巴黎。我们提出了解答——巴黎“瓦赞规划”。

1922年，我们曾从理论上设想，机场应当设在城市的正中心，这一实现方式在当时被认为是不可能的。1929年，法国航空业的代表在一次专家委员会上宣称：“机场可以设在城市中心，因为，两年之后，飞机的垂直降落将没有任何危险。”

1929年，问题仍然处于一种非常不确定的、悬而未决的状态，而汽车交通正显示出它的后果——整个城市变得难以通行。需要一个果敢的人，临危受命，给出城市问题的解决方案。我们需要一个实权在握的人，一个考伯特[1]，我们需要一个考伯特!

他的当务之急（很简单），是**统计巴黎中心**的交易。这个现代城市规划的学说宣称：城市化，即增值。**城市化不是花钱，而是挣钱，是赚钱**。大城市的中心意味着惊人的地价，甚至可能呈10倍增长，因为现代技术允许盖60层而不是6层的房子。大城市中心是一座钻石宝矿。国家应当立即着手开发，但前提是有一部恰当的法律，有一个纲领，以及一个健康地鼓励这个纲领的学说。巴黎中心，目前正面临着死亡和被遗弃的威胁，可它事实上却是钻石宝地。巴黎中心将在自身之上重建，这是生物学现象，同时也是地理学现象。在巴黎西部开辟一条23km长的大道，这是一项精明之举，这个想法的渊源可以上溯到亨利四世，它将使穷奢极侈的建筑得以建造。但，这受到杰出市政官员大力推崇的名为圣日尔曼的凯旋大道（浮夸的学院式称号）却丝毫不顾及巴黎的现实状况。将巴黎的城市规划纲领局限在这条凯旋大道上，并让巴黎中心放任自流，这是临阵脱逃!

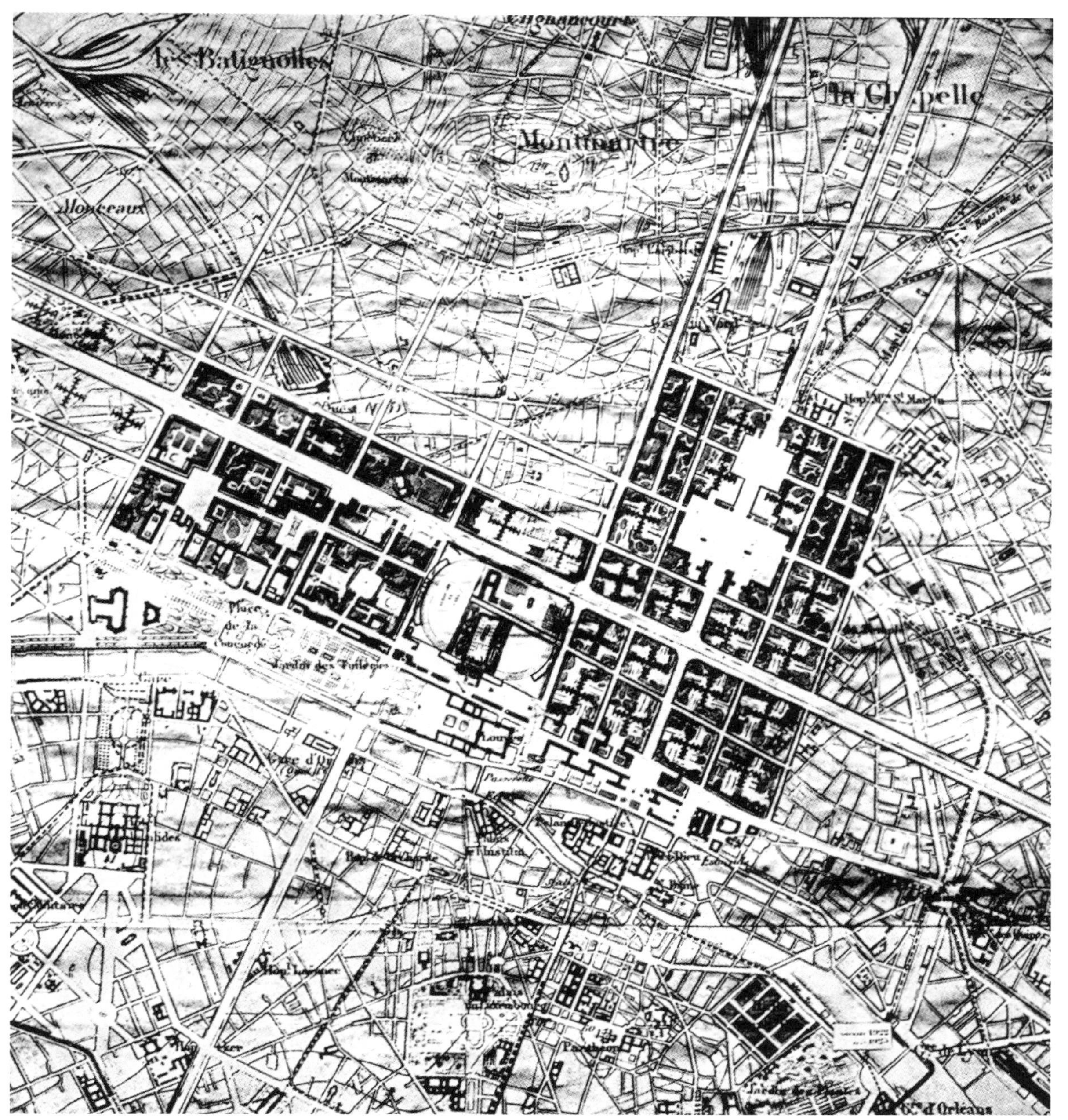

巴黎“瓦赞规划”，于国际装饰艺术展“新精神馆”展出

这张平面表明位于Sebastopol林荫大道轴线上的巴黎中心区（右边的四边形）的重建。拆除不计其数的旧房屋。通过地价升值带来投资回报（以3200人/hm²取代以前的600人/hm²）。右边的部分提出一种以分区累进的方式清理旧城的方法。所有的古老建筑都得以保留。巴黎的古迹（从星形广场到市政厅）统统位于规划红线以外

[1] 考伯特（Colbert，1619～1683年），法国政治家，曾任路易十四的顾问，他改革税制，统一行政权并致力于修建道路、运河以鼓励贸易。——译注

街　道

以下对城市规划以及建筑方案的自由描述均以事实为基础。这些事实包括：统计数字，材料强度，社会及经济组织，房地产的合理开发。

迄今为止，马路，往往是指或宽或窄的步行道。住宅的围墙耸立两侧，天空下的剪影是由老虎窗、烟囱帽、铁皮管构成的一道离奇古怪的裂缝。街道位于冒险的洼地里，处于永远的黄昏中。天空，是一个太高、太远的期望。街道是一条地沟，一道深深的裂痕，一条狭窄的通道，抬起双肘就碰到两侧的墙。尽管它们已经存在了千年之久，但身处其中仍然觉得透不过气来。

街上挤满了人，得看好路。几年的时间，街上又塞满了疾驰的汽车。人行道的两条石栏之间由死神主宰。我们被竖起来面对这倾轧。

街道由千百栋各不相同的住宅构成。我们已经习惯了丑陋之美，这就是从好的方面来看待我们的不幸：住宅昏暗无光，邻里互不相亲。多么丑陋，然而我们忍受着。空荡荡地——周日的街道令人恐惧。除了这段令人打不起精神的时间，街道上总是熙熙攘攘，男人女人摩肩接踵，店面熠熠生辉；生活中所有的戏剧一并上演。如果我们懂得欣赏，那在街上可真是有的看；比戏剧里、小说里更精彩——面孔，贪婪。

然而，这一切不能激发我们的愉悦，建筑带来愉悦；也不能激发我们的骄傲，秩序引发骄傲；亦不能激发凛然，那是广阔空间提供的舒展……

……有的只是在他人面孔冲击下所生的同情和恻隐，是生活的“苦役”刻下的痕迹。

街道上演着人间的戏剧。

它在新路灯的光芒下闪烁。

它透过花花绿绿的招贴媚笑。

这是历经千年的步行者的街道；这是世纪的残渣；这是一个无效的衰退的器官。

街道侵蚀着我们。

它终究令我们厌恶！

理由？它有什么理由继续存在呢？

汽车的20年（还有许多其他事物，近100年，一个机器的时代把我们猛然推向新的冒险），这汽车的20年已将我们引向决断的前夜。一场名为“新巴黎”的会议正在筹备中。什么样的事将降临到巴黎的头上？将赋予我们怎样的街道？在巴黎街道黑黢黢的裂痕中，愿上天保佑我们别碰上那些贪享假面戏剧的巴尔扎克式的与会者。理性，已经迫不及待地向它自身附加了令人眼花缭乱的解答。但如果以一种适当的诗意高扬理性，并将其提升为建筑的德，那么明日的巴黎将是非凡的，它可以与那一天天将我们引向崭新的社会契约的事件相匹配。

城市规划的专家们寻求并提出了一些颇为巧妙的解决方案。讨论围绕着交通问题：肿胀，因为马车的溪流遇上了机动车的亚马逊。是宽度的问题，是尺度的问题，是分级的问题：行人和车辆。

当然还有很多别的事务需要城市规划师整理。

请容许我对当代“街道”进行一番速写。读者们，请试着跟随我在这座新城中漫步，使自己进入积极的良好状态，不要拘谨。好了：

你站在树下，草坪使你被一片无垠的青翠所环绕。空气清新，几乎听不到一点声音，也看不到一栋住宅！究竟怎么回事？透过树木的枝叶，透过它们构成的如此迷人的阿拉伯式图案，在天空中，你们一眼瞧见了水晶般的体块，巨人似的，彼此相距甚远，比你所见过的任何建筑都高大。水晶，在空中闪耀，在冬日灰白的天幕下若隐若现，好似飘在空中而非压在地上，到了夜晚它们就会闪闪发光，这是电的魔力。在每个透明的棱柱下方都设有一个地铁站；这指明了它们的间距。它们是办公大厦。城市的密度比今日高出3～4倍，经过的距离于是缩短到1/3～1/4，疲劳也减轻到1/3～1/4。建筑仅仅覆盖城市街区表面的5%～10%；好了，这就是你们远离高速路、身处大花园的原因。

一个理想的办公室由一面玻璃和三面墙构成。1000个办公室亦然；1万个办公室亦然。于是，建筑的立面，从头到脚，全是玻璃。在这些巨大的建筑物上见不到一块石头，只有晶莹的玻璃……和谐的比例。建筑师不再用石头来盖房子了。

路易十四时期，已经实行了有效的规范，建筑的高度被限定在石结构抗力极限的范围内。

而今，工程师们无所不能，想要多高就多高。可路易十四的法规却依然保留：檐口20m高！你们不能再高了！！好了，于是我们就在城市的土地上到处盖房子，不是其表面的5%～10%而是50%～60%，密度被稀释了4倍。于是自然地，我们拥有了黑色裂痕的街道——我们城市的耻辱和灾难。

你们刚刚见到了，我们的街道不同于纽约的街道，后者是不幸的温床。

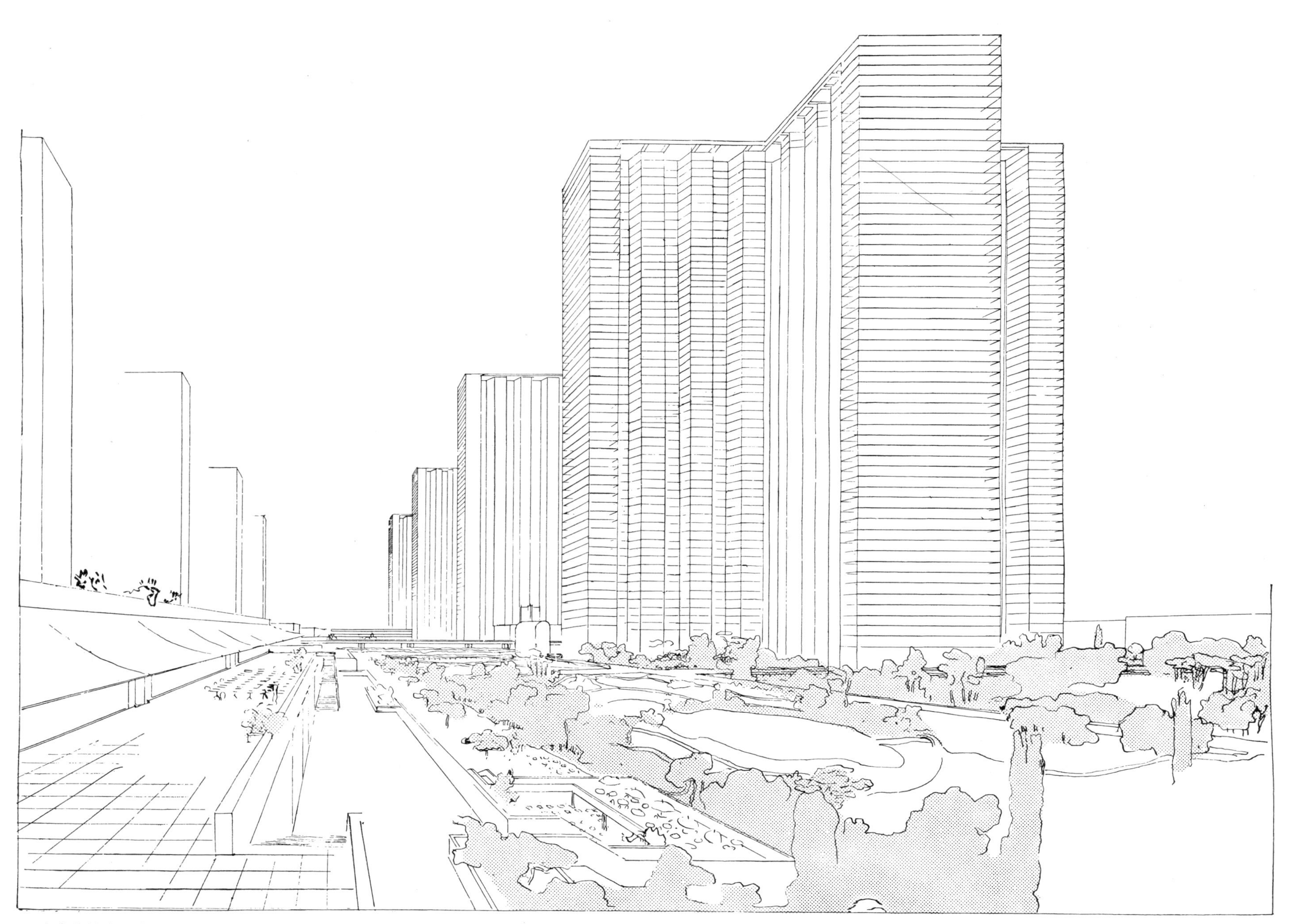

一座当代城市。摩天楼脚下的花园。位于“进退式”居住区右侧。左侧远处层叠的台阶上，是餐厅、酒吧和商店。远处，高速路从两座大厦间穿过，这些大厦是纯粹的建筑创造当我们开挖办公大厦巨大的基础时，一座座土山会冒出来。一辆辆载重卡车把土运给驳船，一艘艘驳船再把土运往郊区倒掉（这样一来，全巴黎的土都被搬到城市周边去了），该终止这自欺欺人的游戏。我们将任凭土丘在挖掘之间堆积，就在大花园的中央；我将在这些土丘上植树种草。看看这植物园吧，就在博物馆旁边，小小的人工山丘在那里营造出一个不可思议的景观中心。

透过树枝，我们看到从作为主景的山丘后面浮现出几个办公大厦的水晶棱柱。它们每400m一个，有规律地矗立，避开人行和车行干线的取道。这里，一座叶丛抚慰下的迷人的哥特教堂突然跃入眼帘，这是14或者15世纪的圣马丹（St–Martin）或圣玛丽（St–Merry）教堂。那里，是的，一条铺沙的小路引向一个设在亨利四世时期建造的马雷府中的俱乐部。

再远处，人行广场缓缓地起坡，我们登上一处延至千里开外的平台：其上，露天咖啡座掩映在繁茂的绿叶丛中，自二层的高度俯瞰城市的地表。继而，第二个起坡将我们引向一条新的架高在两层之上的街道：这是新的和平大道，一侧是精品店的橱窗，另一侧是延伸向城市远景的开阔地带。第三个起坡将我们带到一个室内散步场，那里有俱乐部的大厅和餐厅。在青葱翠绿之上，在一片树的海洋之上；这儿，那儿，远处，更远处，纯净的棱柱体，巨大而透明。庄重，泰然，喜悦，欢乐。

迷人的建筑作品从树木的波涛中浮现出来。

瞧，这个真滑稽，镀金的穹顶下是希腊的三角楣，这是某某剧院，Nénot 先生，一名法兰西学院成员的绝唱！这是真正的文艺复兴建筑，还是冒名顶替？无论如何，它丝毫不会干扰宏大的建筑交响乐：这不过是个人偏好的问题。

这三个连续的平台是茜美纳美斯[1]女王的空中花园，那是休闲的街道。在垂直的巨大晶柱之间划出纤细的赏心悦目的水平线。看呀，在那儿，在排列成行的柱子上，（怎样的柱列，我的天，20km！）这条精美的轨迹伸向无限远处。这是架起的高速车道，单向行驶，汽车可以飞快地穿越巴黎。

如此一来，办公室的工作将不再淹没在毫

[1] 茜美纳美斯（Sémiramis）：希腊传说中古代亚述的一位杰出女王，她建造了新的巴比伦城及其空中花园。——译注

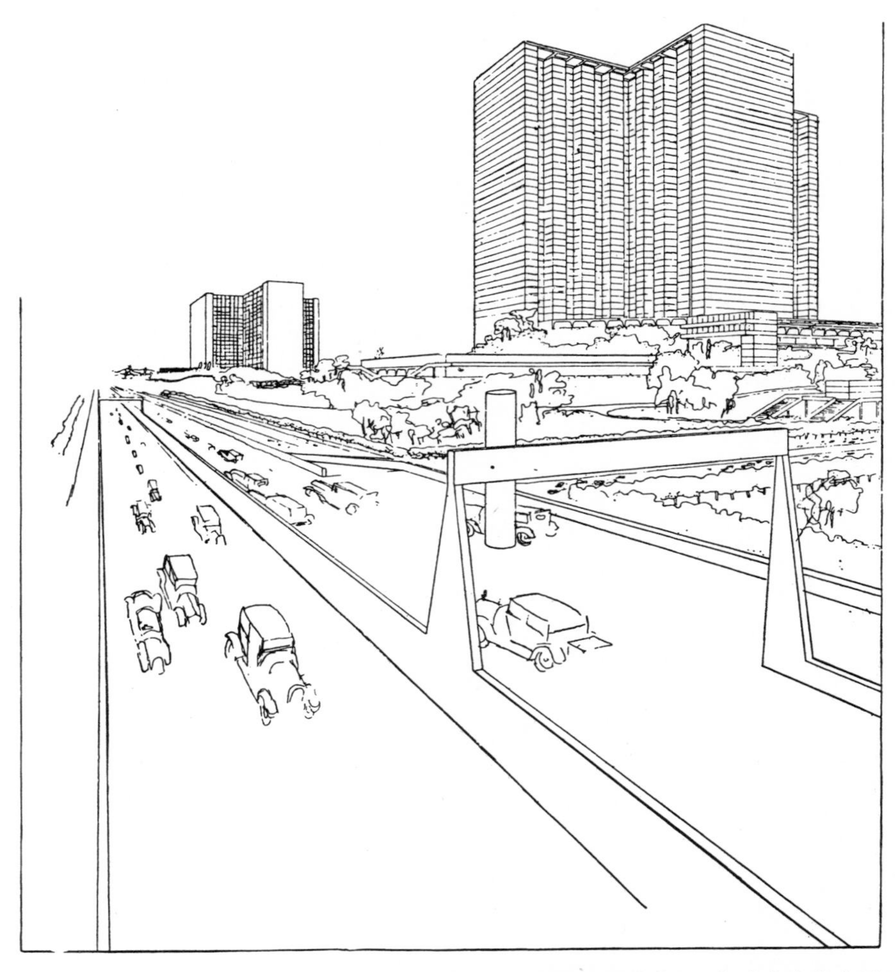

为了建造摩天楼，要开挖巨大的土方量，但可以立即对其加以利用。把这些土方在原地堆成一个个小山丘，这样就可以打破摩天楼周围绿地的单调。此图所表现的是广袤的花园景观

无欢乐可言的街道那永远的黄昏里，而是在碧蓝的天空中，在良好的环境下展开。请不要笑：这商业城的40万名雇员可以任凭视线纵情于广袤的自然景色中，就像置身由塞纳河向Rouen的某处悬崖上，你们将看到脚下树丛的波涛，就像起伏的绿色羊群。安静是绝对的，噪声从何而来呢？

夜幕降临，车灯沿着高速车道划出条条亮线，好像夏至的流星雨。

向上200m，摩天大楼的“屋顶花园”——巨大的花园，石板铺地，种植着卫矛、侧柏、月桂树和常春藤，点缀着修剪成曲线的郁金香或天竺葵花坛，纵横交错的小径镶嵌在生机勃勃五颜六色的花儿之间——电散布平静的欢乐；夜使平静更深邃；扶手椅，健谈之士，乐队，舞者。在同样200m的高度，远远的四周都是花园，就像一些悬在空中的金盘子。办公室是暗的，立面熄灭了，这座城好像睡着了。从远处传来巴黎街区的喧嚣，在古老的外壳下延续着。

这便是城市中高密度的商业“城”。

数字证明这一假设的有效性，实现巴黎商业城不是空想；而是拯救一座城市，拯救一个国家，是通过周密的计划占领巴黎的中心，是通过升值巴黎的中心赚取亿万的财富！

古老的街道将不复存在。

同样，在住宅区和豪华住宅区内部，这“裂痕街道”也不再是解答。

勒·柯布西耶

（不妥协的人，1929年5月）

“瓦赞规划”全景。左侧是卢佛尔宫，远处是圣心教堂

自埃菲尔铁塔望

自埃菲尔铁塔俯瞰

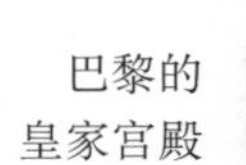

巴黎的皇家宫殿

今后这个大都市的地面将呈现这番景象！

图伊乐宫

右页：巴黎“瓦赞规划”，城市中心

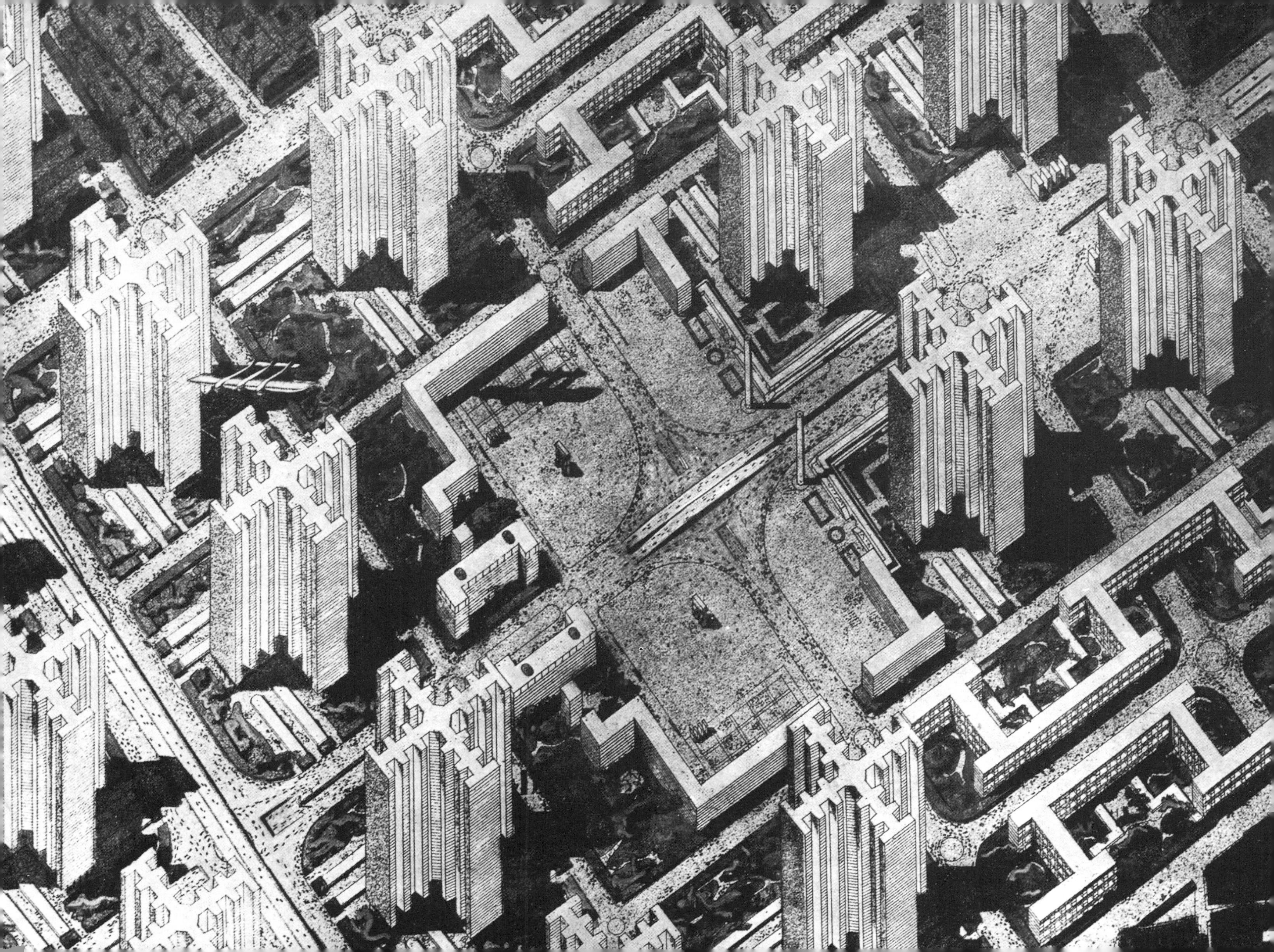

布洛涅的艺术家小住宅，1926 年

特殊的问题，冒险之举，精神赌博：开发一块形状十分困窘的土地。

轴测图

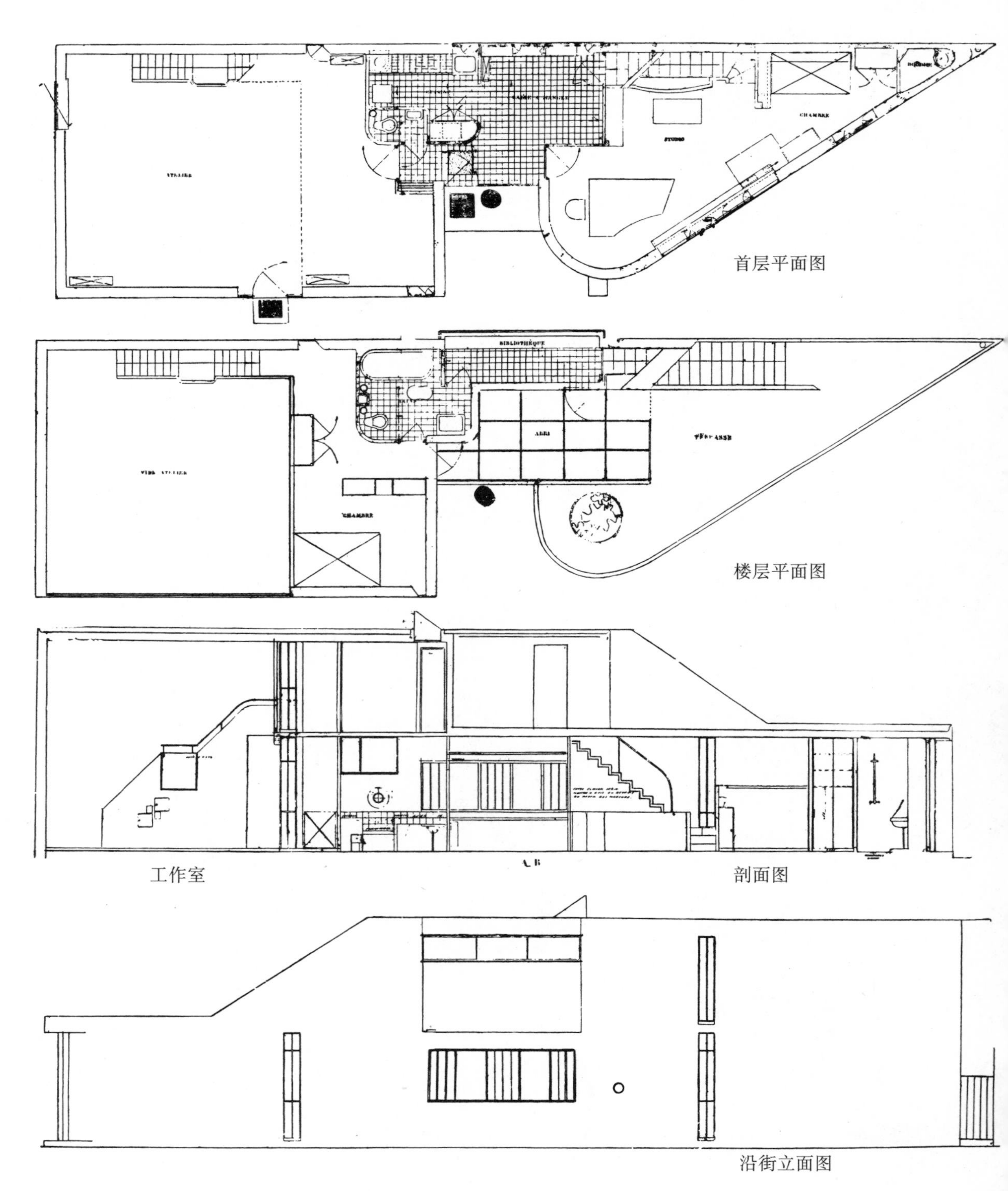

首层平面图

楼层平面图

工作室

剖面图

沿街立面图

工作室阁楼层

工作室外观

入口

巴黎救世军[1]“人民宫”宿舍，1926 年

（E．de Polignac 亲王夫人基金会）

于此，所提出的解决方案的要点在于对基地的利用，一块被遗忘在已有建筑物主体身后的土地。通过对这块被忽略的土地的重新开发，在人民宫旧宿舍和新宿舍的前面让出一个阳光充足的花园，以及戈布兰挂毯厂范围内的一处宽敞空地。而原本其他建筑师提供的解答，是在这个阳光花园的位置盖一栋界墙朝南、窗户朝北的宿舍；这样布置的房子本身又会把影子投到已有的建筑上。所谓建筑，往往不在于把心思花在立面上，而在于选择有利的位置。

[1] 救世军，一个国际救助和慈善组织，威廉 · 布思于 1865 年创立。——译注

轴测图

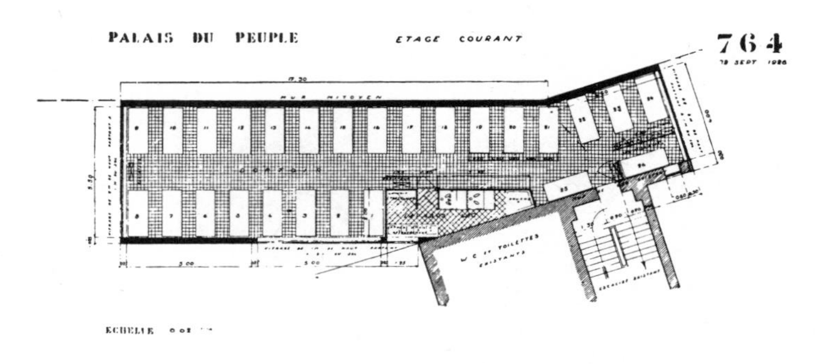

楼层平面图

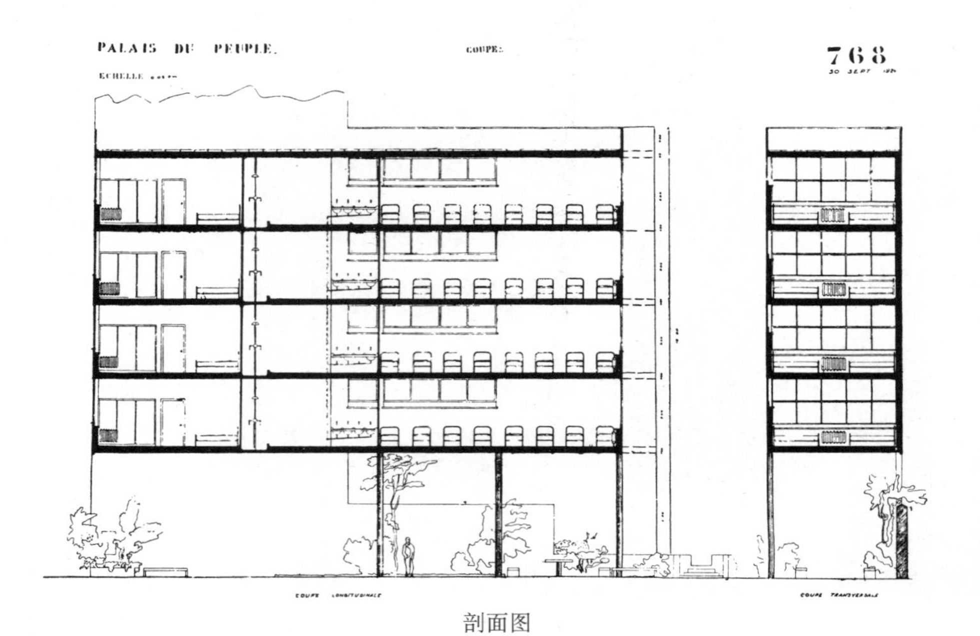

剖面图

内院

宿舍

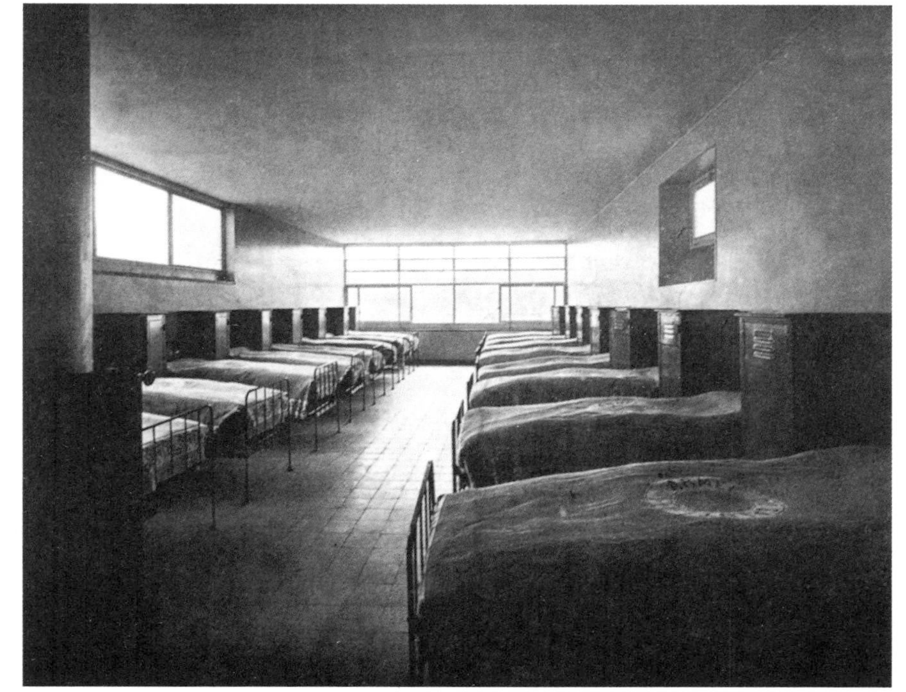

卧室层

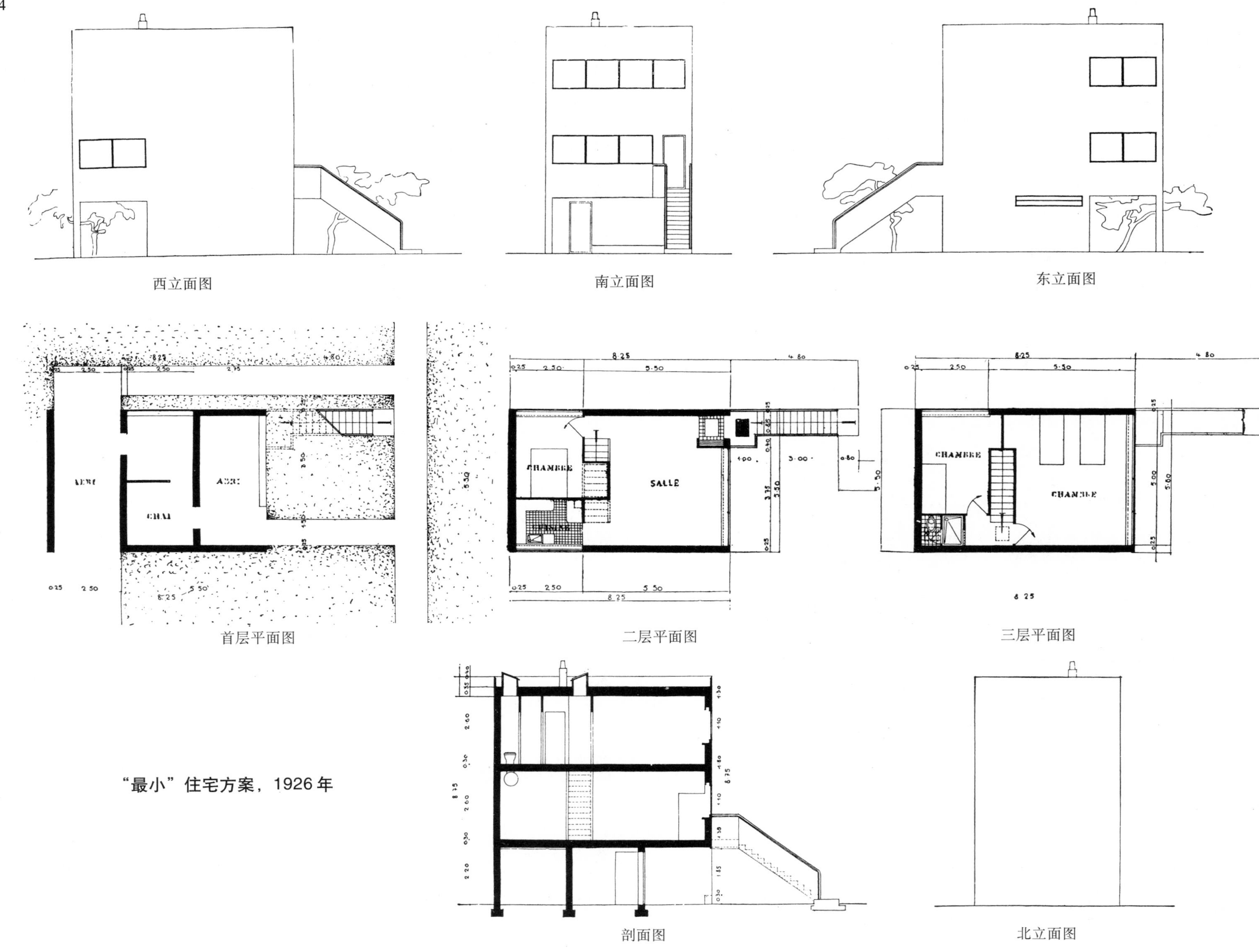

“最小”住宅方案，1926 年

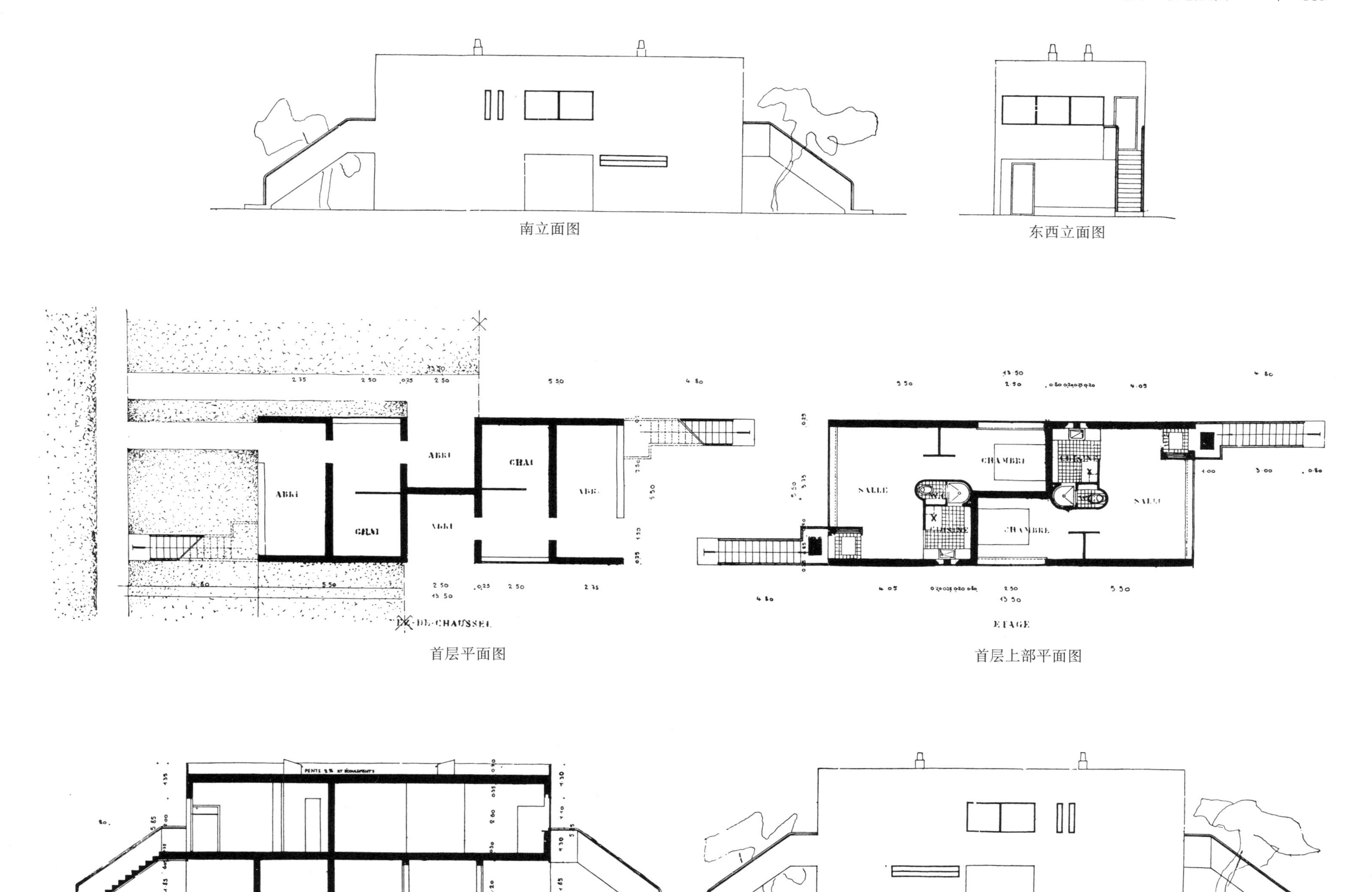

南立面图

东西立面图

首层平面图

首层上部平面图

剖面图

北立面图

《新建筑五点》

1. *底层架空柱*。勤奋执着的研究得到了部分的实现，这可以被视为实验的收获。这些成果为建筑打开了新的视野；城市规划也得以从中找到医治现实城市恶疾的方法。

房子架空在柱子上！房子曾陷在土里，阴暗潮湿。钢筋混凝土给我们带来了底层架空柱。住宅在空中，远离地面；花园从住宅下穿过，花园还将位于住宅上方，位于屋顶上。

2. *屋顶花园*。几个世纪以来，传统的坡屋顶常常伴随着上面的积雪层挨过冬季，那时，住宅还是用炉子取暖。

中央供暖设备一旦安装，传统的坡屋顶便不再适合。屋顶不应当是凸的，而应当是凹的；应当在内部而不应再在外部组织排水。

不容置疑的事实是，寒冷的气候迫使人取消坡屋顶，并促成结合内排水的平顶式屋面的建造。

钢筋混凝土是实现匀质屋面的新材料。可钢筋混凝土的热胀冷缩很厉害，当膨胀突然收缩的时候，便会导致工程上的裂痕。所以，不是要设法快速排走雨水；恰恰相反，要努力让混凝土屋面板保持恒定的湿度，使混凝土表面保持均匀的温度。独特的防护措施：沙土覆以水泥板，宽接缝；接缝处植细草。沙土和草根使水慢慢地渗透。渐渐地，屋顶花园就会变得繁茂：花儿、草儿、小灌木和树。

技术的原因，经济的原因，舒适的原因，情感的原因，要求我们采用平顶式屋面。

3. *自由平面*。迄今为止还是墙承重；自地下室起，墙体彼此重叠，构成首层及以上诸层，直至屋顶层。平面是承重墙的奴隶。钢筋混凝土为住宅平面带来了自由！层与层不再按照墙相互重叠。它们是自由的。每一平方厘米的精确使用，导致建设量的巨大节省、金钱的巨大节省。这是新平面自在的理性主义！

4. *水平长条窗*。窗是住宅革命的基本目标之一。进步带来解放。钢筋混凝土在窗的历史中掀起一场革命。窗可以从立面的一个边缘一直伸展到另一个边缘。窗是住宅中机械类型的构件；适用于所有私人住宅，所有别墅，所有工人住宅，所有出租公寓……

5. *自由立面*。柱子退于立面后，在房子内。楼板连续悬挑。立面只不过是由隔绝墙体和窗构成的轻质膜。

立面是自由的；窗，不间断地，从立面的一个边缘一直伸展到另一个边缘。

勒·柯布西耶与皮埃尔·让纳雷

1926年

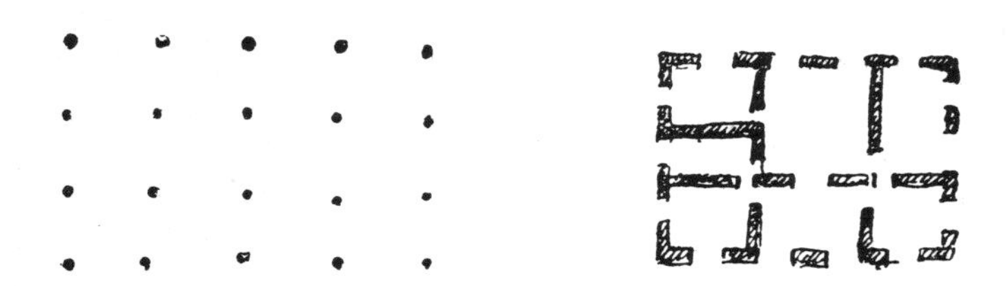

在钢和钢筋混凝土广泛应用之前，为了盖一座石头房子，要在地上开挖宽宽的墙基地沟，还要寻找合适的土以建造基础。

地窖用同样的方法建造，那不是什么好地方，通常很潮湿。

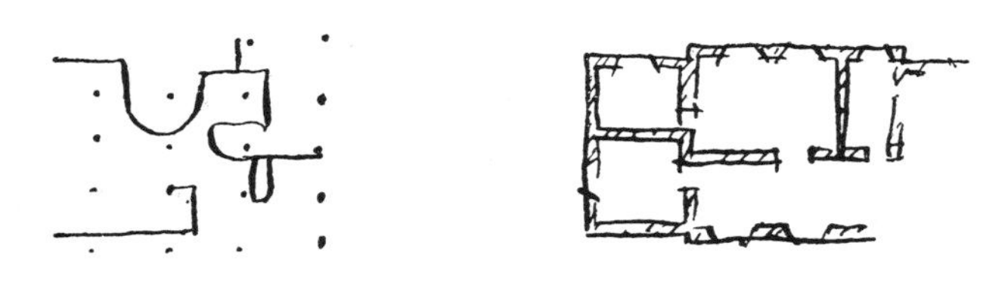

接着，垒石成墙；在墙上建第一层楼板，然后第二层，第三层；开窗。

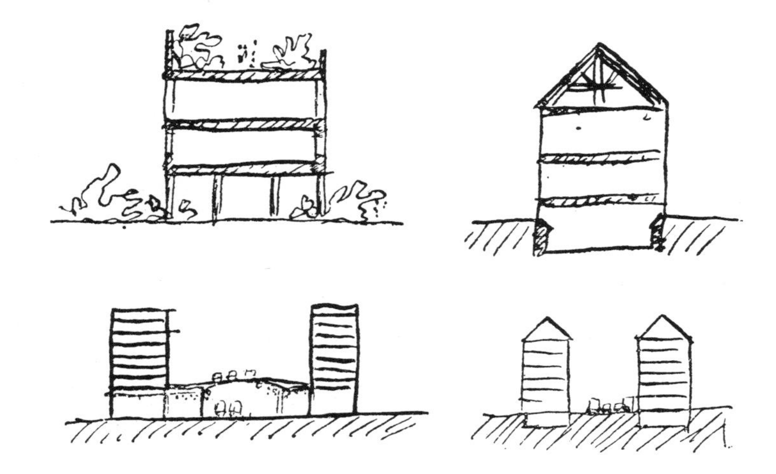

有了钢筋混凝土就可以彻底取消承重墙，楼板由瘦长的彼此拉开距离的柱来承托。

住宅下方的地面是自由的，屋顶失而复得，立面也完全自由。建筑是自由的，而不再是瘫痪的。

证明如下：相等的玻璃表面积。一个房间通过抵达两相邻墙面间的一扇水平长条窗采光，它包含两个照度区域：Z1，明亮；Z2，亮。

另一个房间通过两扇由窗间墙限定的竖窗采光，它包含了 4 个照度区域：Z1，明亮；Z2，亮；Z3，不亮；Z4，昏暗。

库克住宅，塞纳河畔的布洛涅区，1926 年

迄今所得的确信，于此得到极清晰的运用：底层架空柱，屋顶花园，自由平面，自由立面，侧向推拉的水平长条窗。在这个方案中，控制线是一条“自然产生的定线”，它由单纯的符合人体尺度的建筑元素提供，诸如层高、门、窗及栏杆的尺寸。古典的平面被颠覆了；住宅的下方自由通畅。客厅在住宅顶层。径直通向屋顶花园，从那儿俯瞰布洛涅广袤的乔木林；不似在巴黎，而好似在乡间。

位于塞纳河畔布洛涅区的库克住宅

餐厅细部

从住宅下方进入

厨房

屋顶花园

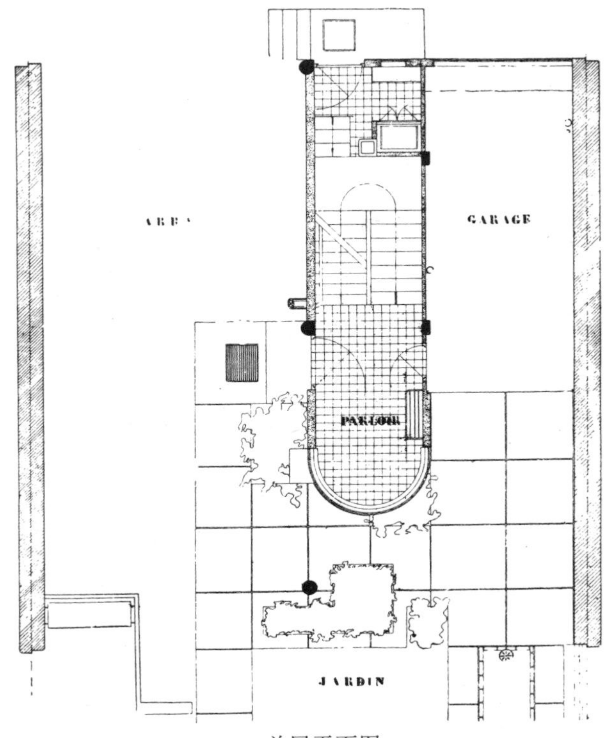

首层平面图

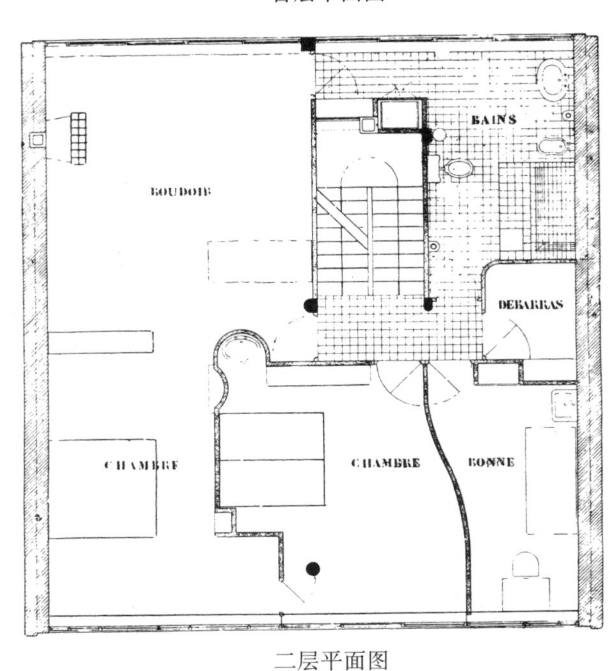

二层平面图

住宅下方的入口

底层架空柱

a）住宅的清洁卫生

b）交通的分类（行人—汽车）

c）建筑土地和城市土地的恢复

d）架空的底层构成一种可贵的建筑元素——一处有顶开敞空间。它使居住获得一个家庭生活的新元素（可作为车库，避雨遮阳的车棚，以及孩子们的活动场）

e）再也没有什么房前屋后了；房子在上面！

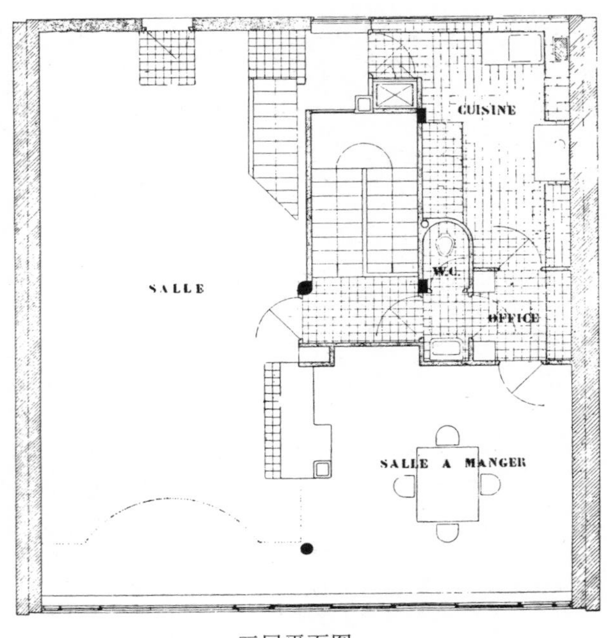

三层平面图

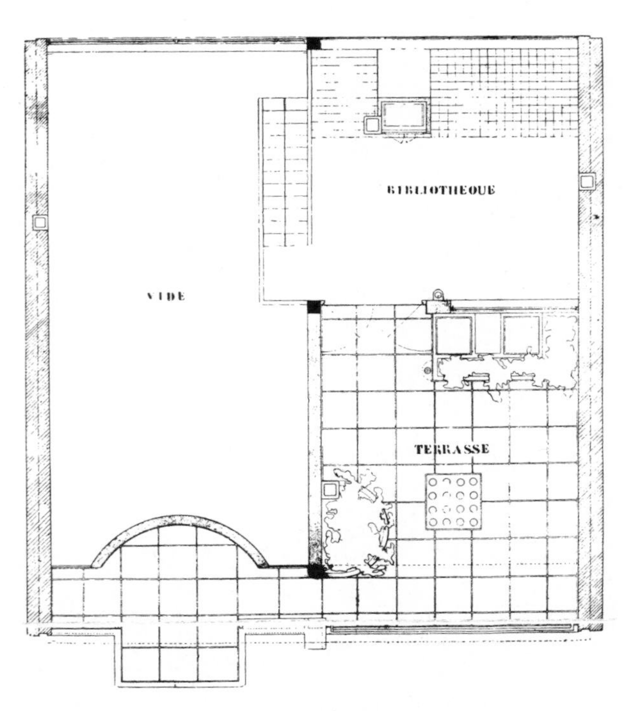

屋顶花园层平面图

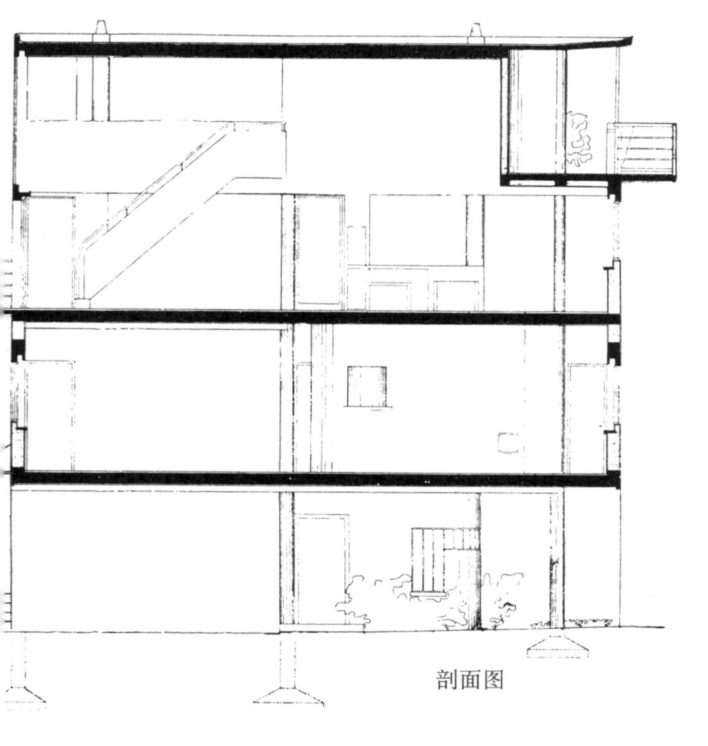
剖面图

服务入口

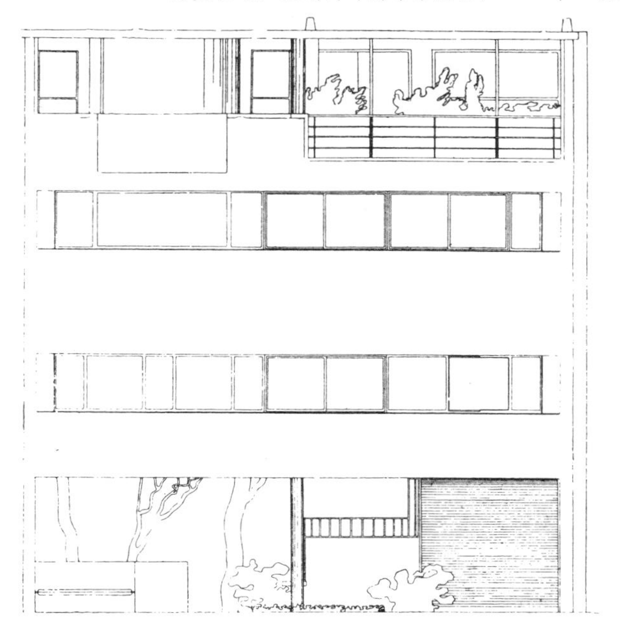
立面图（临街）

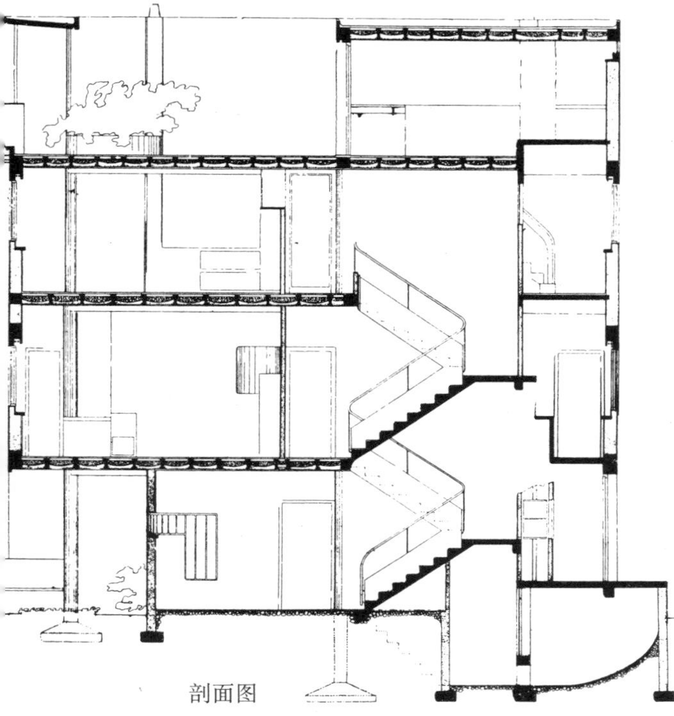
剖面图

从书房可以通往屋顶花园

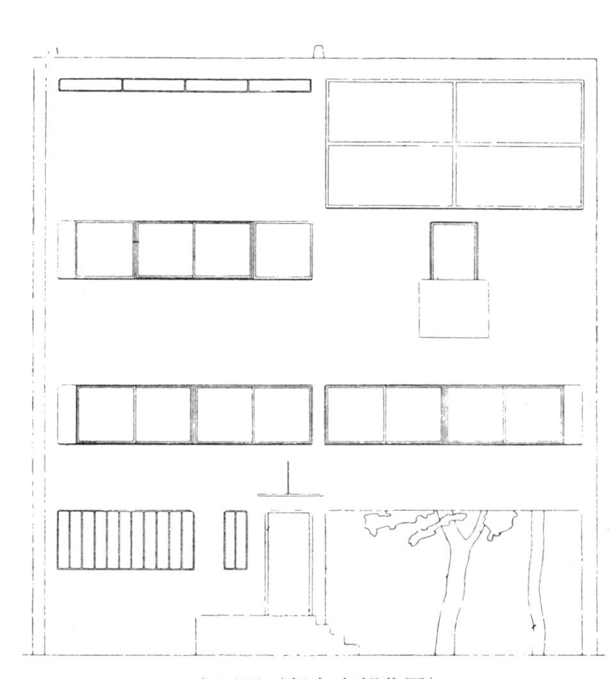
立面图（朝向内部花园）

入口和车库，位于架空的底层

起居室一角

起居室

起居室

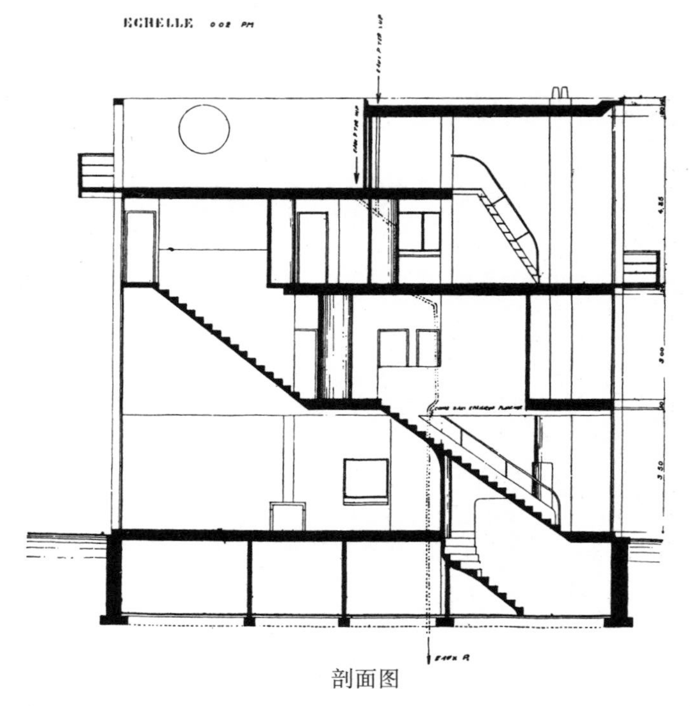

剖面图

Guiette 住宅，安特卫普，1926 年

面宽只有6m，进深却很大，这个在尺度上特征鲜明的比利时地块，要求极为特殊的解决方案。楼梯连接各层，就像影片《孩子》中查理 · 卓别林攀登的雅各的梯子。[1]

[1] 典出《圣经 · 旧约》创世纪 28 章，雅各在伯特利梦见天梯。——译注

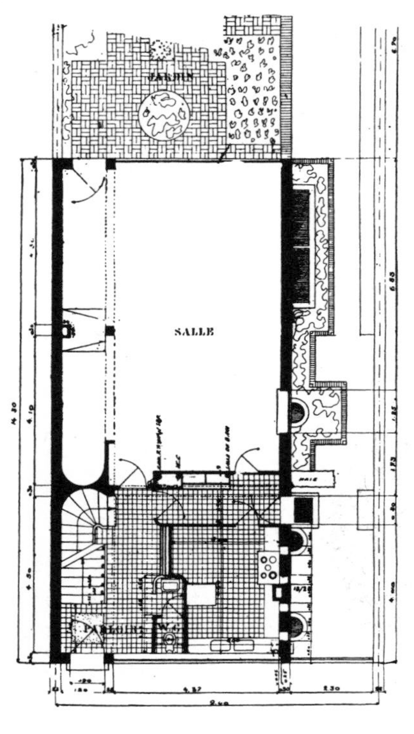

首层平面图

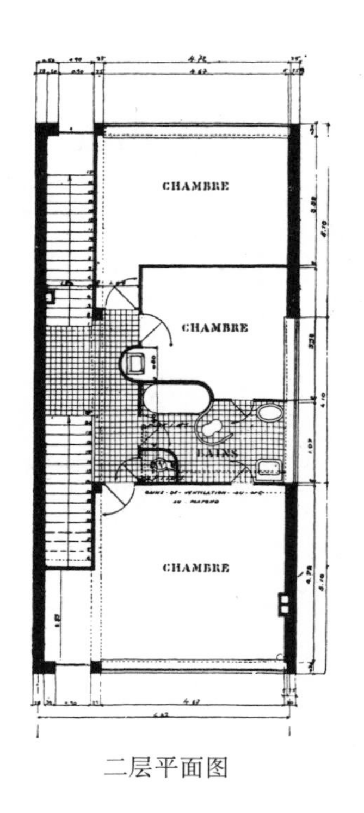

二层平面图

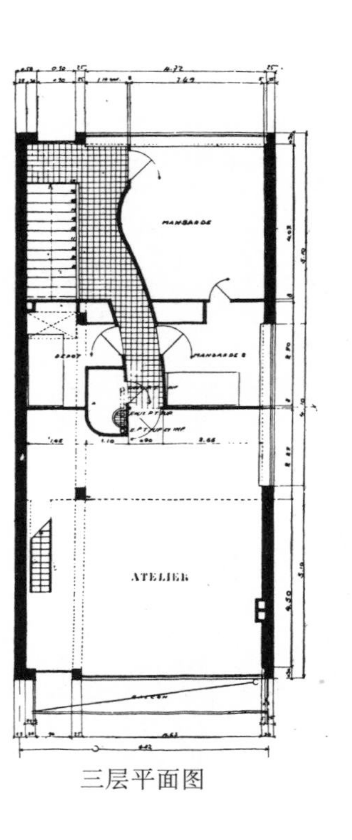

三层平面图

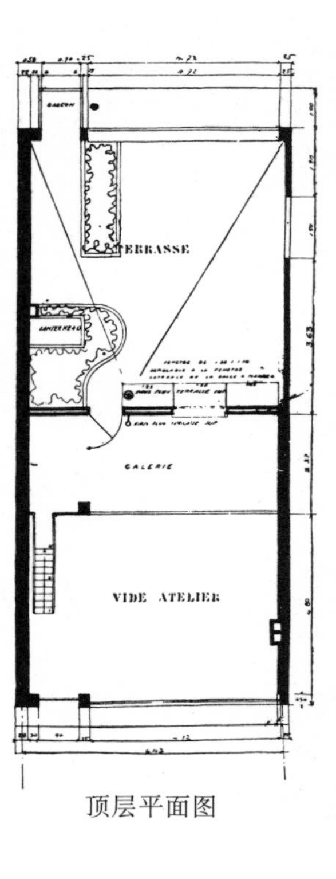

顶层平面图

临街立面

朝向内部花园的立面

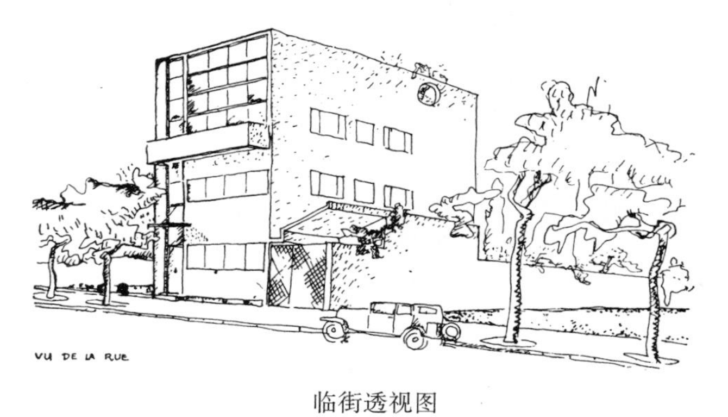

临街透视图

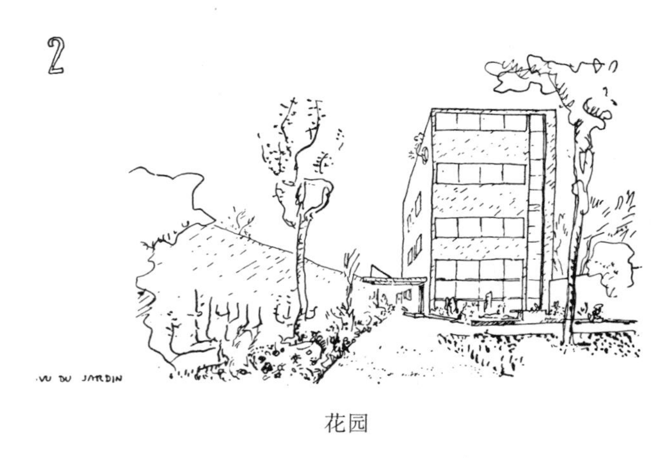

花园

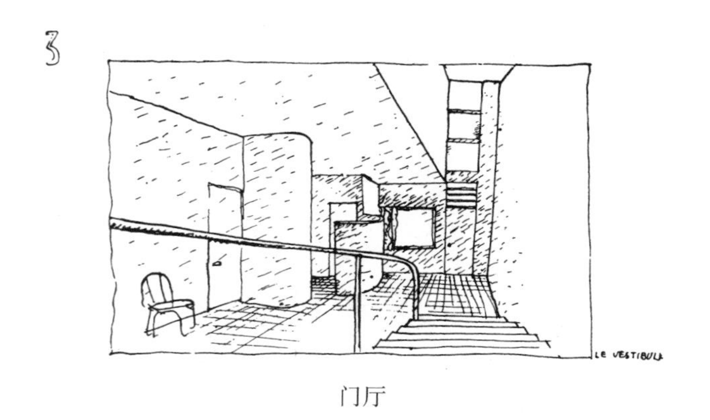

门厅

起居室和书房

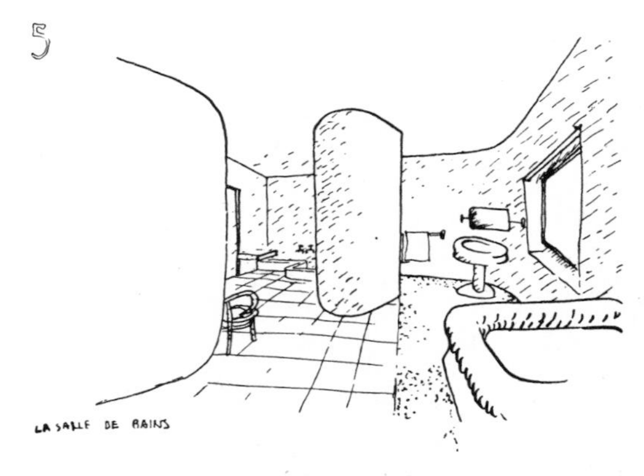

卫生间

卧室

安特卫普的 Guiette 住宅草图

屋顶花园

工作室

朝向花园的一侧

草图（1926年）

加歇别墅，1927年

这个别墅标志着一个重要阶段，集舒适问题、豪华问题以及建筑的审美问题于一身。住宅完全由柱支撑，柱以5m和2.5m等距排列，完全不必担心内部的平面布置。若把这些柱子集中到一起，则形成截面为110cm × 80cm的一束。也就是说，这个庞大的住宅由110cm × 80cm的混凝土截面整个支撑起来。柱不受束缚的布局在整栋住宅中散布一个恒定的尺度，一个不变的韵律，一个令人放松的节奏。立面被视为光的使者。它们不是呆在地面上，相反，它们挂在悬挑的楼板上。如此一来，立面不再承担楼板和屋面，它将仅仅是一道围合住宅的、砌体或玻璃的帷幕。

加歇别墅基地的入口

入口及车库

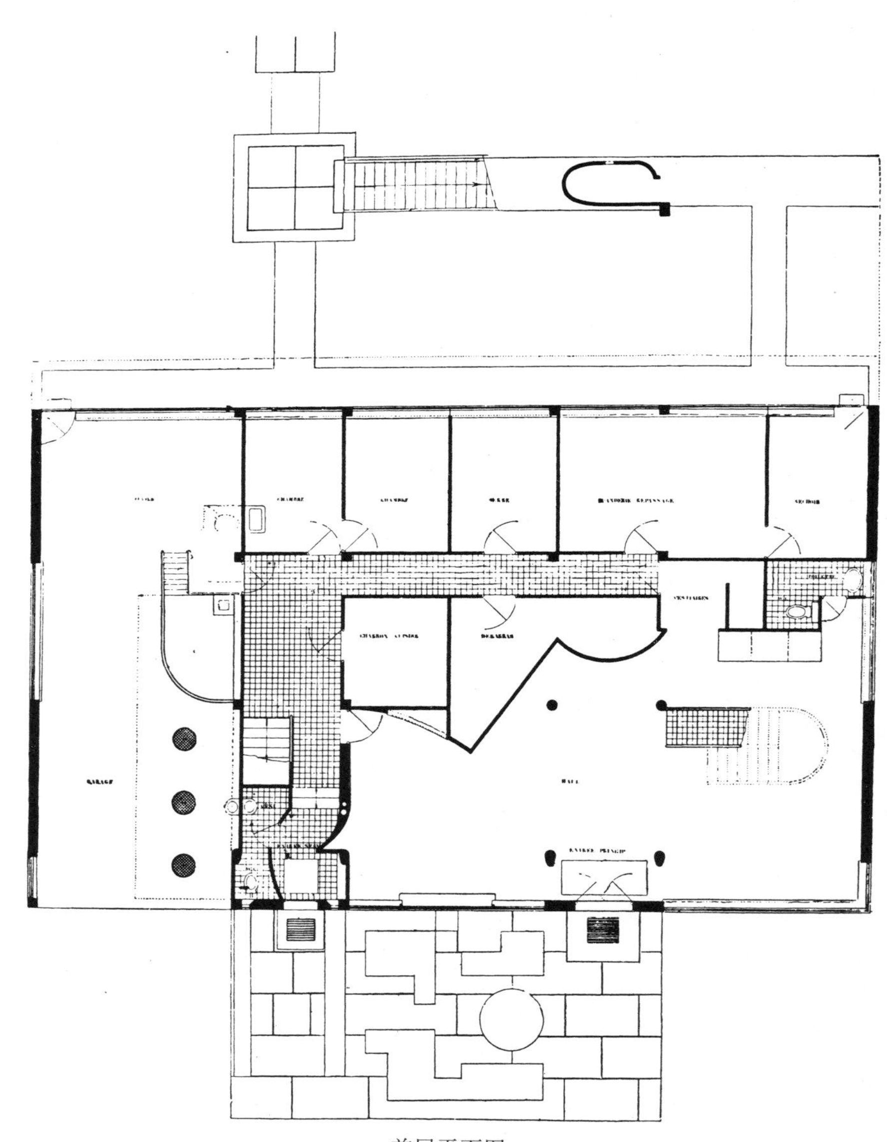

首层平面图

入口及大厅、车库、仆人卧室、洗衣间、熨衣间、衣帽间等等

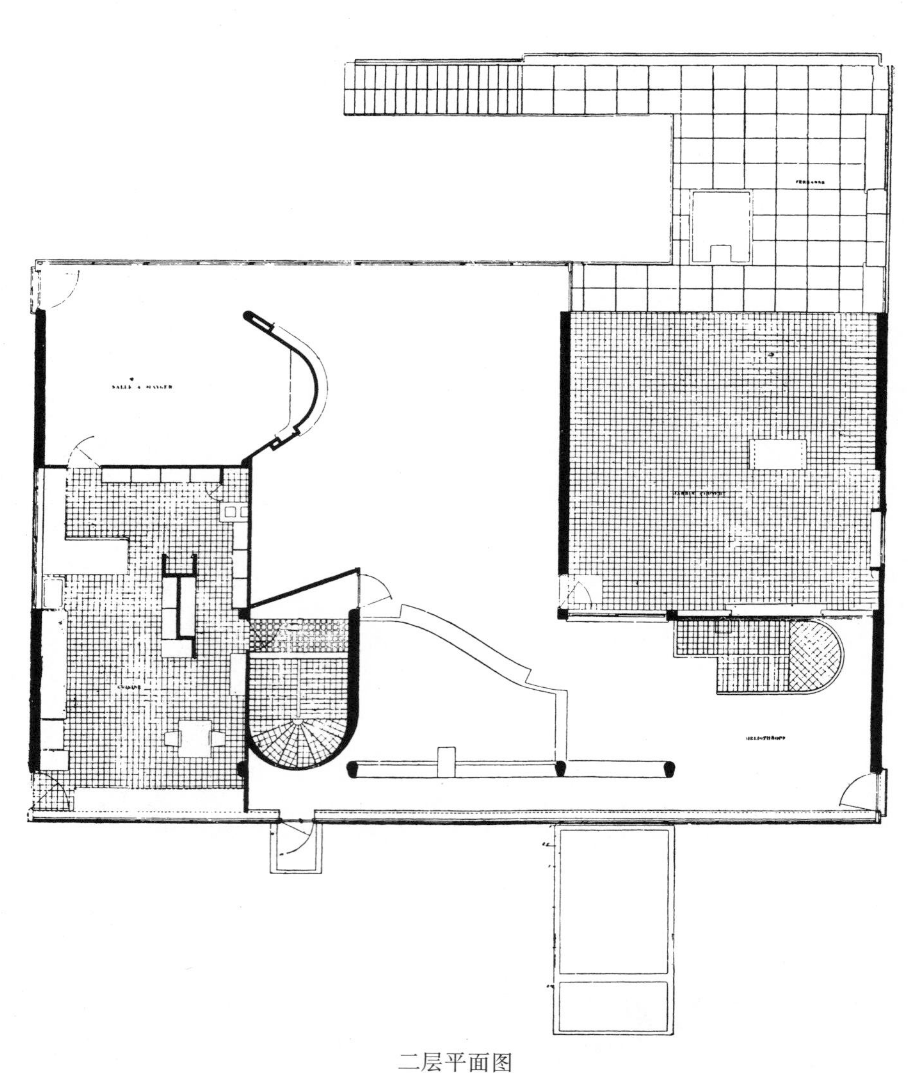

二层平面图

起居室、书房、餐厅、厨房和有顶的花园露台

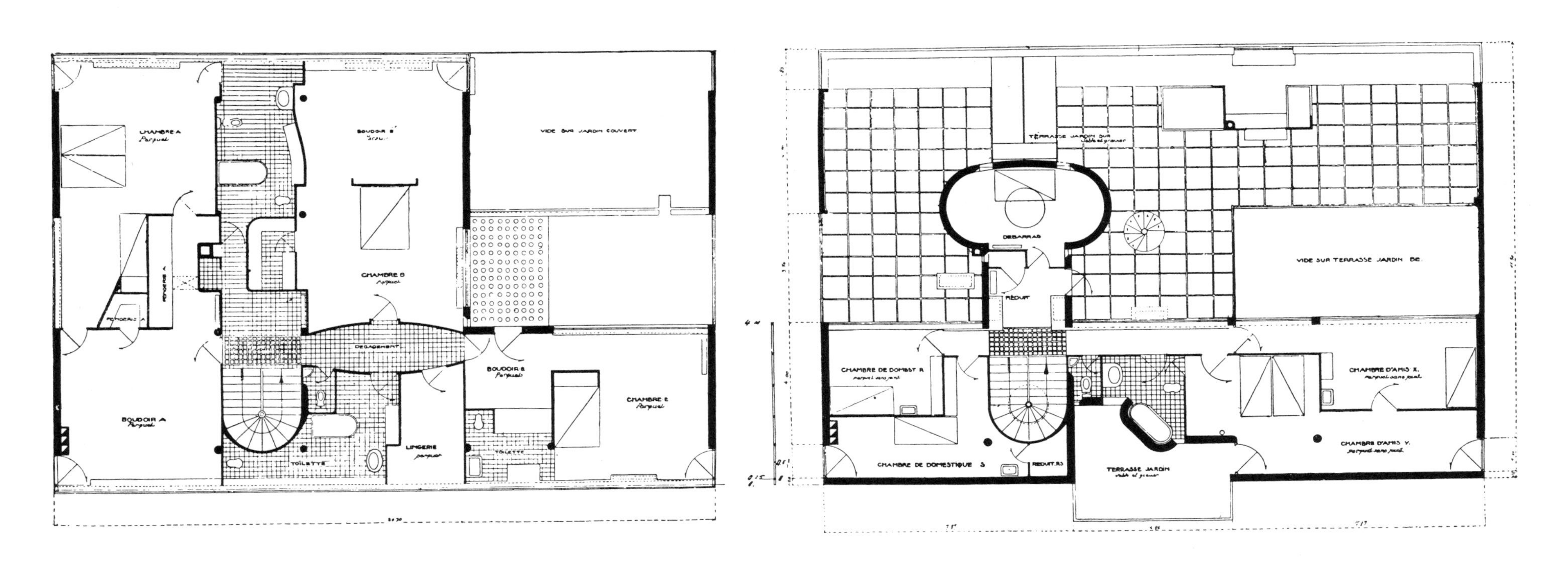

三层平面图

两间带小客厅的卧室及卫生间、客人卧室、衣帽间等等

屋顶花园层平面图

两间客人卧室、仆人卧室、冥想间及视野开阔的屋顶花园

在内部，平面是自由的。每层都拥有完全独立的布局，精确地符合各自独特的功能：隔墙只不过是层薄膜。富足的表露不是通过奢侈的材料，而是通过内部的布局和比例的协调来体现。整栋住宅，严格遵循控制线，各个不同部分的边界都进行了精确到厘米的修正。于此，数学带来令人鼓舞的真理：不确信已经达到精确，就绝不停止工作。

起居室和书房

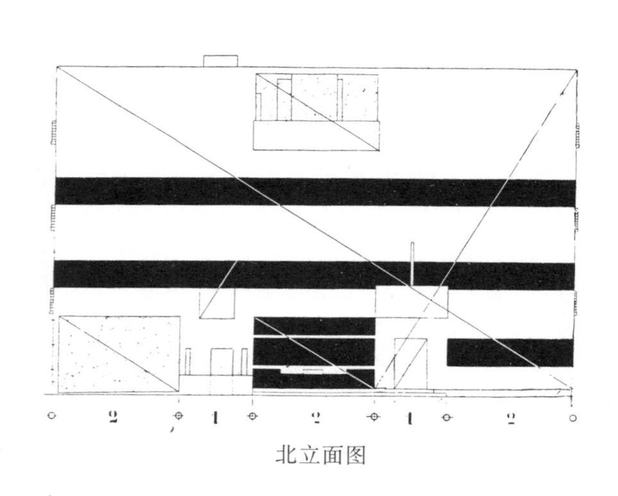

北立面图

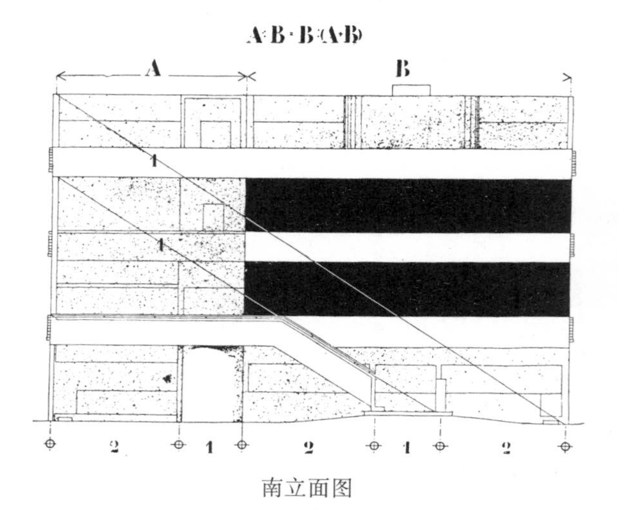

南立面图

控制线

餐厅

入口及门厅

通往二层的有顶露台

起居室

新元素的交响曲：底层架空柱，独立骨架，自由平面，自由立面，屋顶花园。

屋顶花园

在屋顶上建花园。夏天，避免屋面混凝土板受热膨胀；冬天，花园隔绝寒冷。

屋顶花园是对平屋顶合乎逻辑的补充。

从空中花园（有遮蔽）拾级而下来到位于地面层的花园

柱子，像士兵一样排列，执行着它们的任务：支撑楼板。

房间，厅，室？

将随心所欲的布置，根据有效的毗邻关系，遵循自身的结构（造型或者家庭经济的问题），从而摆脱了静力学的束缚。

室内

设有露台花园的南立面

魏森霍夫居住区的两栋住宅，斯图加特，1927年

居住区落成典礼之时，便是这两栋住宅为“新建筑五点”代言之日。所代之言没有任何奢望，只期望在眼下建立一个结构严密的建筑学体系，一个今后能够启发建筑师工作的体系。相对于传统砖石结构强加的束缚，这五点意味着巨大的自由。

在斯图加特，展示了两种完全不同的住宅形式。其中一个，回应一种摆脱了人为束缚的生活方式，是围绕名为“雪铁龙”的居住类型展开的长达十年的研究的继续。屋面板和窗的标准化，大起居与小房间的对比，倘若市政法规允许，这些小房间的尺度还可以进一步缩减。于此，提出一个现代居住的论点：宽敞的起居室。在其中，在充足的阳光中，在大尺度和大空间的惬意中，度过一整天。从宽敞的起居室引出一些功能性的盒子，我们在其中停留的时间较短，为了满足这些功能，现行的法规所要求的尺度太大了，过大的体积导致无益的浪费，引起无效的金钱开支。

另一栋住宅发展了相同的论点，但形式不同。宽敞的起居室通过可移动的隔墙的消隐而获得，住宅被布置成卧铺车厢的样子，隔墙只在夜里使用。白天，住宅从一端到另一端是开放的，贯通成一个宽敞的起居室。夜里，所有藏在单元模块中的就寝卧具——床和实用的壁柜——便各就其位。位于一侧的狭长通道仅在夜里用作过道，其设计严格按照国际卧铺车厢公司的车厢通道尺寸。通道的狭窄惹怒了斯图加特无数的参观者，并激起了舆论界最猛烈的批评。但他们恰恰忘记了，以时速100km奔驰的列车，配备着同样的过道，过道上人来人往，还堆满了沉重的行李。在这个宽敞的起居室之外，在一天的大部分时间内，仆人的服务集中在下面一层，位于底层架空柱之间；工作室在上面一层，面向屋顶花园，那里宁静将导向沉思，屋顶花园是一个真正新鲜的建筑事件，是魅力与诗意的使者，是不需一文的穷奢极侈。

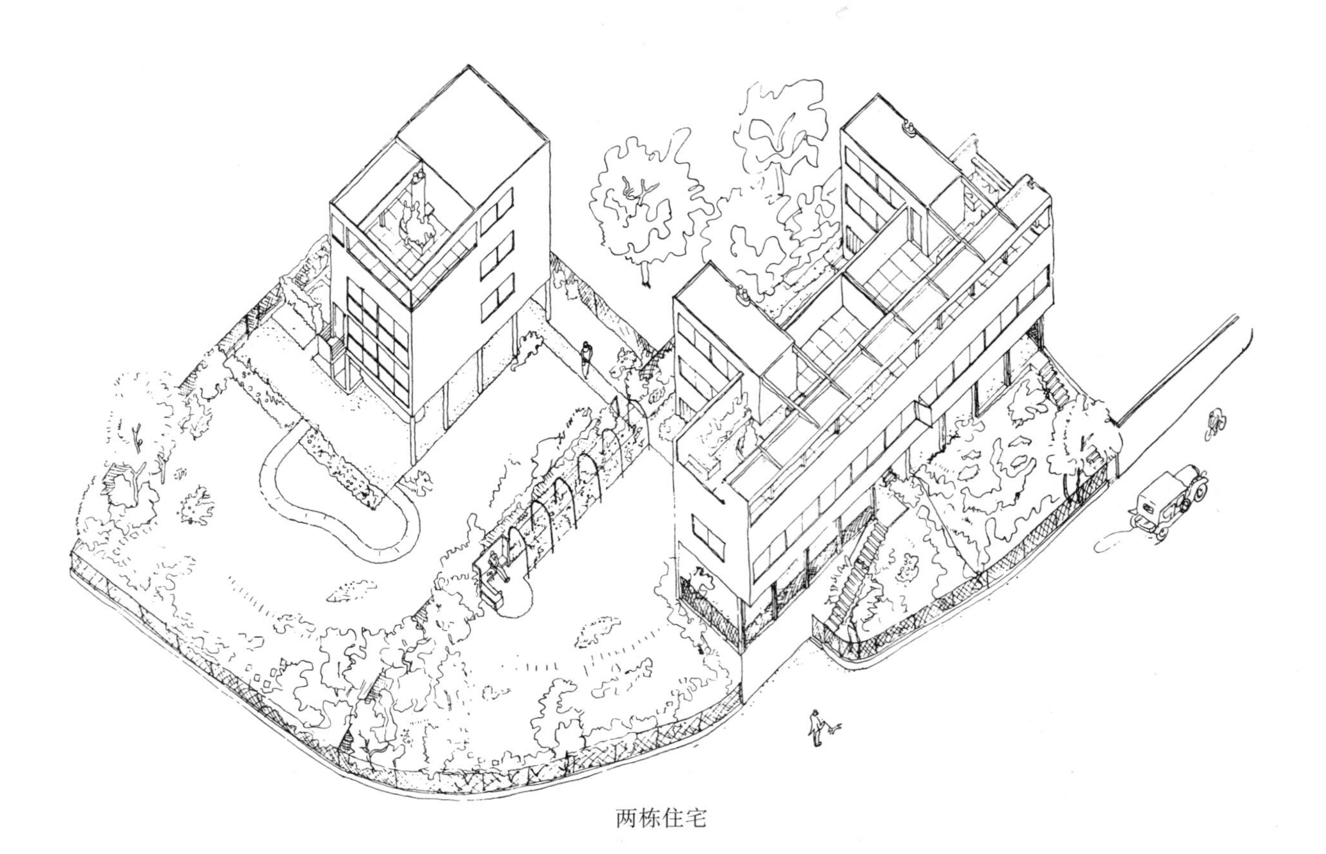

两栋住宅

对页：屋顶花园

首层平面图

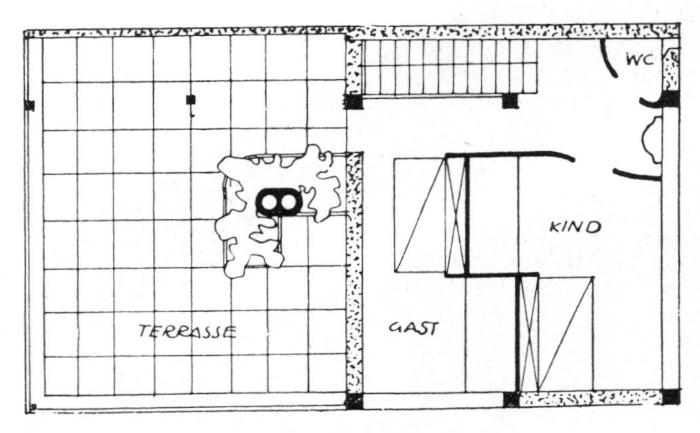

屋顶层平面图

视野，植物，阳光——现代建筑的诱惑即在于此。

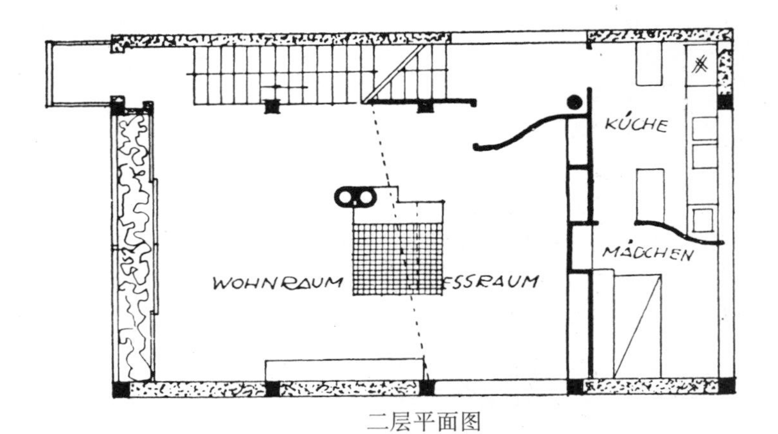

二层平面图

三层平面图

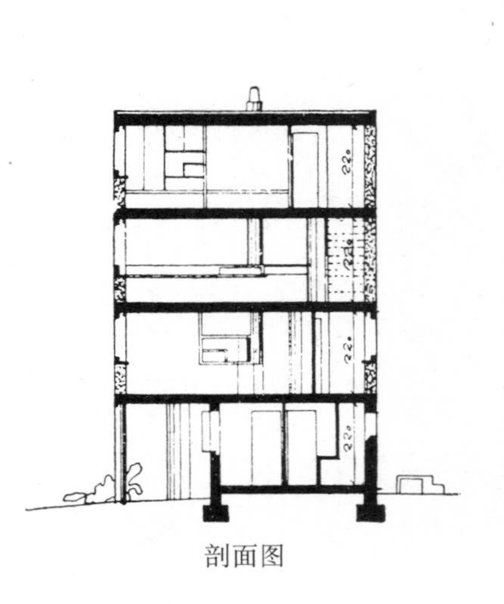

剖面图

隔墙半高的浴室，“巴黎的龌龊”

南立面

东立面及南立面

起居室

小客厅的一角

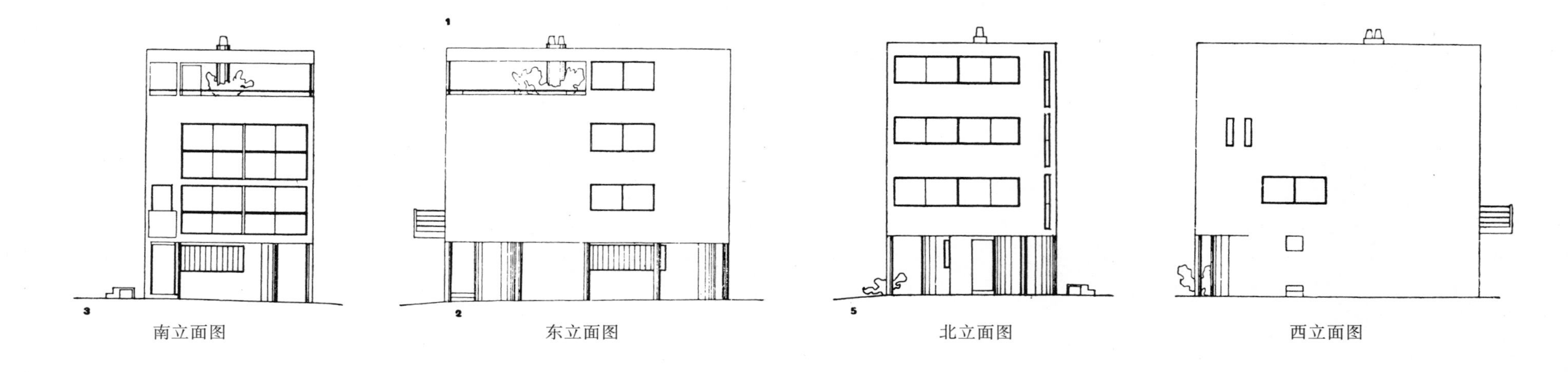

南立面图　东立面图　北立面图　西立面图

“符合人体尺度的标准化的窗构件。单元及其组合。”

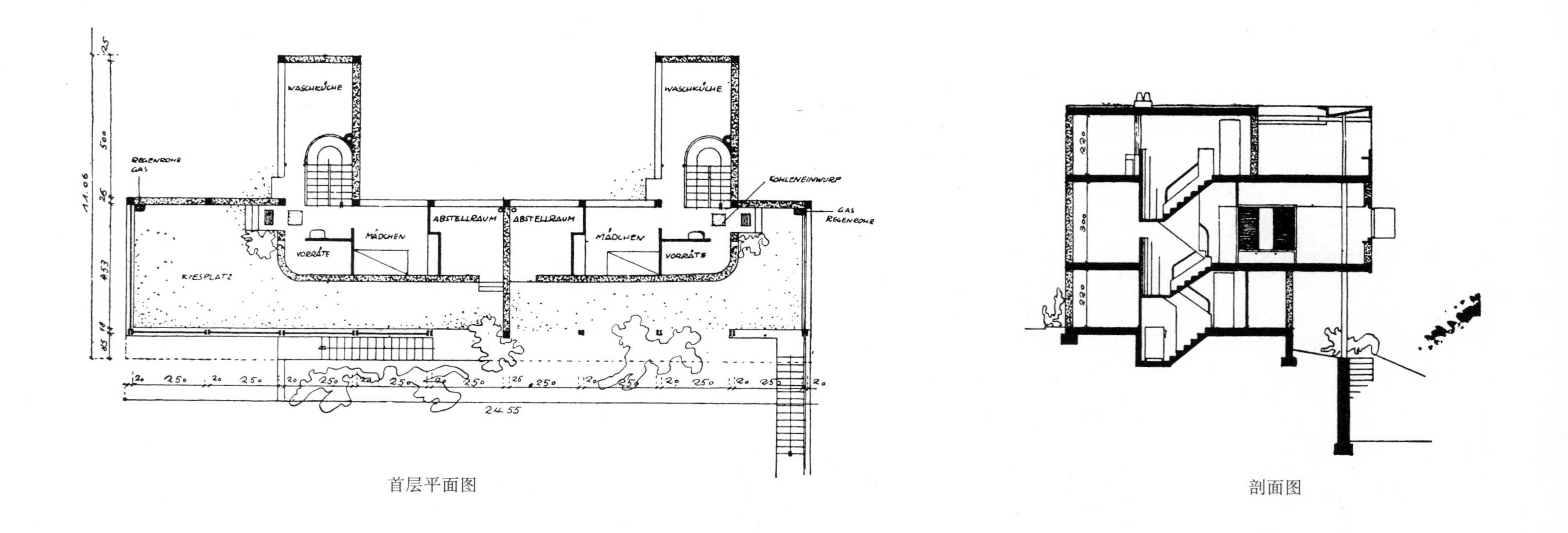

首层平面图　剖面图

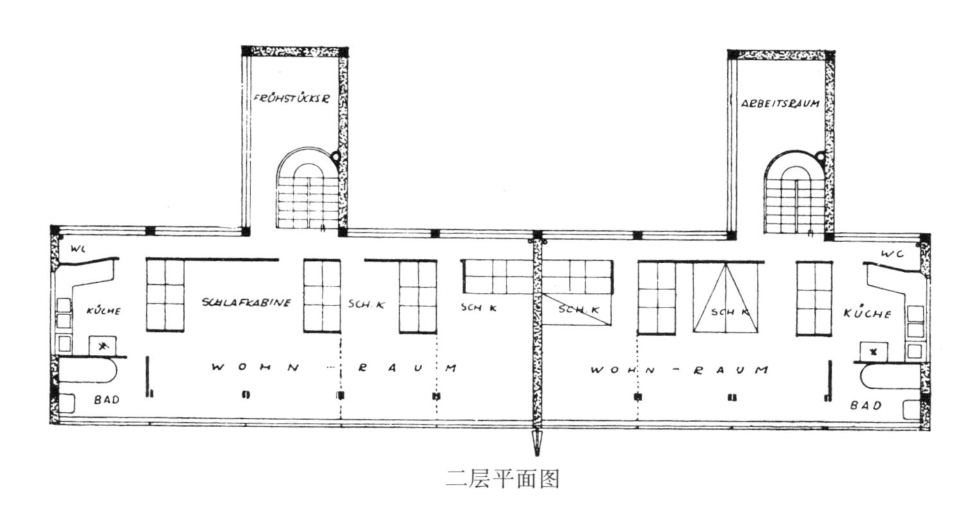

二层平面图

东立面

“由骨架带来的自由：水平长条窗。”

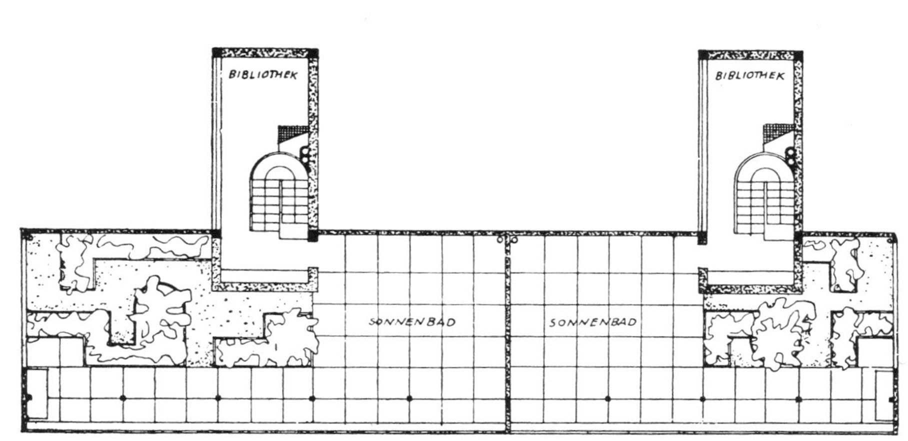

屋顶花园层平面图

书房和楼梯间的壁炉

没有瓦片，没有石板，楼顶没有杂物间也没有佣人房，取而代之的是住宅最灿烂的所在：新鲜的空气、充足的阳光和开阔的视野。

屋顶花园

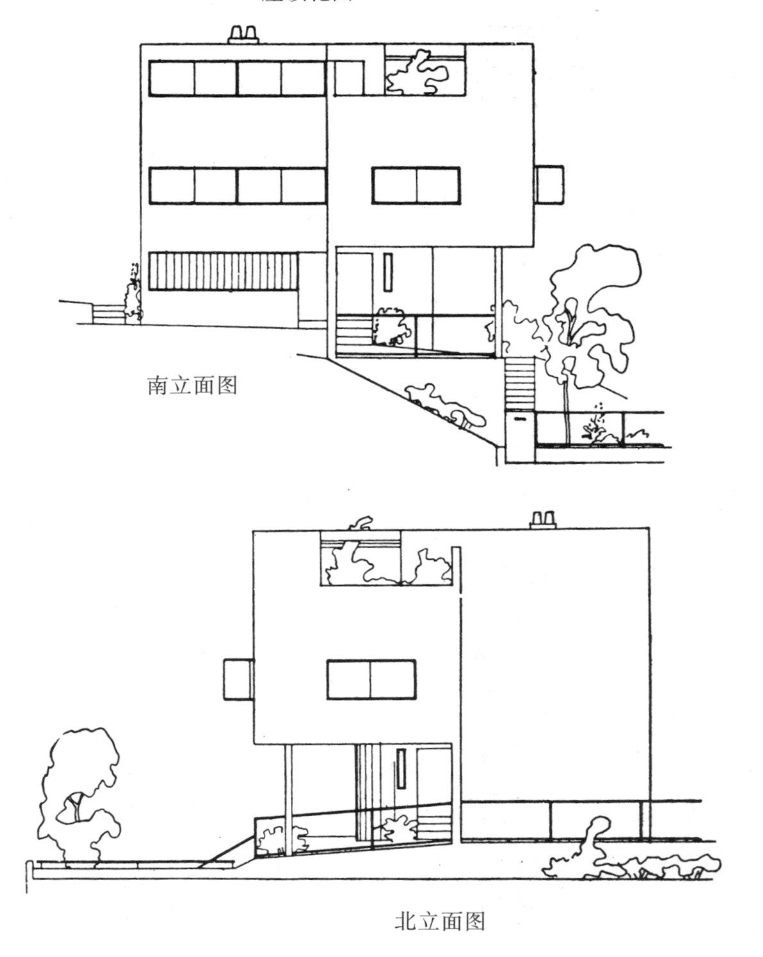

南立面图

北立面图

东立面图

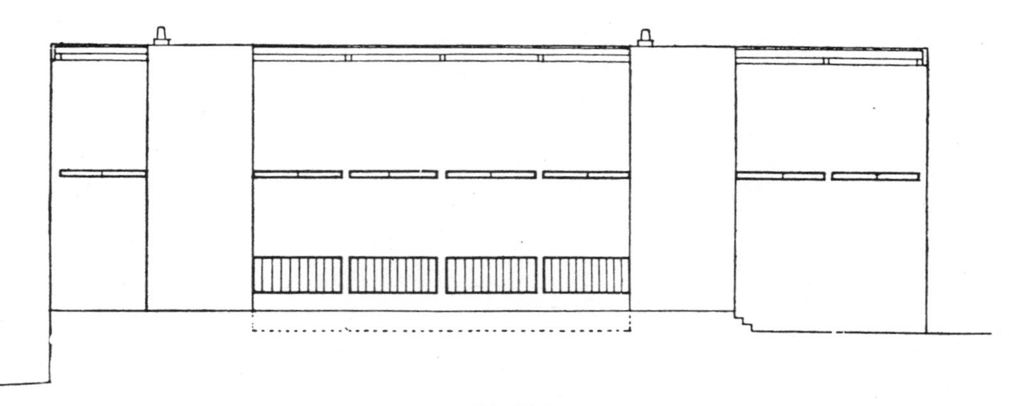

西立面图

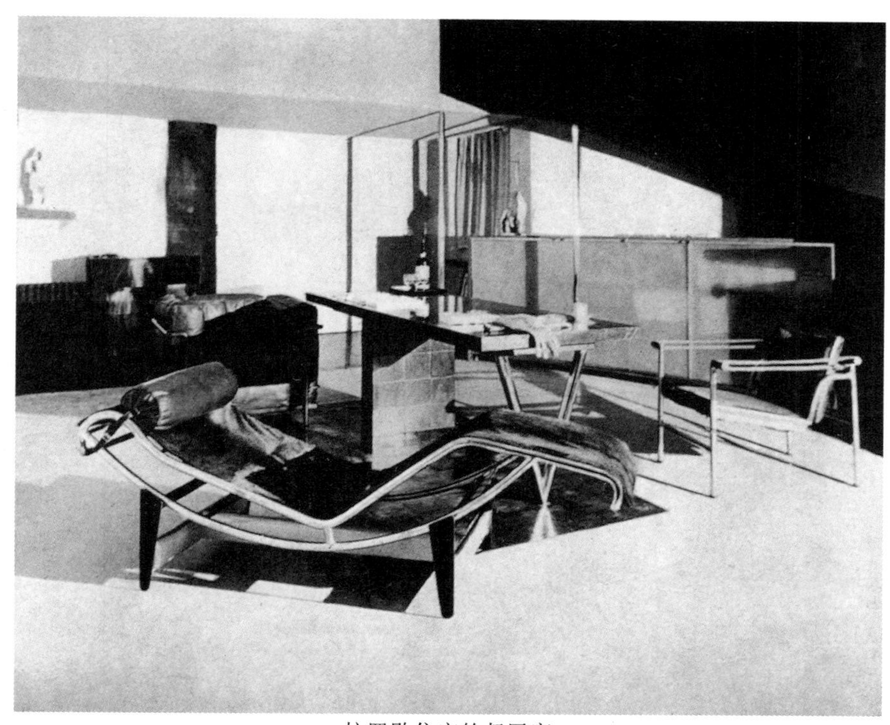
拉罗歇住宅的起居室

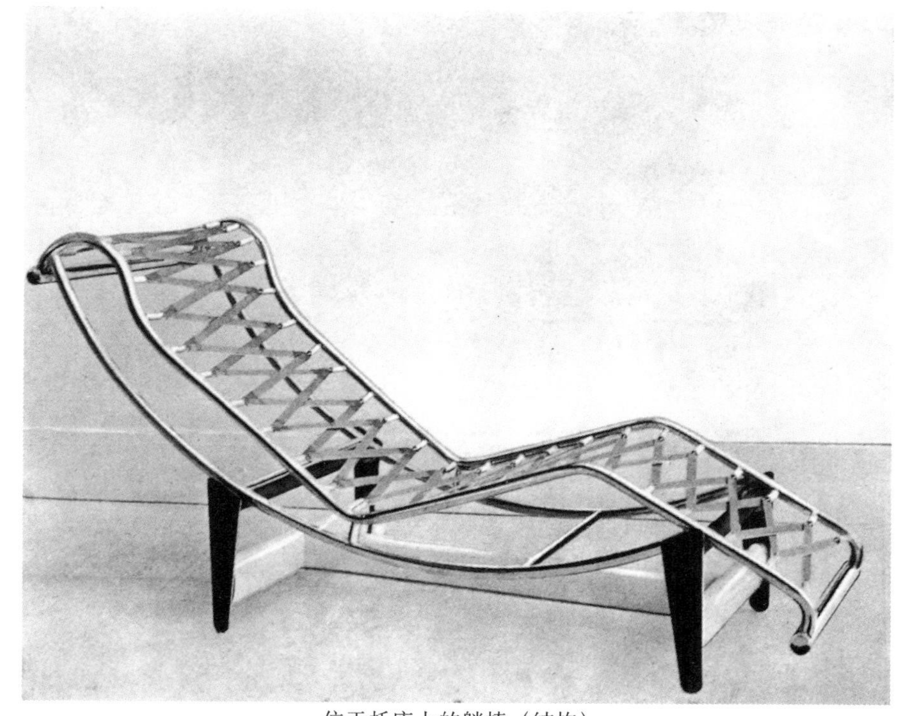
位于托座上的躺椅（结构）

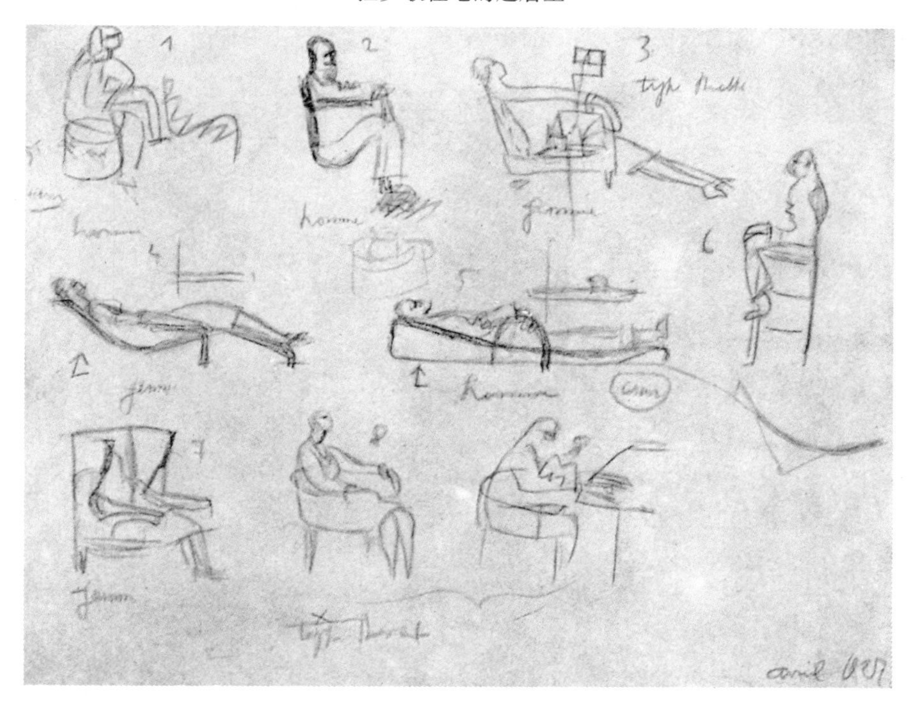
对各种不同坐姿的研究，我们的椅子所要回应的正是这些姿势

家具，1927 年

传统遗留下来的，或是在近郊圣安东尼工厂制造出来的数不胜数的木制家具，一下子约简为桌、椅以及构成房间设施的格架。制造飞机和汽车的工厂已带来全新的技术，能更有效地确保强度，允许设计的新形式，并带来可观的经济效益。金属家具诞生了。它已经应用于办公室；现在，它进入家庭——桌、椅和格架。

礼仪规范，尤其是女人装束的演变发展出全新的姿势。往昔全套的起居室家具已被淘汰；一个家具的新时代开始了。

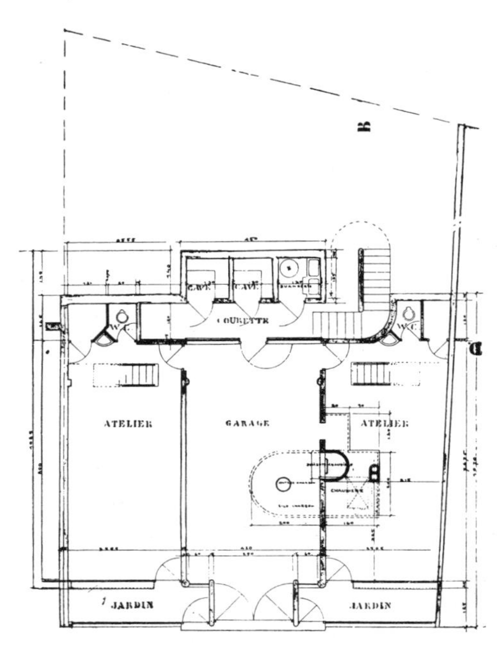

首层平面图：车库和两个绘画工作室

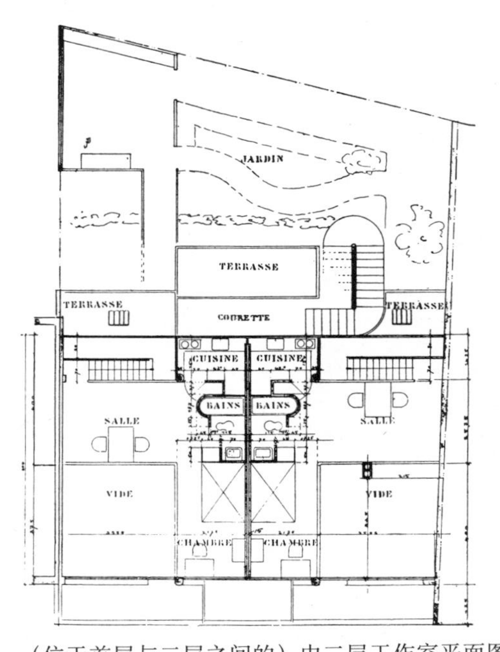

（位于首层与二层之间的）中二层工作室平面图

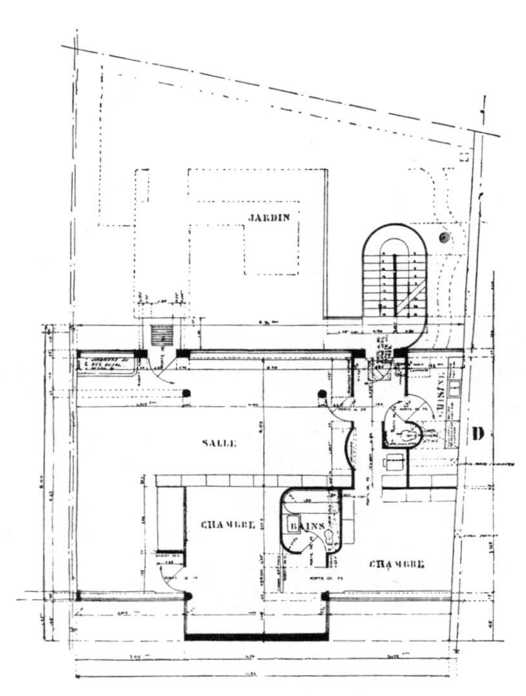

二层平面图：套间

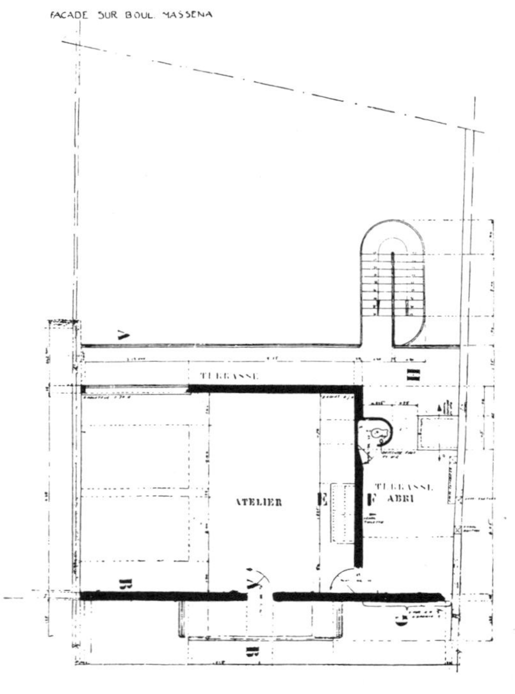

三层平面图：工作室

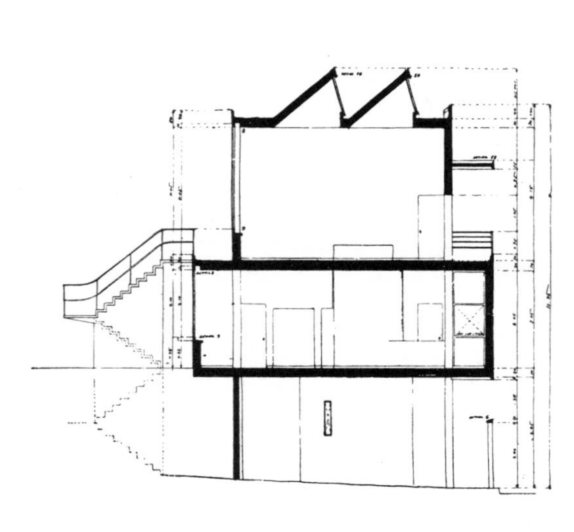

剖面图

通往花园的楼梯

巴黎 Plainex 住宅，1927 年

首层及中二层：一个位于房子中央的车库。车库左右各有一个工作室。每个工作室的高度均为4.50m，可以分成两个2.20m；在阁楼上安排了卧室、浴室及厨房。

二层为房主公寓，包括：入口、起居室、卧室、浴室和厨房，一座步行天桥从起居室直导花园。

三层：大工作室。

朝向内院的一侧

临街立面

画家工作室

日内瓦国际联盟宫方案，1927～1929年

1927年，一次大型的国际竞赛中（共收到来自世界各地的377份方案，图纸首尾相连长达12km），该方案被由专家组成的评审团评选为一等奖，并待实施。

这其中的操作，至少可以说是有失公允的。创造者的劳动成果被褫夺，建造国际联盟宫的委托交到4名学院派建筑师的手中。公众舆论震惊于这种不公正的做法，国际舆论、专业杂志、学术期刊都对这一问题展开了争论。两年过去了，被选中的建筑师们仍未能就一个方案达成共识，也没有一个方案得到国际联盟的首肯。终于，1929年，一份最后方案被马德里的国际联盟委员会接受，图纸上签着这4位学院派建筑师的名字：其基本布局已与这4位被选出的建筑师的方案大相径庭。毫无疑问，他们借鉴了柯布和皮埃尔1927年那份被评审团选中的方案，尤其是借鉴了这两位建筑师于1929年4月向国际联盟提交的第二稿方案。

这两位受到不公待遇的建筑师向国际联盟提起诉讼，以36页小册子的形式，向国际联盟委员会寄发了诉状。诉状是由一位正义之士，一位巴黎律师兼法学院教授撰写的。但，国际联盟却声称他们没有收到，他们仅仅回复了5行字，表示他们不会理睬任何来自个人的抗议！！

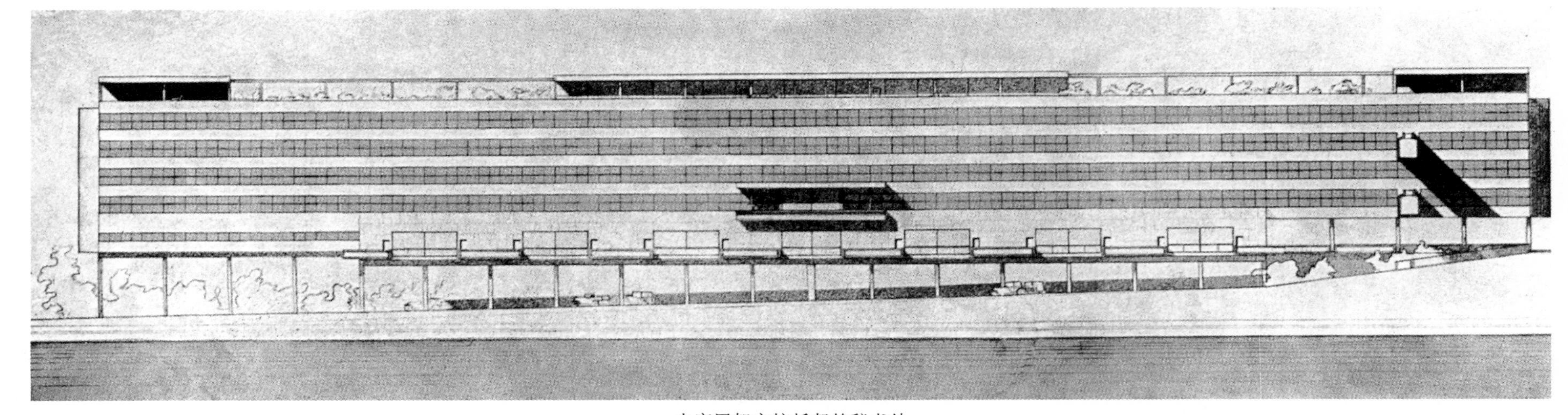

由底层架空柱托起的秘书处

这个方案之所以引起了民意的总动员，那是因为它代表了反陈规、反学院的现代精神。它是一栋方便工作的住宅，符合当代的精神状态。它提出全新的技术解决方案：办公室，声学集会大厅，水平及垂直交通，通风，采暖，汽车流线等等。钢筋混凝土的建造给“宫殿”的概念带来彻底的变革。而且，这个方案的造价符合任务书的明确要求：宫殿的造价不得超过1300万法郎，违者淘汰。该方案预算清单总金额为1250万法郎。被国际联盟相中的4份学院方案，他们的作者谎报了1300万法郎的预算；但专家们随后就意识到那将是5000万、4000万、3500万及2700万法郎!! 为了盖这个房子，国际联盟以一种最处心积虑的不公正为开端，这正是其激起民愤的原因。

导致国际联盟这种卑鄙行径的首要原因是对柯布和皮埃尔的方案怀有抵触情绪，因为对其审美完全不理解而产生的抵触情绪。在现时代，这个方案提出的是与当代社会全面发展相一致的新的审美观。但，统治者似乎没有跟上其所统治的民众的步伐，外交界有一种不合适的倾向，偏好国王宫殿般的金碧辉煌，可这些国王早已化为黄土。柯布感到有必要阐述他的建筑论点，于是有了一本名为《住宅—宫殿》的关于国际联盟宫问题的书，于1928年秋由Crès出版社出版。

集会大厅。沿湖景观

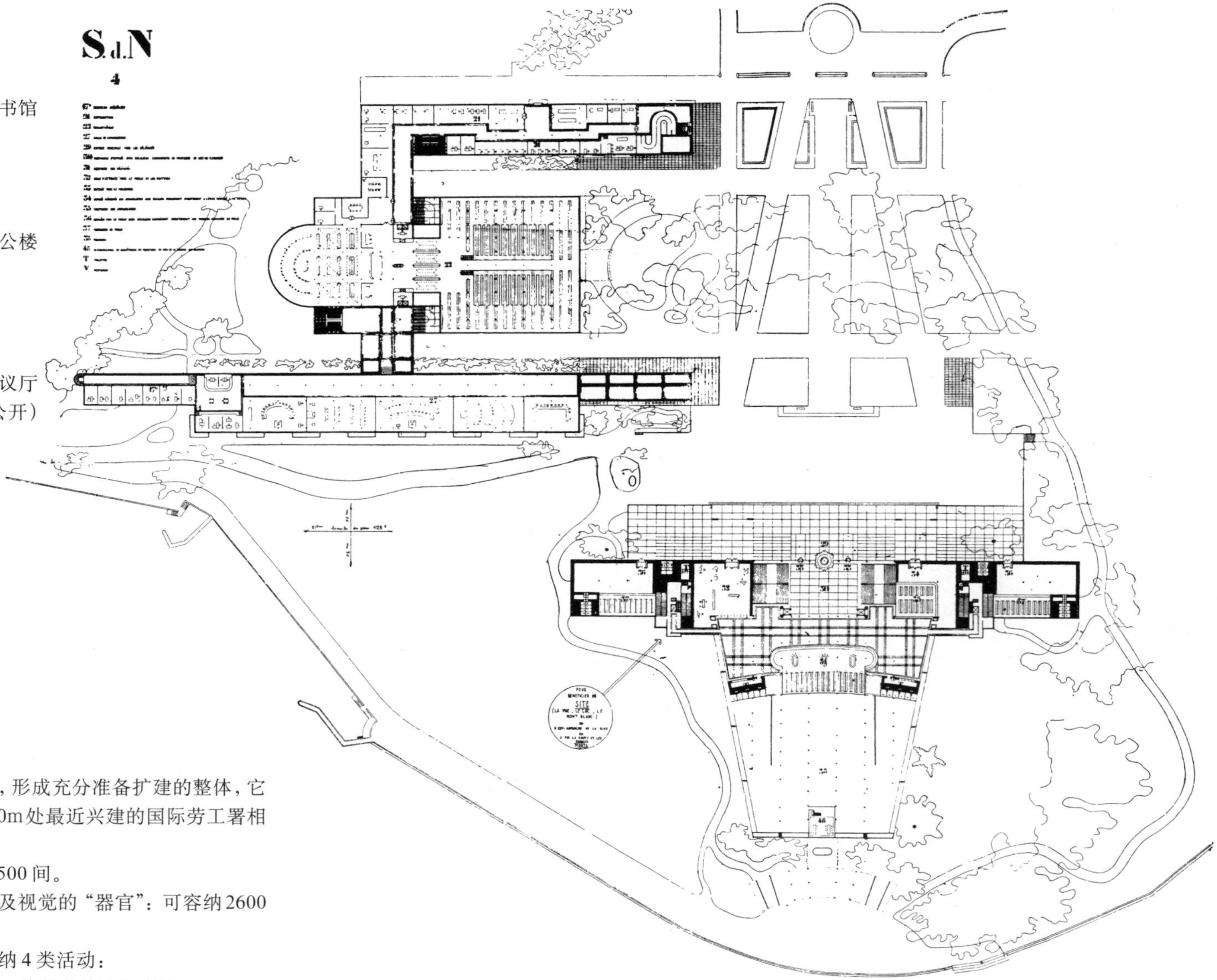

S.d.N
4

图书馆

办公楼

小会议厅
（非公开）

洛桑大道

高大的乔木林及单向交通区域

秘书处入口平台

集会大厅入口平台和大厅的 7 个入口

衣帽间和厕所（直接通达，光线充足）。每个衣帽间通过各自的楼梯间与集会大厅相连

库房

主席阁的底层架空柱及其专用电梯

问题：

——基地。

一组建筑，形成充分准备扩建的整体，它将与距红线300m处最近兴建的国际劳工署相连接。

办公室：500 间。

一个听觉及视觉的“器官”：可容纳2600人的大厅。

国际宫容纳 4 类活动：

日常活动：总秘书处及图书馆。

间歇活动：非公开的小会议厅及公开的大会议厅。

季度活动：国际委员会议会厅。

年度活动：国际联盟集会大厅

地面层平面图

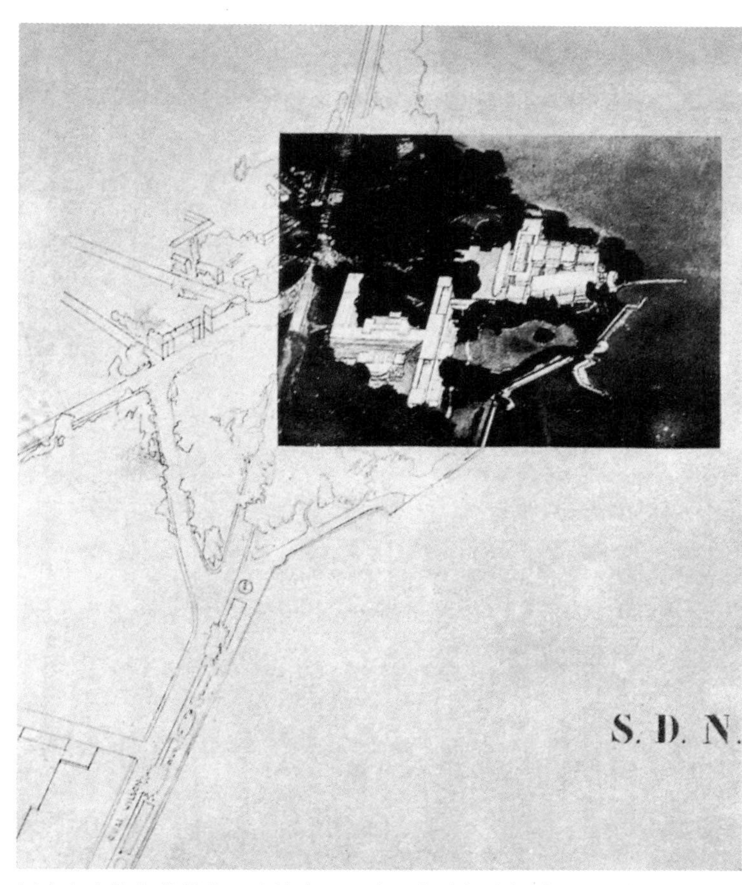

柯布和皮埃尔的提案，直接连通了洛桑大道与威尔逊码头，穿越Monrepos公园

这宫殿被置于景观之中，却对景观没有丝毫的侵扰（可学院派说，这块基地太小，容不下这宫殿！！！）

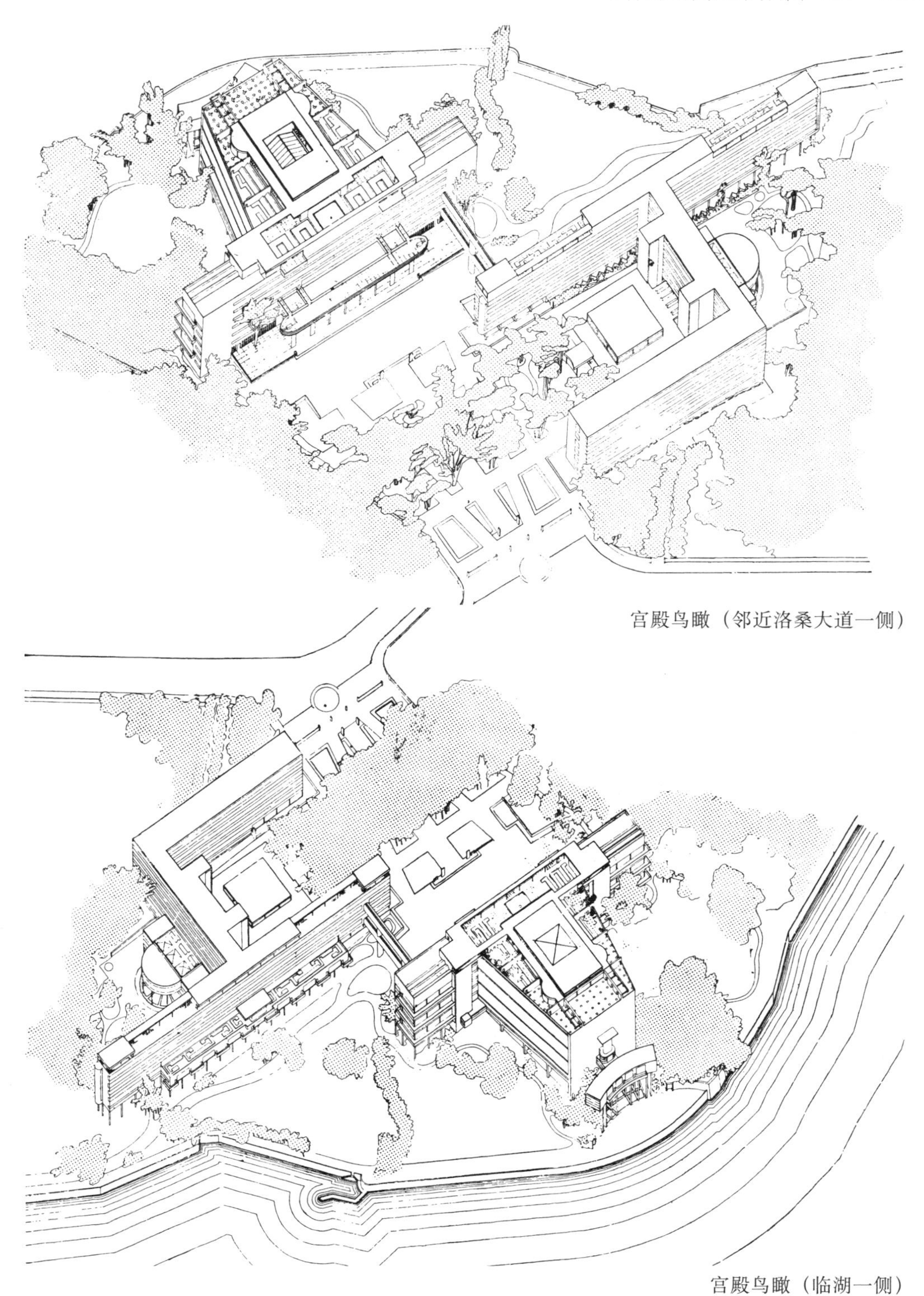

宫殿鸟瞰（邻近洛桑大道一侧）

宫殿鸟瞰（临湖一侧）

宫殿置身于叶丛和草坪之间；集会大厅的立面和主席阁伸向湖边

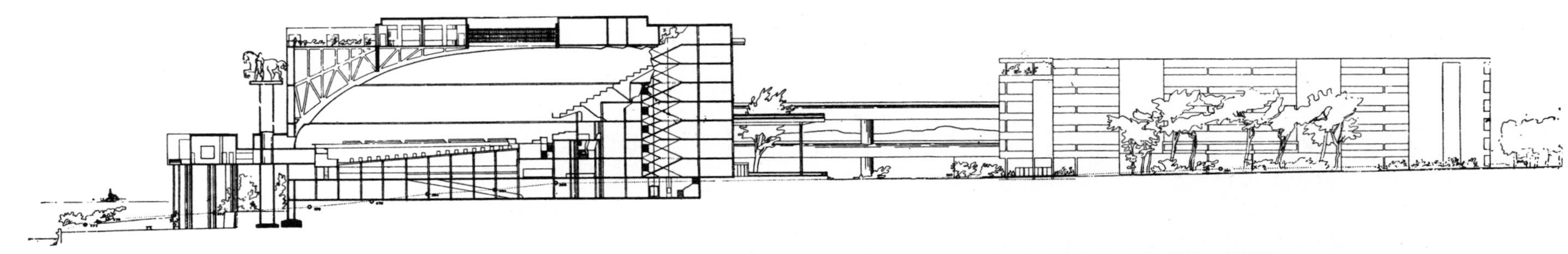

集会大厅纵剖面图：在此可以见到两组封闭的楼梯间中的一组（3部楼梯，两部夹着一部），两部客梯和一部货梯

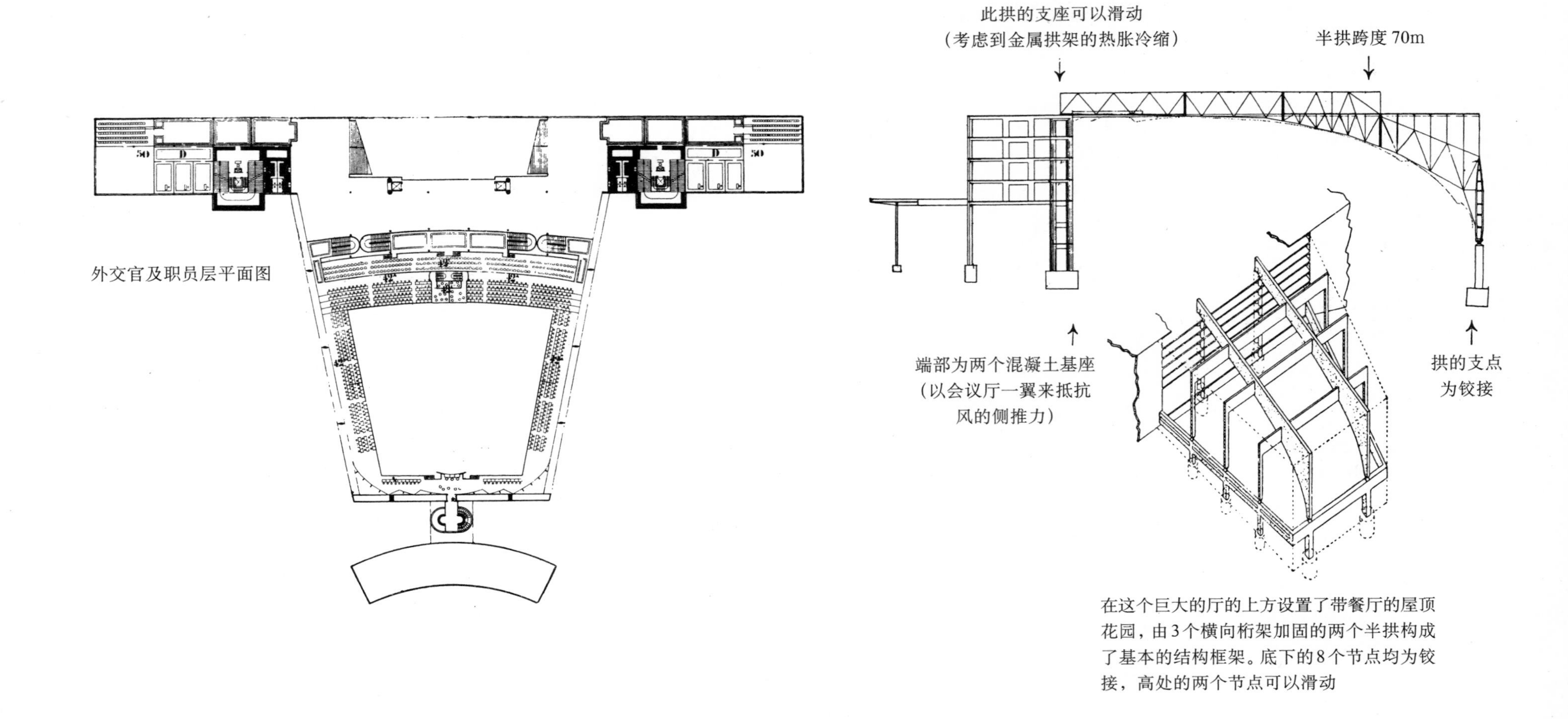

外交官及职员层平面图

在这个巨大的厅的上方设置了带餐厅的屋顶花园，由3个横向桁架加固的两个半拱构成了基本的结构框架。底下的8个节点均为铰接，高处的两个节点可以滑动

集会大厅

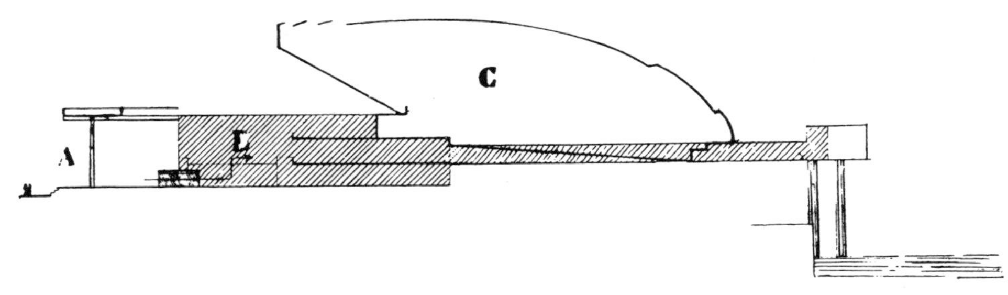

不要忽视这小小的剖面示意图，它对理解这座建筑十分有益！它展示了由A点到C点观者所经历的丰富的建筑体验：前后相继的体量演绎建筑的交响曲：平台及其上方的挑篷，入口的转门，前厅，休息大厅，主席阁，最后，是集会大厅。光的游戏强有力地介入：视线从侏罗（Jura）山（入口平台）转到湖面（休息大厅），并最终沉浸在集会大厅那柔和的光线中，因为它所有的玻璃幕墙不是透明的，而是半透明的……于此，湖面在此扮演着一个重要的建筑角色

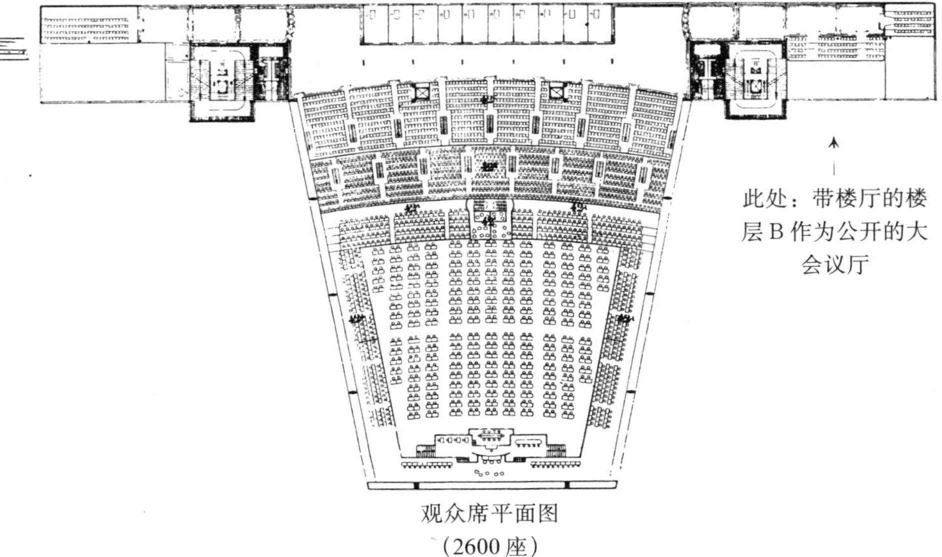

此处：带楼厅的楼层B作为公开的大会议厅

观众席平面图
（2600座）

集会大厅剖面图

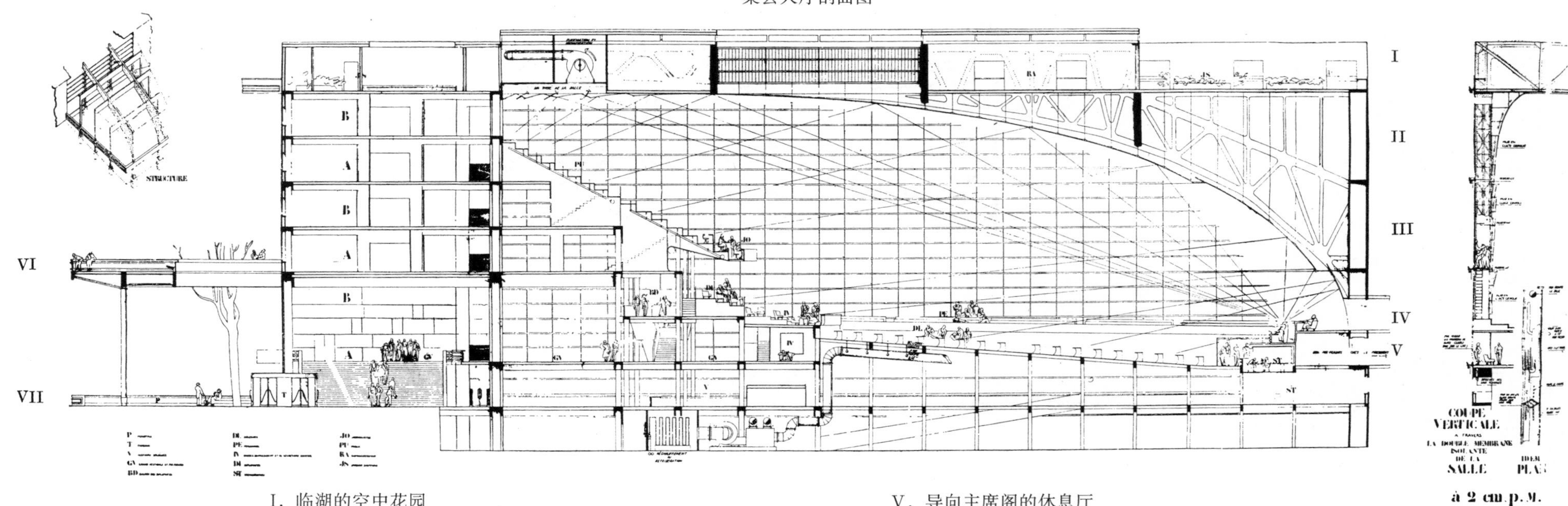

I. 临湖的空中花园
II. 跨度为70m的半拱桥
III. 悬置的贝壳状顶棚，声波反射器
IV. 主席入口
V. 导向主席阁的休息厅
VI. 记者席休息平台
VII. 入口平台

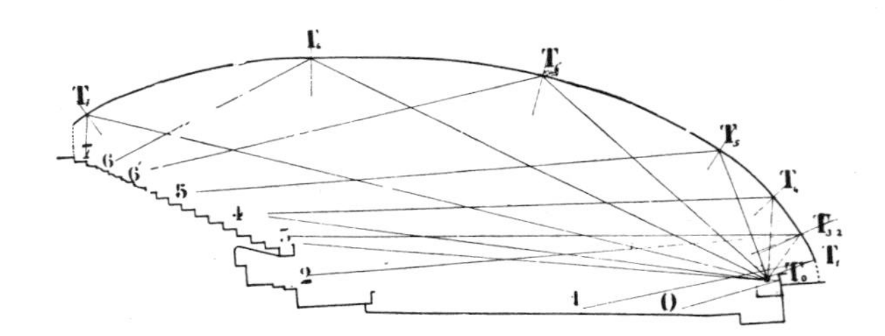

顶棚声学反射的理论轨迹，演讲者的位置和阶梯型座席固定不变。

精确到厘米的顶棚根据入射规律将声波反射和投射到观众的耳廓。

演讲者 T_0 和听众 T_7 之间的距离为70m。

这种弧形的反射顶棚不受静力学法则的束缚。

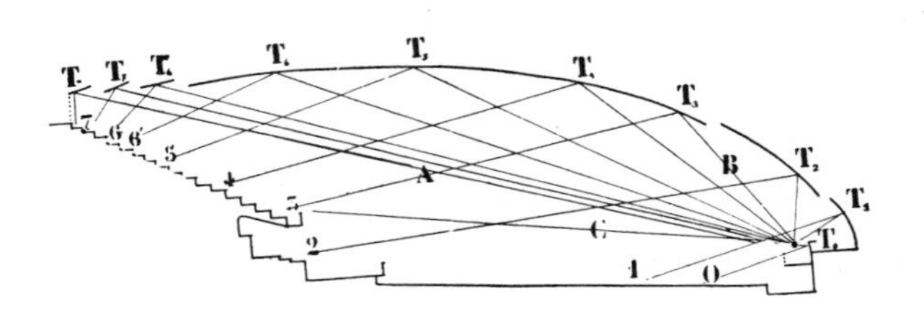

顶棚的理论弧线被保留（见左图），但这段弧线在几个点被打断，以此降低顶棚的高度，从而使大厅的总高度和会议厅一翼的楼层所决定的建筑高度保持一致。总之，保证声波反射的弧线被保留，但大厅的高度降低了约6m。

集会大厅的入口平台；遮蔽其上的挑篷成为宽敞的供记者散步的露台
以抛光的花岗石饰面

沿湖景观

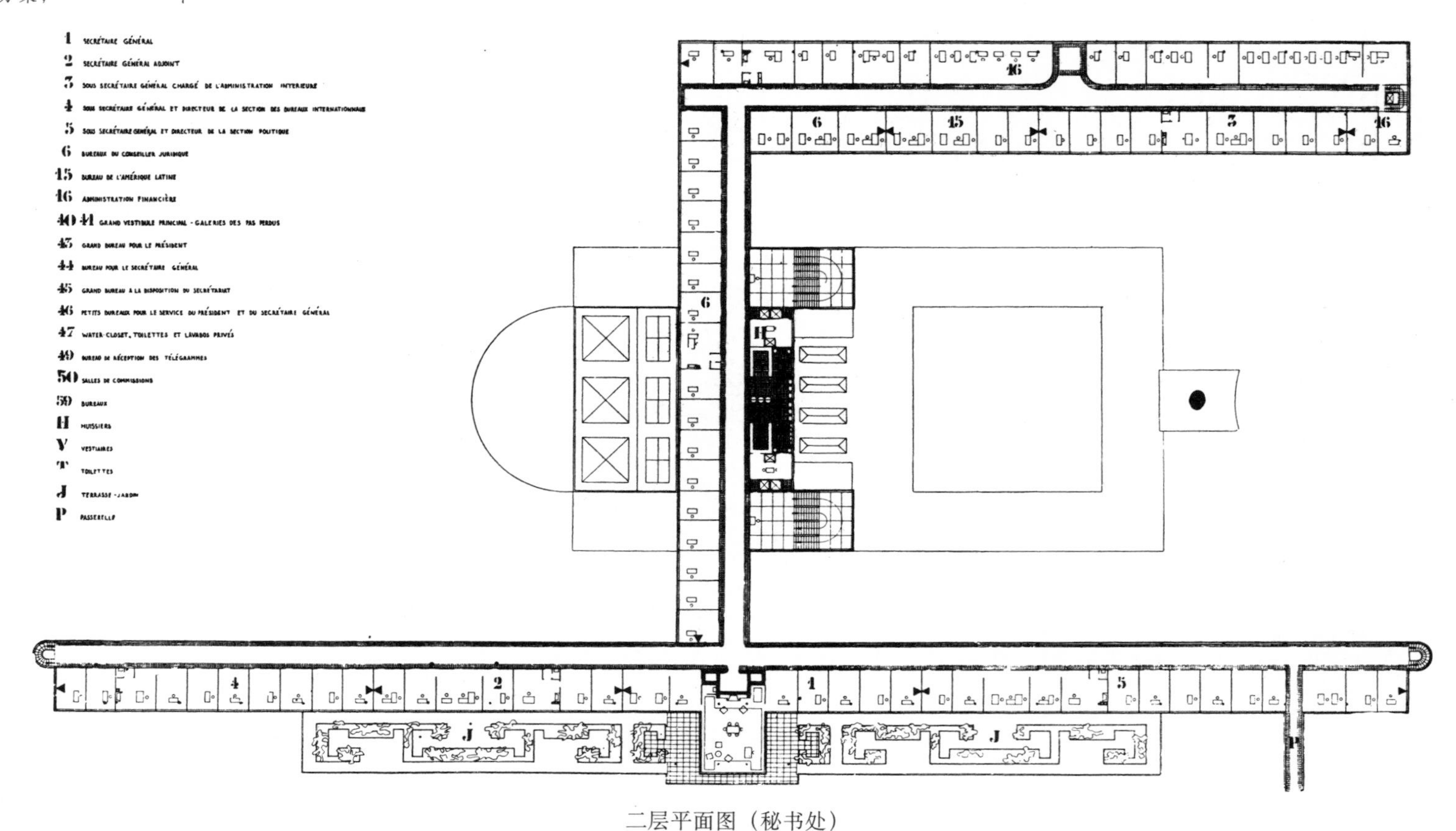

二层平面图（秘书处）

秘书长的沙龙，朝向设置在小会议厅上方的屋顶花园

宫殿轻盈地置身于自然环境之中，端正轻盈，它不愿装扮成堡垒，因为与其将粗暴或学究气强加于国际联盟宫，不如为它注入精神

GB＝自行车库

可容纳25辆汽车的封闭车库（位于架空的底层）

GM＝摩托车库

开放车库（位于架空的底层），可停放100辆车（单行线）

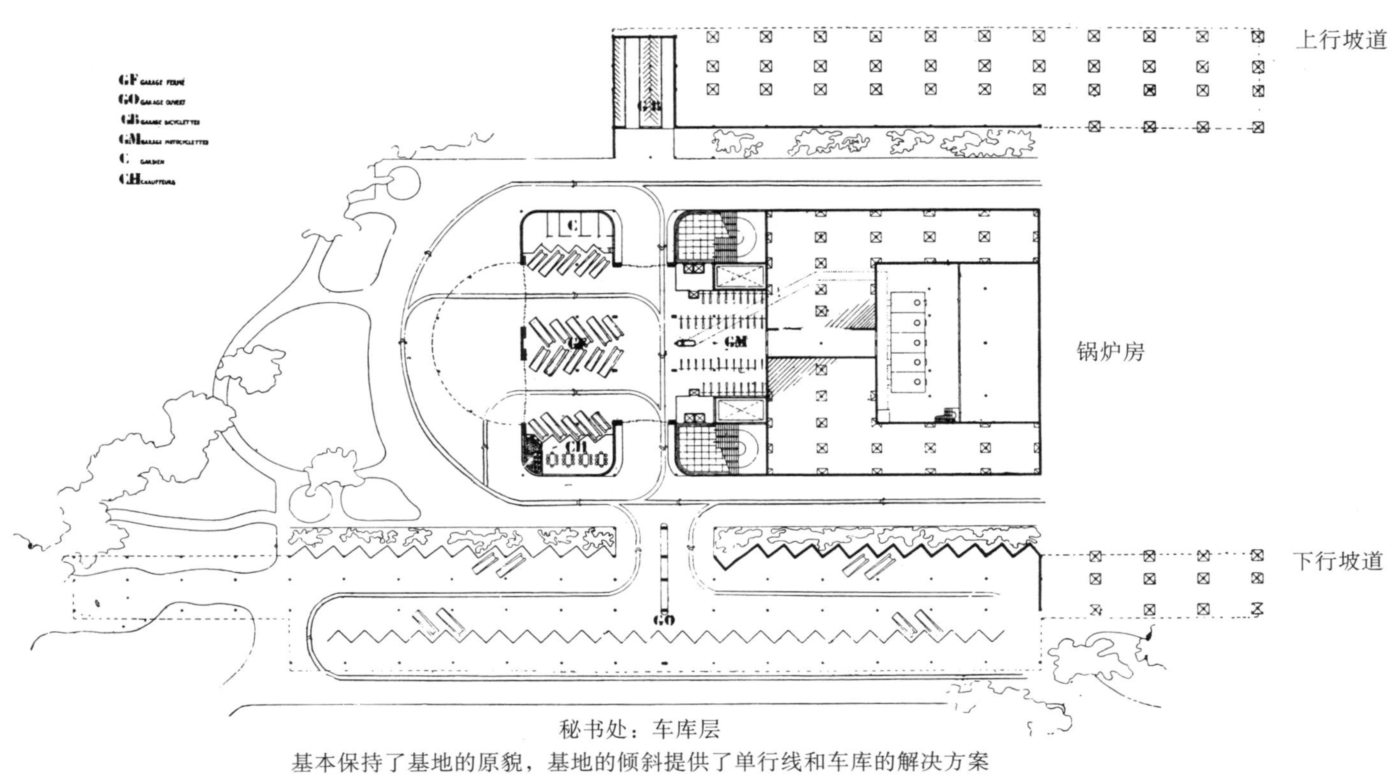

秘书处：车库层

基本保持了基地的原貌，基地的倾斜提供了单行线和车库的解决方案

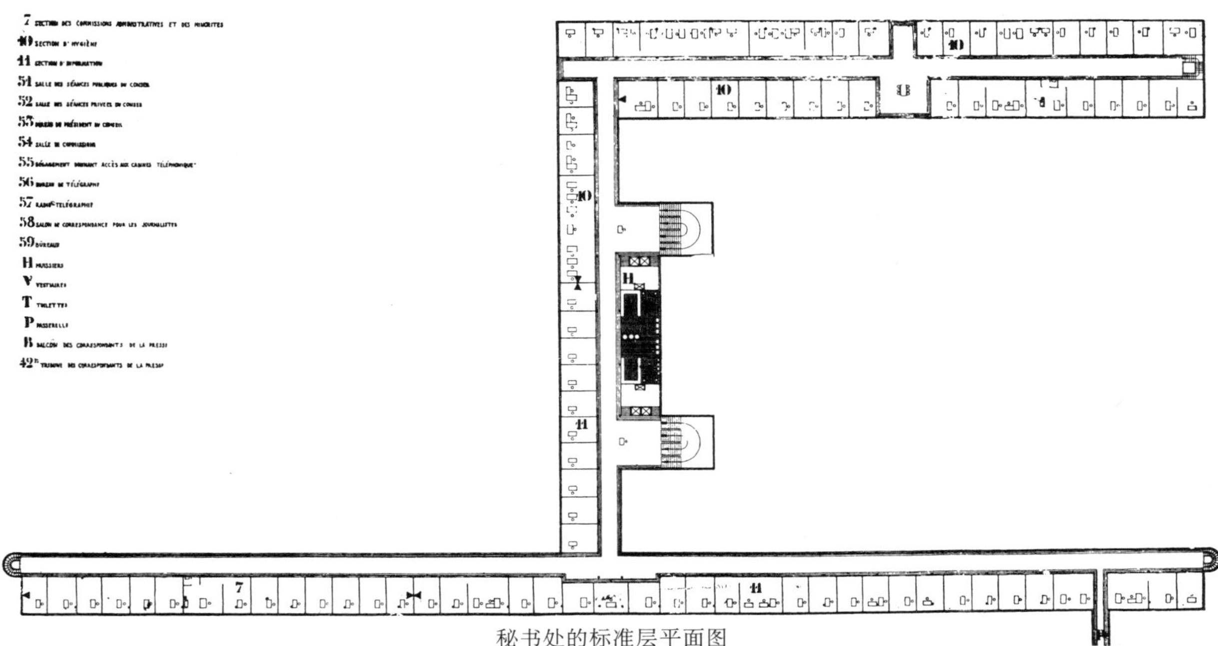

秘书处的标准层平面图

封闭式车库

开敞式车库，位于架空的底层

日内瓦和Le Sal

立面由抛光花岗石和Saint-Gobain玻璃构成。秘书长说：“我们无法容忍在车库上方工作！”人们抨击柯布的底层架空柱……

秘书处主立面

中央，是秘书长的沙龙，朝向设置在小会议厅上方的屋顶花园。这一重要部门的每一间办公室都无遮拦地朝向一片壮丽的景观。屋顶上，是工作人员的餐厅及花园。墙面饰以抛光花岗石。窗采用的是Saint-Gobain玻璃。总体预算不超过1250万！可有人说，“这是工厂，不是建筑！”

日内瓦国际联盟宫（第二稿方案），1929年柯布和皮埃尔针对Ariana新基址提出的方案

详见：Mundaneum（P183）和世界城（P202）。

1 图书馆

2 秘书处

3 集会大厅及会议厅

平面A：总平面图（首层）

平面B：首层平面图

平面C：楼层平面图

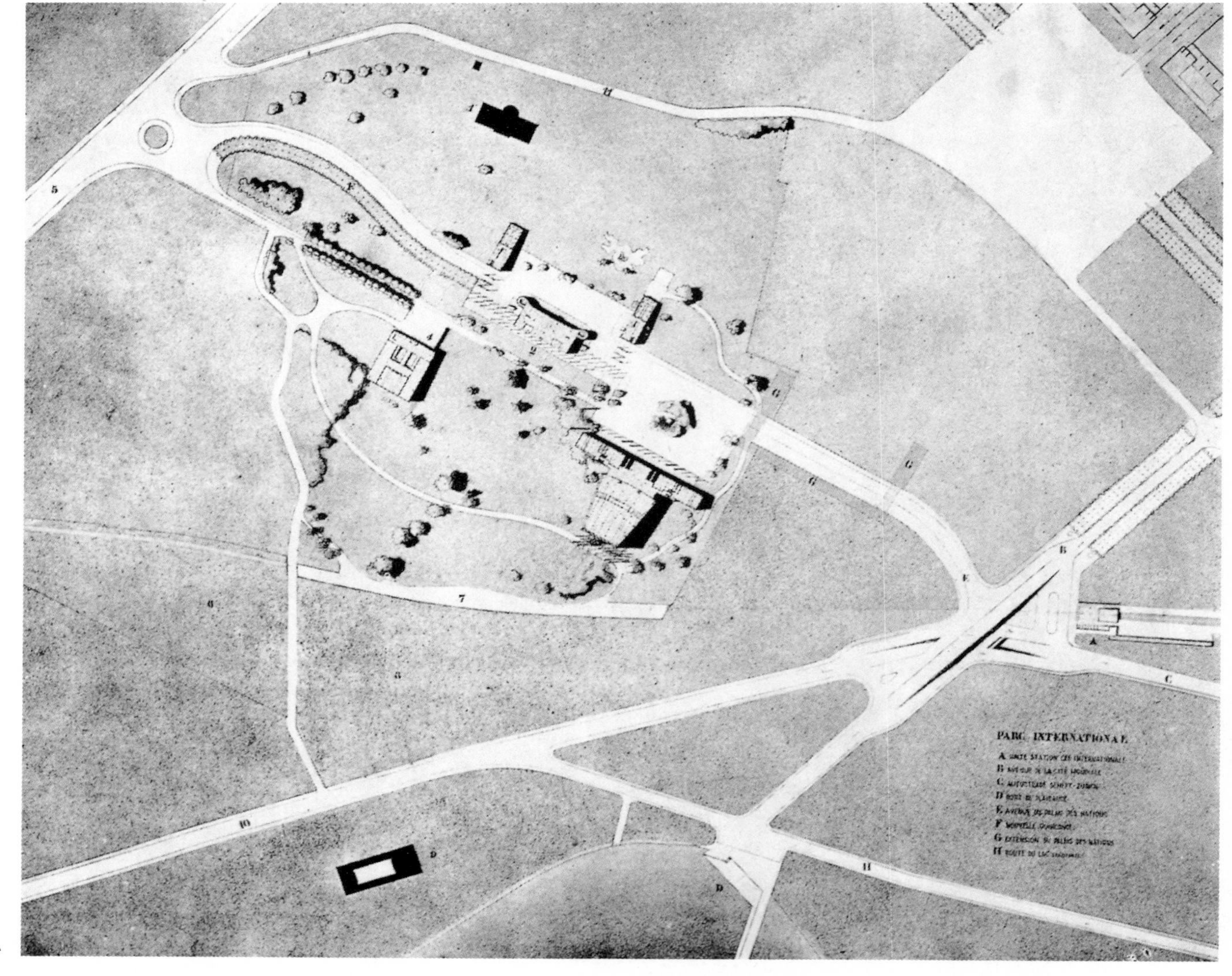

A

那4位学院派建筑师提出的最终方案的基本布局其实就是柯布和皮埃尔两轮方案的移印，即：

a）秘书处的重要性及其布局（取消内院，办公室朝向景观）；

b）集会大厅一侧大会议厅的组织；

c）集会大厅的位置；

d）1927年和1929年柯布和皮埃尔的方案中集会大厅用于餐饮和花园的屋顶露台，被收入4位建筑师最终的方案。

注：参见P161——在此，只对4位建筑师最终决定的方案进行了一下镜像，平面总体布局上的相似性一目了然。

B

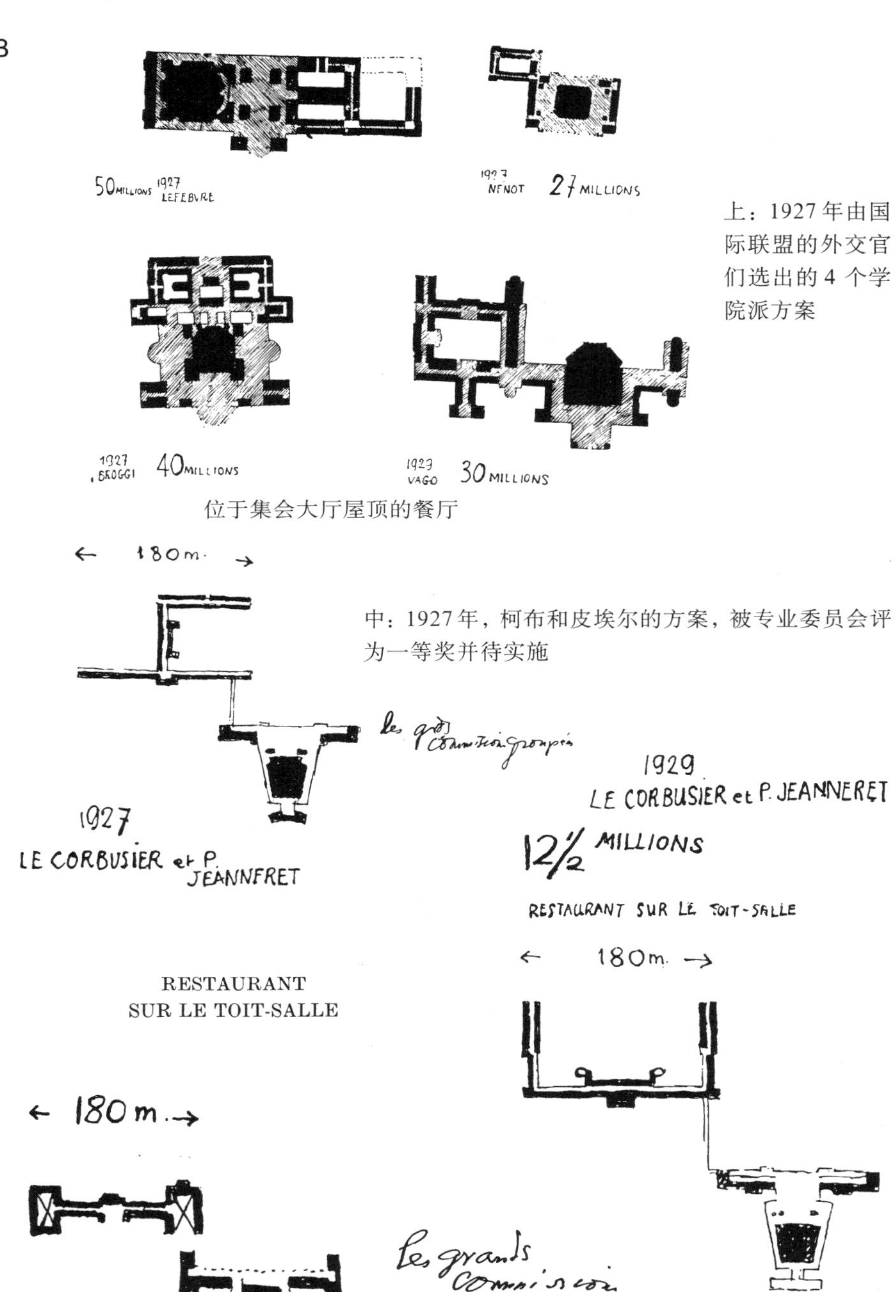

上：1927年由国际联盟的外交官们选出的4个学院派方案

位于集会大厅屋顶的餐厅

中：1927年，柯布和皮埃尔的方案，被专业委员会评为一等奖并待实施

下：柯布和皮埃尔于1929年(3~4月)根据Ariana的新基址所做的第二稿方案，旁边，是由马德里的国际联盟委员会选中的4位学院派建筑师提交的最终方案，日期是1929年6月5日

C

侧立面

雀巢亭，1928 年

为雀巢公司设计的可拆卸的展售亭。该亭的装配采用金属骨架，表面覆以钢板，亭中设有一个带橱窗的销售厅。

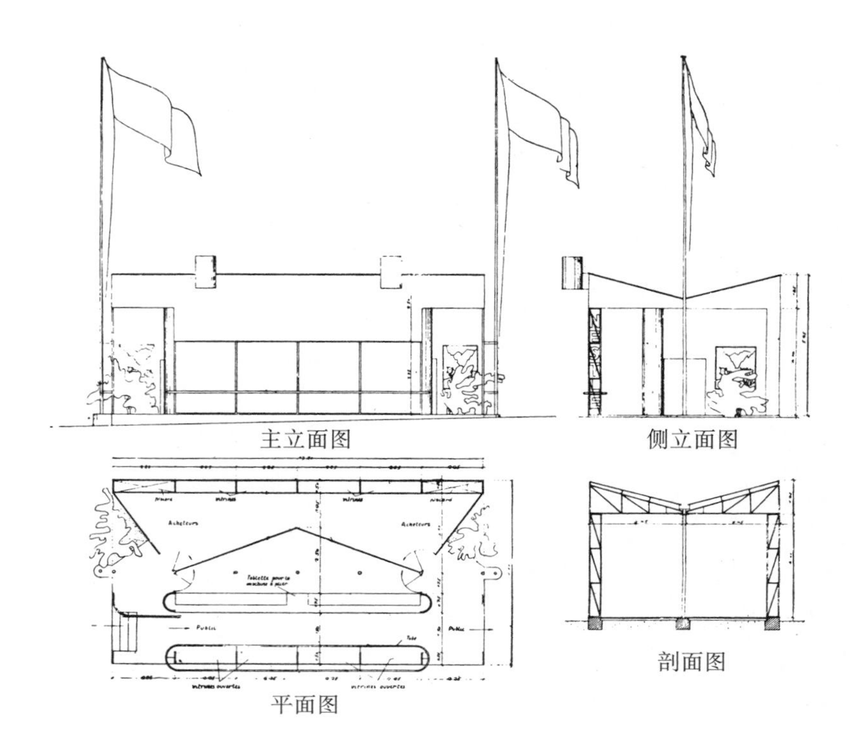

主立面图

侧立面图

平面图

剖面图

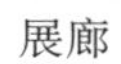

展廊

亭子的主立面

CIAM 萨尔茨堡首届年会，1928 年

首届国际现代建筑年会于萨尔茨堡举行。柯布负责拟定这次会议讨论的纲要。纲要以6个问题的形式呈现。这些问题被严格限制在技术方面，有意回避建筑的审美问题。一张彩图张贴在会议的大厅里，以此向与会的自 12 个国家挑选出的 42 名成员阐明会议的宗旨、意图以及将讨论结果进行推广的方式。图中预想的机构正在筹建之中：CIRPAC（解决当代建筑问题的国际委员会）业已成立，CIAM 今后将每年召开一次年会，与会者由现代建筑师联盟（将在各国设立）推选产生。

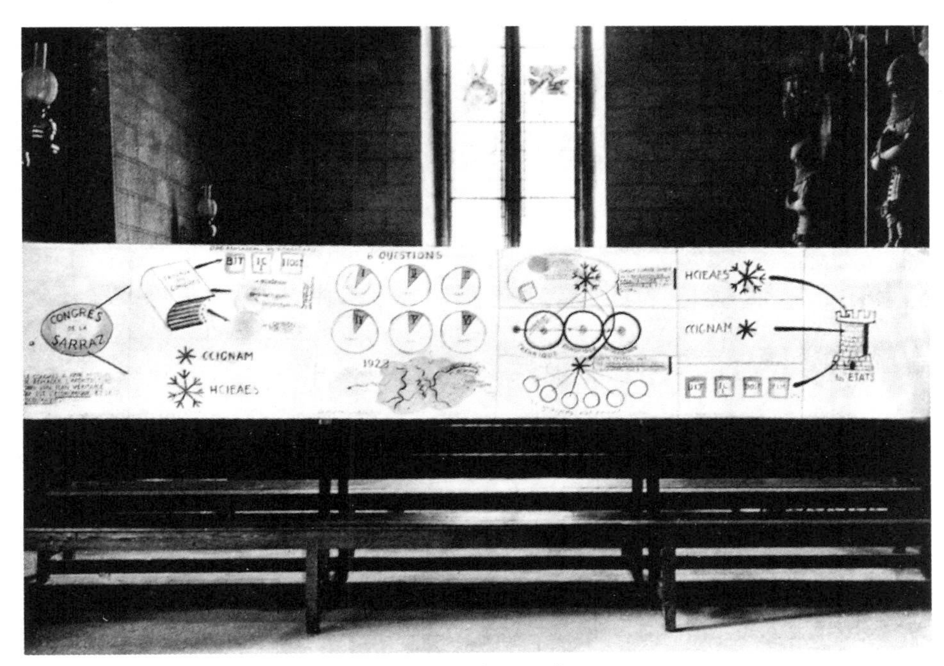

描述这 6 个问题的草图

以 6 个问题的形式，柯布西耶拟定了会议讨论的纲要：

1. 现代技术及其影响
2. 标准化
3. 经济
4. 城市规划
5. 青年的教育
6. 实现：建筑与国家

迦太基别墅，1928 年

问题在于设立恰当的“遮阳”，并保证住宅中空气的流通。剖面图带来多种解答：住宅撑起一柄阳伞，将阴影投向房间。从首层到顶层，厅室彼此相通，形成了恒定的空气流通。(这个方案没有实施)

方案二（正在实施中)。剖面图关注的问题有所改变。有趣的是支撑各层楼板的骨架的原则，这与加歇别墅方案中自由平面的原则相同，不同的是在此仅仅由柱在外侧勾画出一个规则的围合。而在柱子内侧，层与层各不相同，以“核”的形式，符合功能的精确平面构成多样化的形态，它们周围的平台起到了遮避阳光的作用。

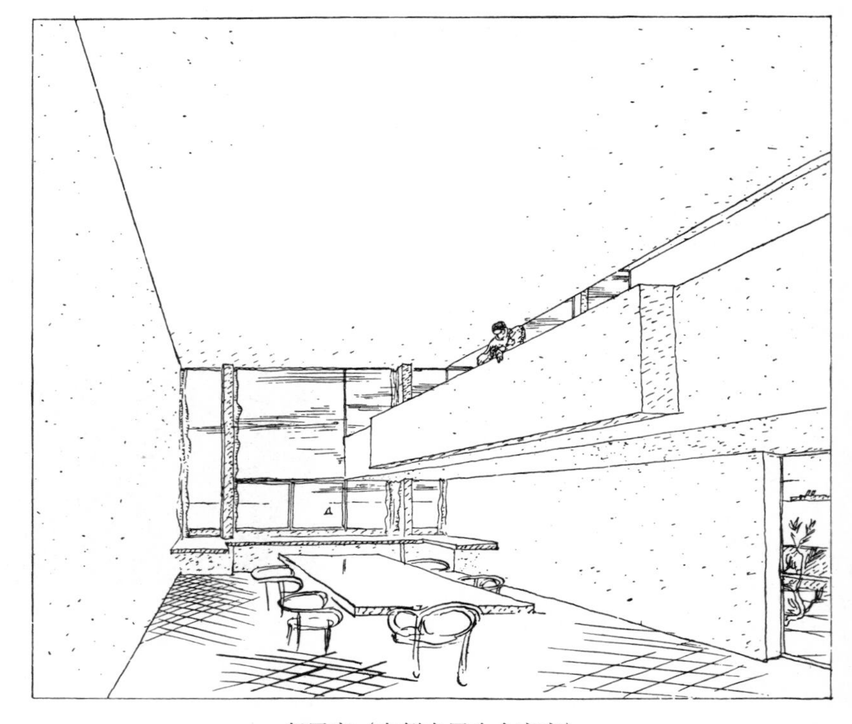

起居室（右侧夹层为会客室）

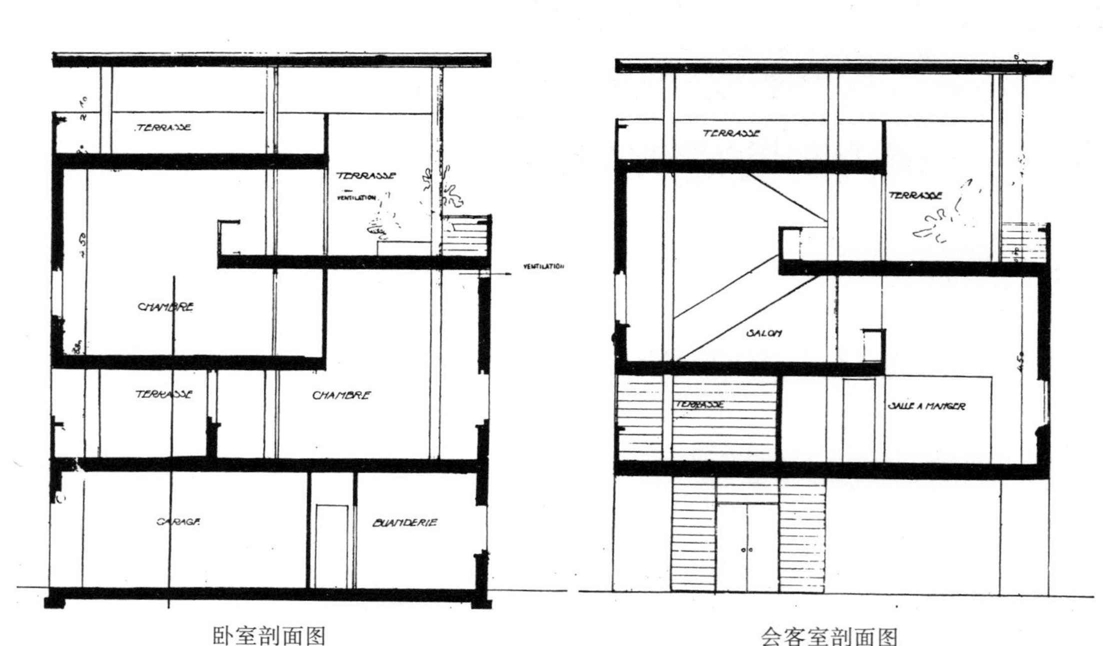

卧室剖面图

会客室剖面图

会客室（左侧夹层为露台）

临海的迦太基别墅（方案一）

剖面图

首层平面图

二层平面图

三层平面图

主入口立面图

临海立面图

北立面图

西立面图

日内瓦“别墅公寓”(Wanner项目),1928～1929年

多亏了一位制造金属构架的工业家的英明之举，源自1922年的“别墅公寓”于1925年在日内瓦找到了实施的机会。至此，为了实现钢筋混凝土的建造，问题的焦点已经转向金属结构，以一个最具现实性的概念来表达，即“装配式住宅”。作为住宅的构成要素，骨架的严格标准于此得以确立（1925年“新精神馆”所考虑的全部纲要）。构件在工厂生产；只允许“干构件”的使用，为了使住宅全部精微的细节都可以由“装配工人组”来装配，而不再是由因循百年建造工艺的各类匠人组织来完成，因为这些匠人组织彼此之间需要衔接，结果造成时间的巨大浪费。这下好了，房屋及其内部设施将仅仅由一个装配组来完成。

“装配住宅”的论点同样将应用于卢舍尔住宅、花园城住宅，还有低廉租金的大型公寓楼等方案的实施中。

日内瓦一个“别墅公寓”居住区（屋顶依照日内瓦规范设计）

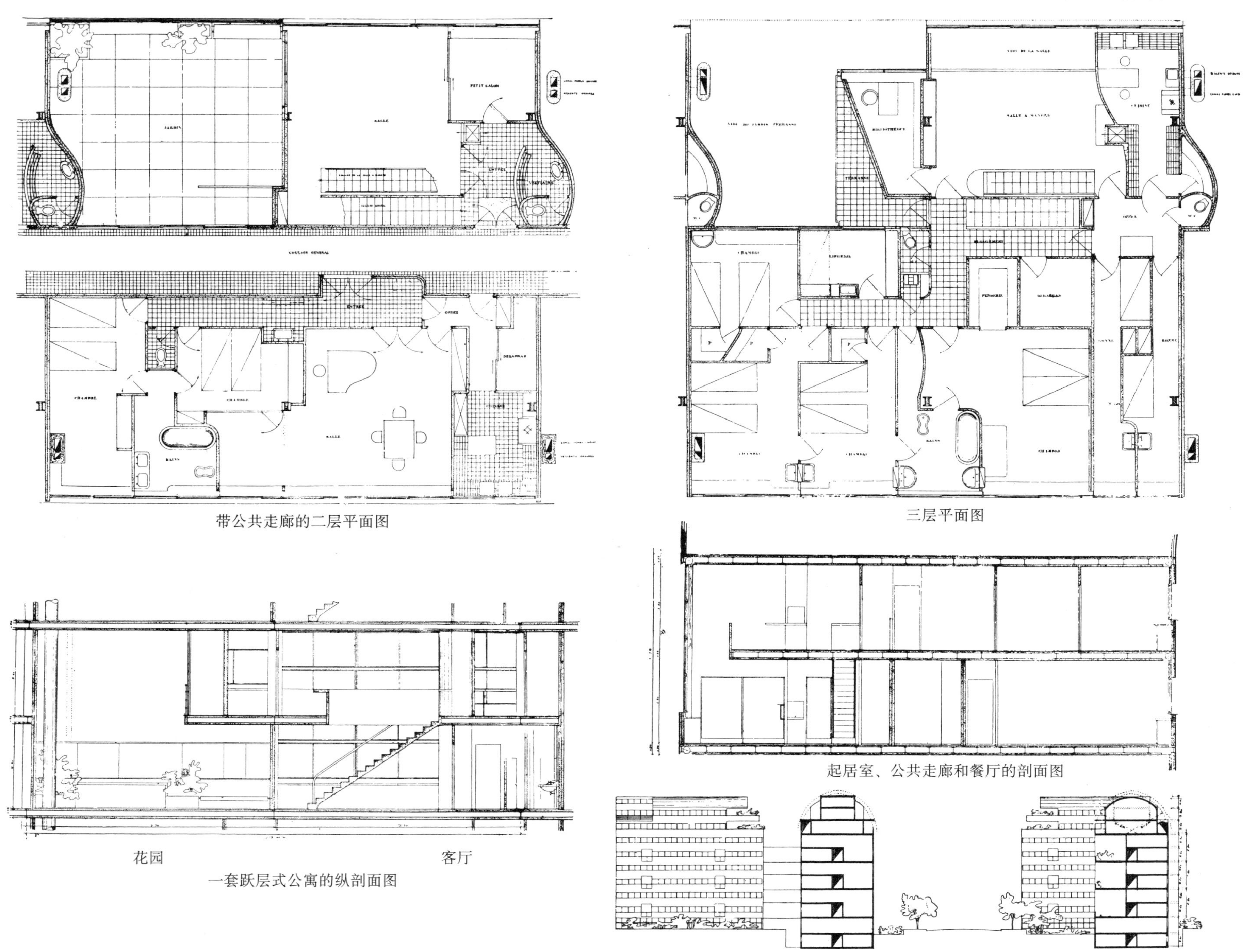

带公共走廊的二层平面图

三层平面图

起居室、公共走廊和餐厅的剖面图

花园 客厅

一套跃层式公寓的纵剖面图

公寓楼的两个横向剖面图

大型居住建筑的一种户型。每套跃层式公寓的层高为4.50m，分为两个2.20m

公寓的空中花园

为日内瓦的Wanner项目所做的关于户型的各项研究

起居室

起居室

屋顶花园

屋顶花园

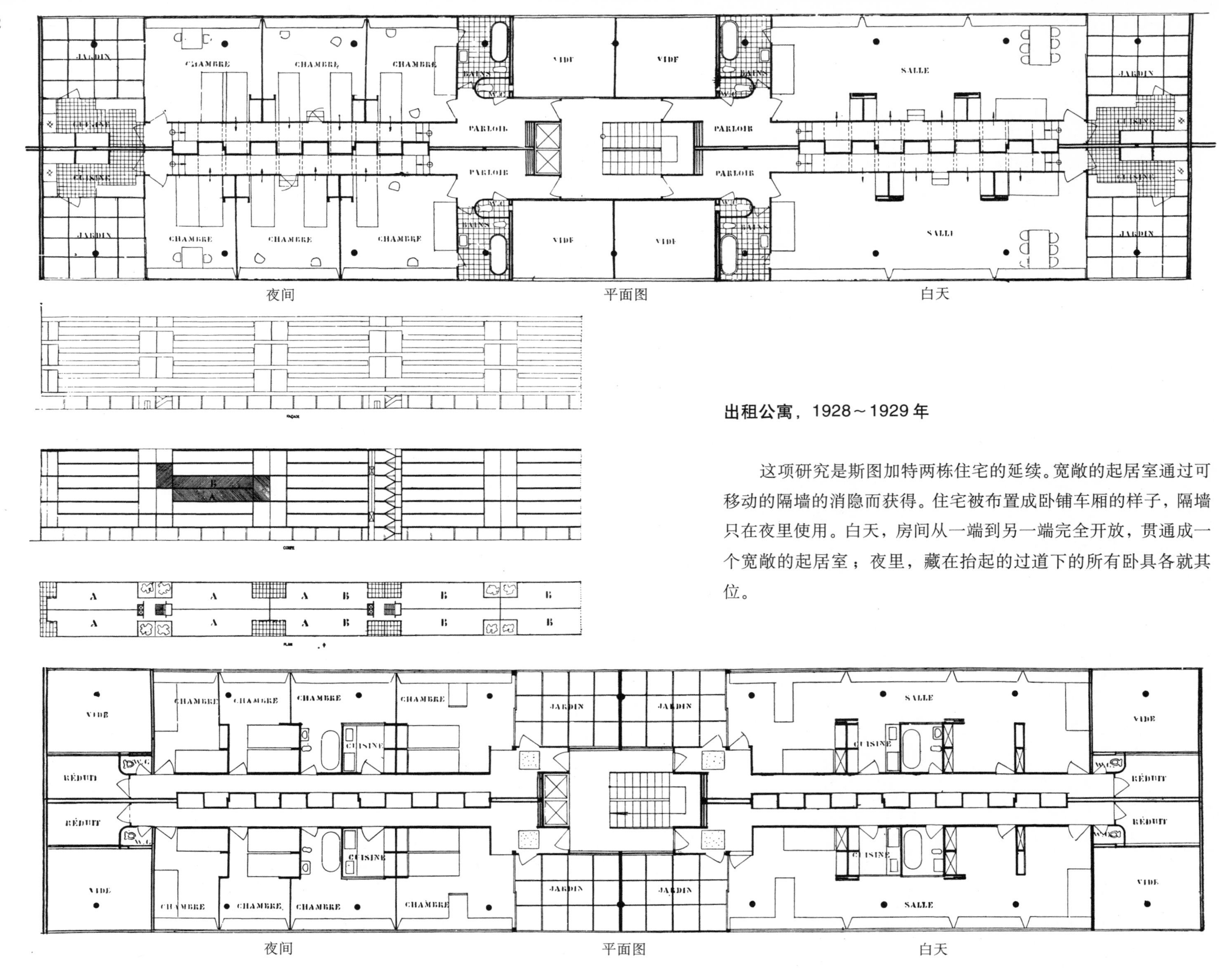

夜间　平面图　白天

夜间　平面图　白天

出租公寓，1928～1929 年

这项研究是斯图加特两栋住宅的延续。宽敞的起居室通过可移动的隔墙的消隐而获得。住宅被布置成卧铺车厢的样子，隔墙只在夜里使用。白天，房间从一端到另一端完全开放，贯通成一个宽敞的起居室；夜里，藏在抬起的过道下的所有卧具各就其位。

艺术家公寓，1928～1929年

这栋建筑预计可容纳70套设有公共服务的公寓。每个公寓占据两倍层高。彼此以走廊相连通。

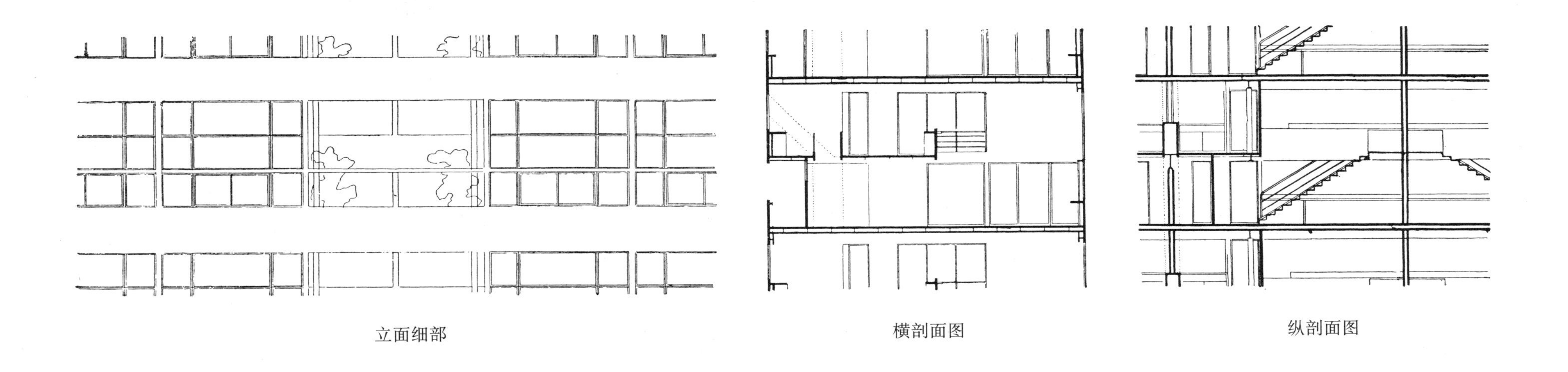

立面细部　　横剖面图　　纵剖面图

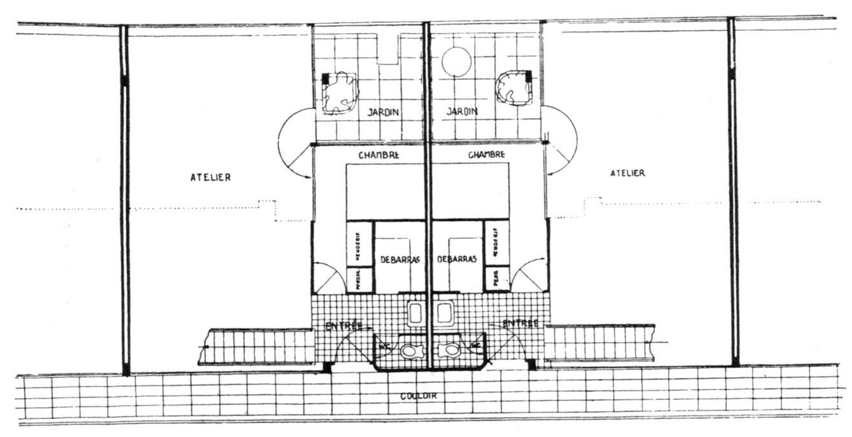

设走廊的二层平面图

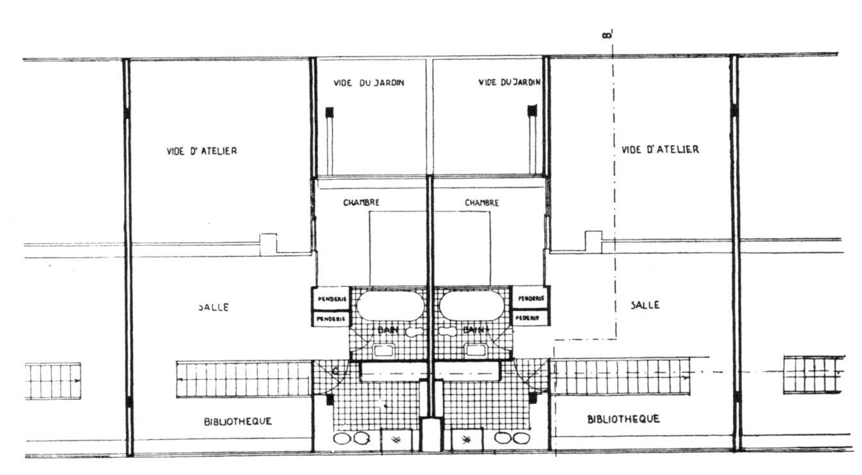

三层平面图

萨伏伊别墅，普瓦西，1929年

（建于1930年）

基地：一处由果园和广阔的牧场构成的极为美妙的基地，中央微微隆起，环绕着一条由百年乔木所构成的林带。住宅不应当有所谓的正面，位于隆起的至高点上，它将向四面开放。居住层伴着它的空中花园被底层架空柱托起于地面之上，提供更辽阔的视野。

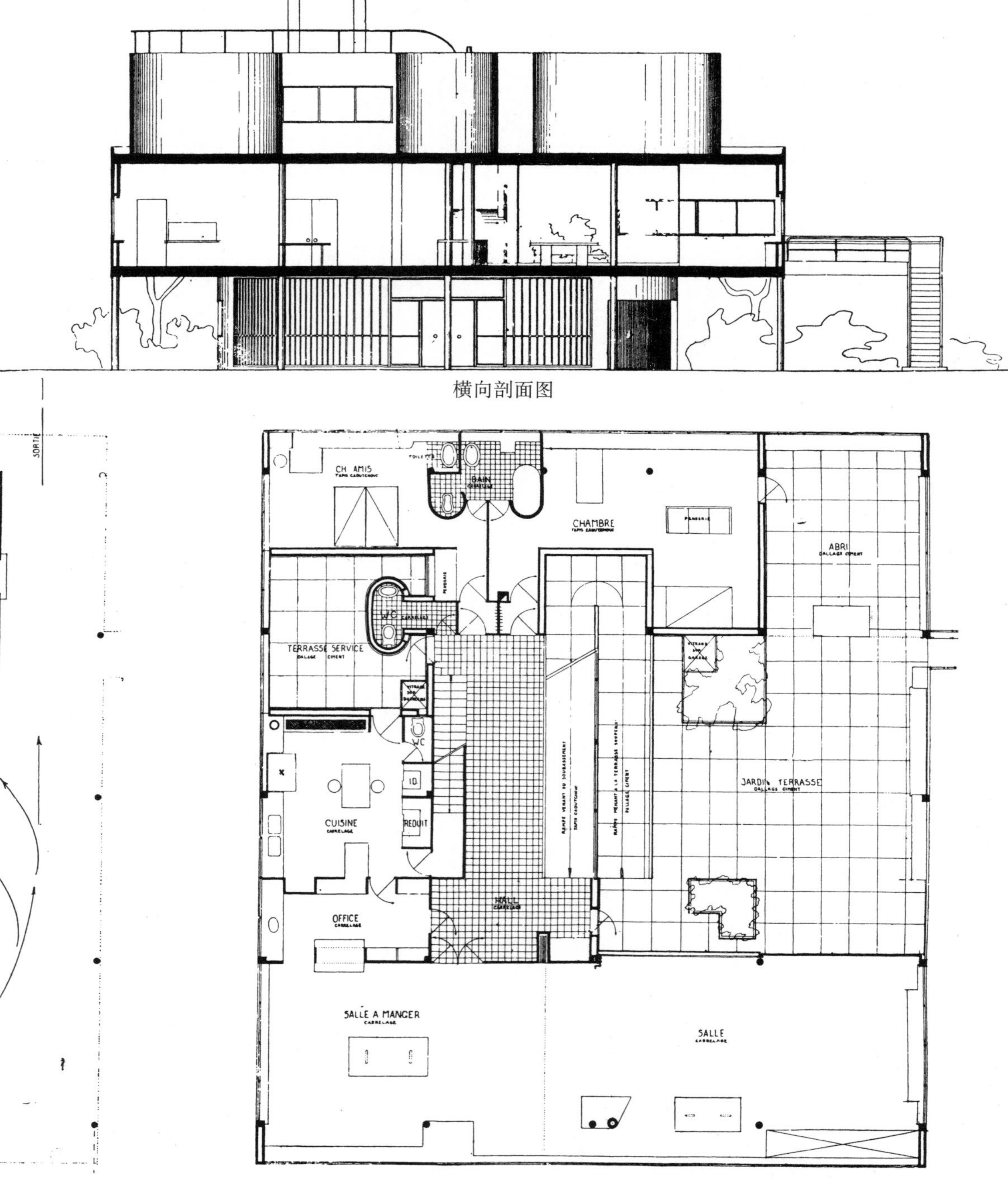

横向剖面图

首层平面图。架空的底层的汽车流线

二层平面图，带空中花园

别墅为一带乔木林所环绕

在架空的底层，确定了汽车的流线、家庭服务用房和车库。入口位于轴线上，一条相当平缓的坡道不知不觉将人引向二层。

太阳与取景的方向相反。所以通过空中花园的凹形布局来采集光线。一个日光浴场为整个建筑加冕，其曲面的形式不仅能抵抗风的推力，而且提供了一个极丰满的建筑元素。住宅的主体由4片相似的墙来限定，墙上开着像腰带一样环绕的长窗。这种独特的推拉窗是柯布和皮埃尔的专利。

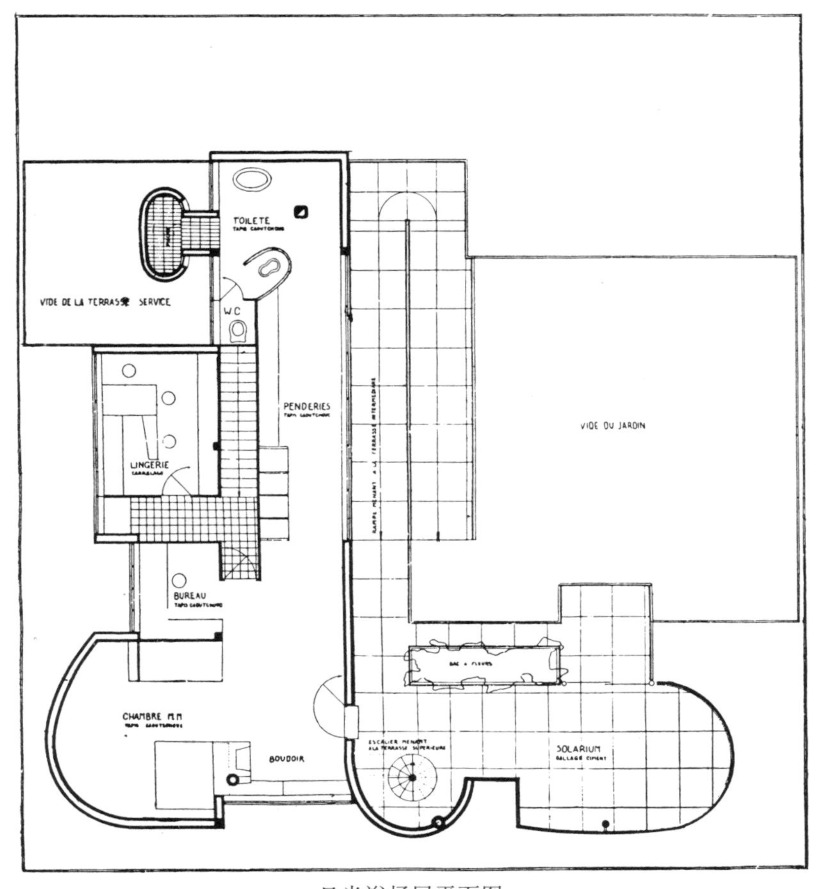

日光浴场层平面图

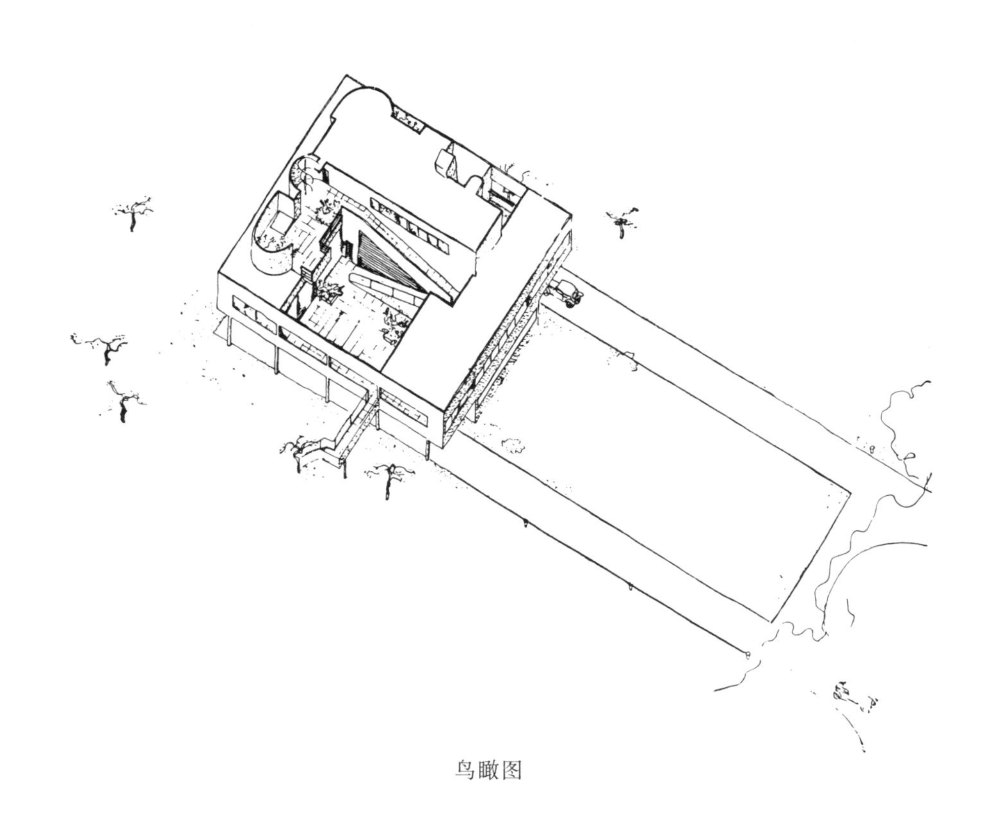

鸟瞰图

由空中花园可上至屋顶

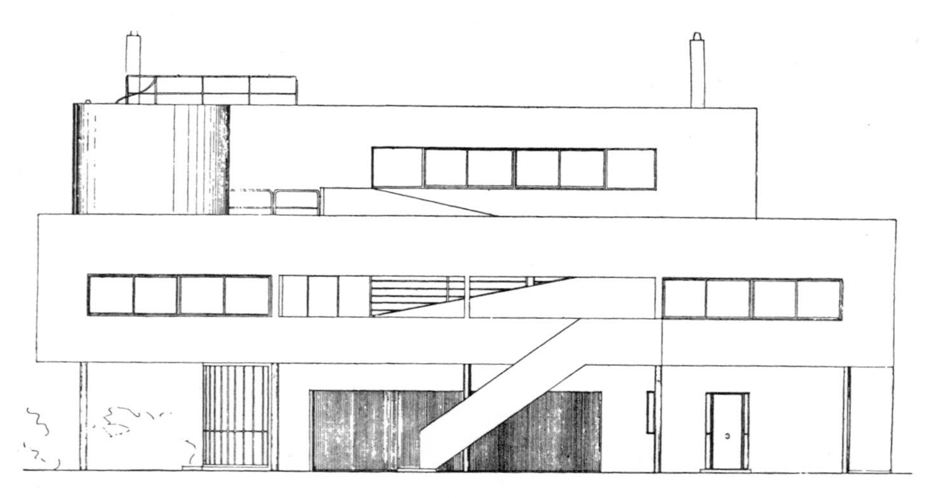

东立面图

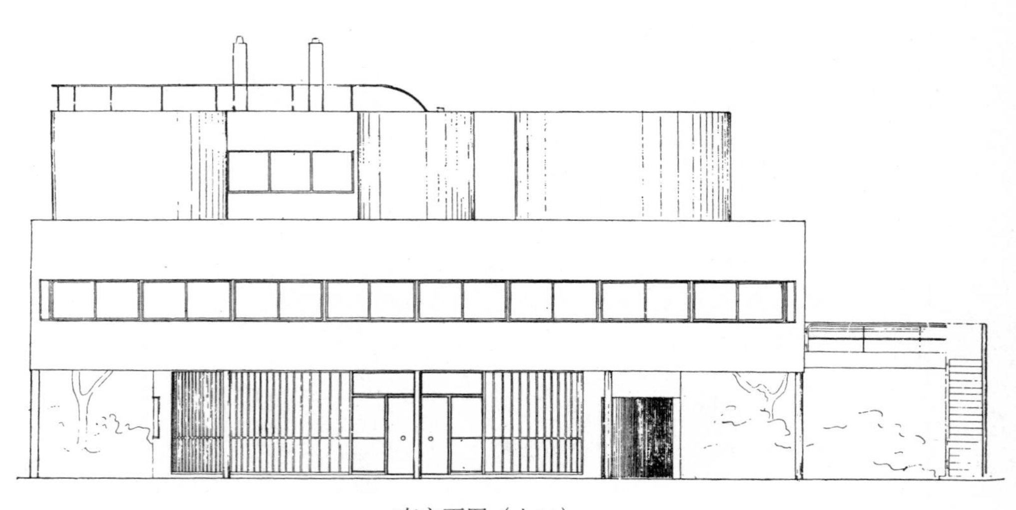

南立面图（入口）

1

autre composition pyramidale

非金字塔型的构成

genre plutôt facile, pittoresque mouvementé

On peut toutefois le discipliner par classement et hiérarchie

相当容易。生动别致，充满运动，但可以通过分类和分级来规定

2

très difficile (satisfaction de l'esprit)

很困难

（精神的满足）

3

composition cubique (prisme pur)

立方体的构成

（纯粹的棱柱体）

très facile, pratique combinable

很容易。方便，可组合

4

很丰满。在外部，一个建筑的意图得到确立；在内部，所有功能的需要得到满足

très généreux

on affirme à l'extérieur une volonté architecturale, on satisfait à l'intérieur à tous les besoins fonctionnels (insolation, contiguïtés, circulation.

4种组合实例：1）拉罗歇住宅；2）加歇住宅；3）斯图加特住宅；4）萨伏伊别墅

Mundaneum方案，1929年

提议在日内瓦建立世界的、科学的、文献的以及教育的中心，为国际协会服务，以完善最广泛的国际联盟机构。并希望以此来纪念为和平与合作而努力的十年（1920～1930年）。

Mundaneum旨在通过文字、物品及语言向人们展示并使人们了解：人，从他们微末的起点，如何上升，直至天才、英雄，乃至圣人的辉煌；地球如何被开发，她的威力如何被降伏，以至于其上几乎遍布了人类的足迹；城市，国家，文明如何起源；人，这种生物，几亿几十亿，居于地球的表面，他们如何达成社会的群居生活；当时间和空间逐步被征服，所有的思想和行动如何相互关联，它们如何南北东西四方回响，今后，所有个体的思想如何构成一个集体的思想，所有特殊的行动如何构成一个普遍的行动；昨天，在科学与劳动面前，瘟疫和饥荒后退再后退，今天，轮到战争了，在有意识、有组织的和平面前，它将如何屈服；最终，精神将战胜物质，理想将主宰命运，几个世纪确定的崇高形式定会在地平线上实现：真，美，善；信仰，希望，仁慈；正义，美德；自由，平等，博爱。

Mundaneum：一个联系、联盟、协调、协作的精神中心；一个世界及其内容的表征，一面镜，一个和；一个全体生活的综合表达；一个文明的比较仪；一个世界与人类精神统一的象征；一个国家共同体的形象；一个国际联盟的总部；一个讨论并协调所有国家间重大共同利益的自由论坛；一个促进民族间相互了解并将其引向合作的渠道；一个国际行政的补充；一个设在海外的精神作品行；一个精神劳作者获取资讯和开展研究的工具；一个网络的中心，一张为了精神的劳作和世界关系的发展，由地方、区域、国家和国际站点连接而成的巨大的网。

期望，通过地球上的一个点，整个世界的形象和意义得以被领会，被理解；这个点将成为一个圣地，成为伟大思想与崇高行动的发起者与协调者；这里将形成一座宝藏，汇集精神的珍宝，作为对科学与世界组织的一份贡品，作为穿越历史长河的人类从不间断的卓越冒险与宏大史诗的一个组成部分。

保罗·奥特雷特（Paul Otlet）

摘自《世界城》，由国际联盟1928年于布鲁塞尔发表

1 世界博物馆
2 当代厅
3 国际联盟宫
4 图书馆
5 大学
6 大学城
7 体育场
8 体育中心附属建筑
9 展览馆：各洲，各国，各大城市
10 旅馆区和居住区
11 铁路：国际中转站
游客中心停车库
12 高速公路——从日内瓦通往洛桑，
伯尔尼（Berne），苏黎世
13 码头
14 航运中心
15 目前国际劳工署所在地
16 灯塔
17 植物园和矿物园（Ariana 的扩展）
18 法国公路（途经 Faucille）：连接威尔逊码头
19 威尔逊码头：联系日内瓦和世界城
20 机场及无线电广播站保留区
21 保留区

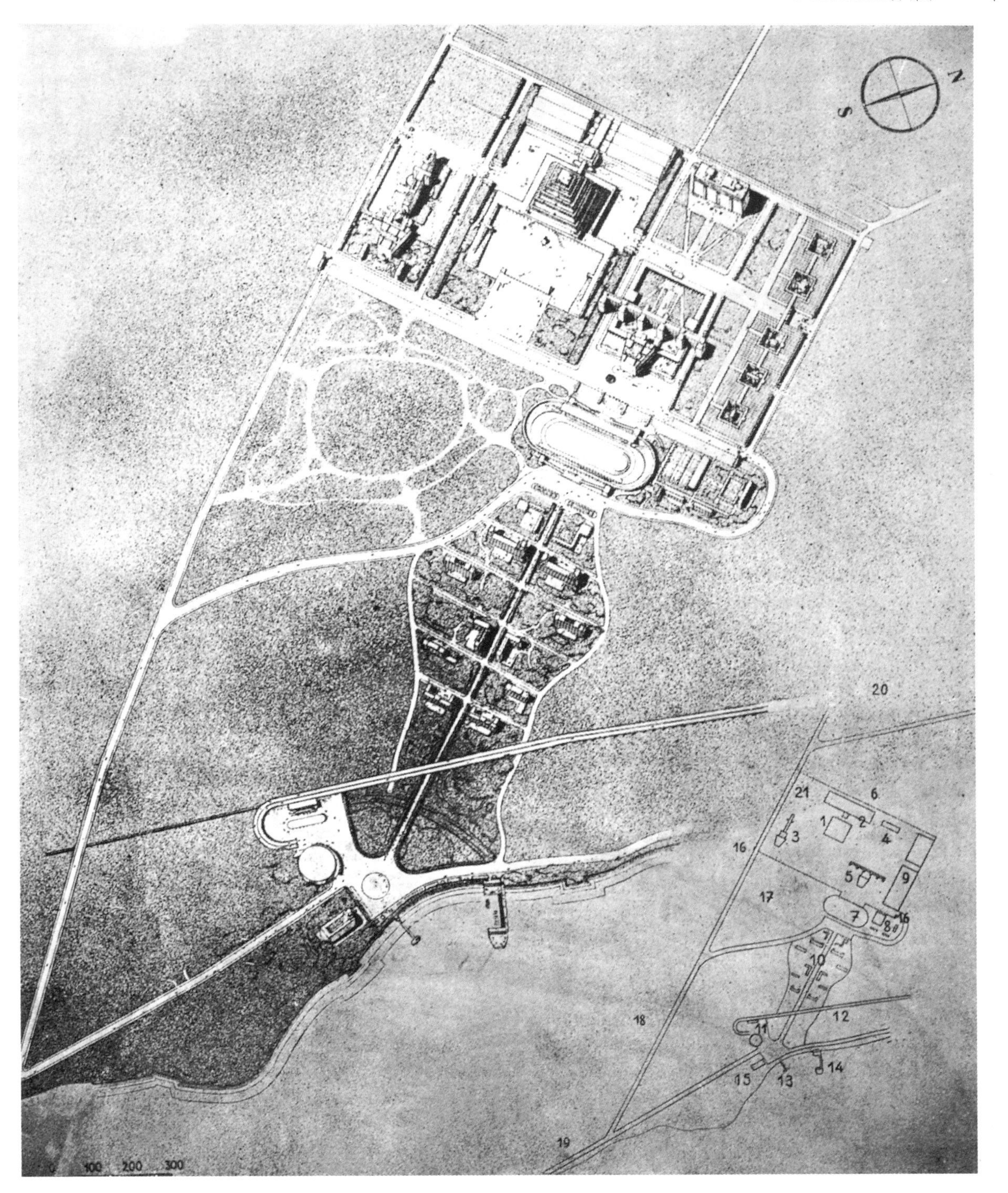

Mundaneum 的要素

落实到现实之中，Mundaneum的问题包含以下几个要素：

a）国际联盟宫。一栋巨大的建筑，由常驻办公、集会大厅、会议厅构成。

一座能容纳 2000～3000 位听众的集会大厅，这个大厅建立在声学的论据之上。在它的四角布置了与其直接相通的主席机构、接待厅和宴会厅。汽车交通是单向的，通过法国公路返回日内瓦。

建筑的内部交通主要由电梯和坡道来确保，楼梯只起辅助作用。

b）国际图书馆。（见 P183）

c）国际大学研究中心。若现有的每所大学派两名学生到日内瓦来初步学习由国际联盟提出的全新问题，那么Mundaneum的大学研究中心将拥有 500 名学生；它甚至能容纳 1000～2000 名学生。

这里是一个准备处，于此，气氛将扮演最重要的角色。所以大学研究中心位于Mundaneum的心脏。

d）各洲、各国、各大城市临时或者长期的展示。问题在于建立一个快速即时的、丰富多样的、世界性的调查研究系统，以其创造与构思的成果来展示人——生活在社会中的人，服从城市、国家、大洲律法的人。展品包括物品、标本、模型、曲线、照片、图解等等。

5个相对较小的展馆，构成了这些专门为国家和城市设立的建筑的细胞核。

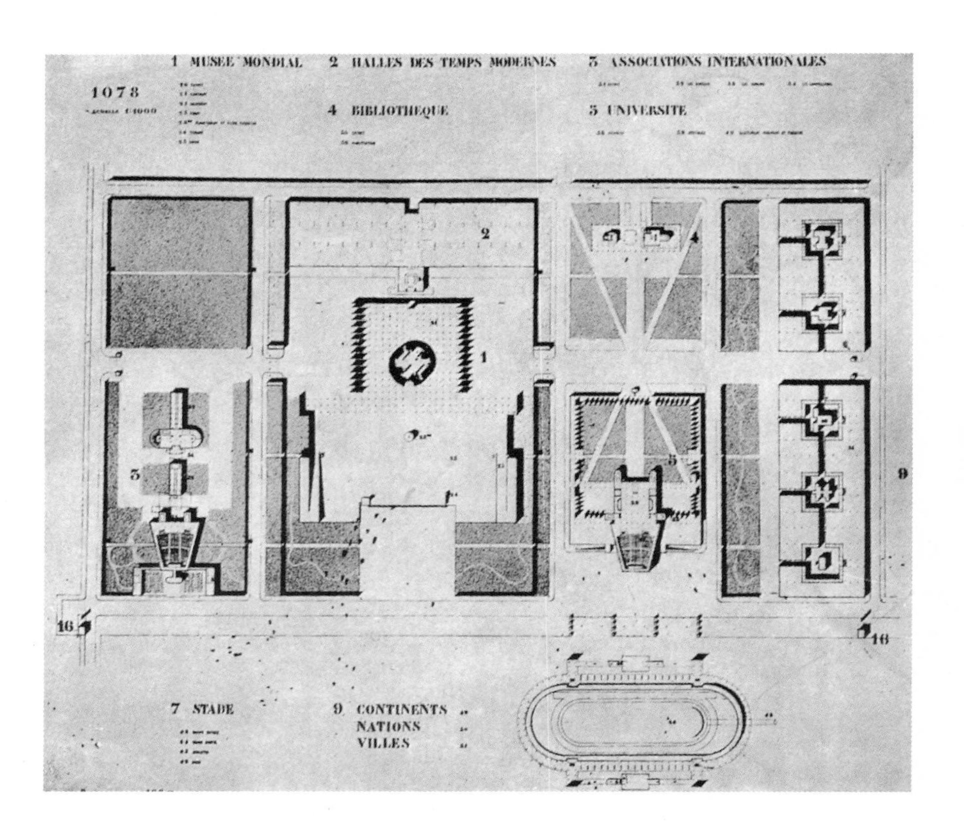

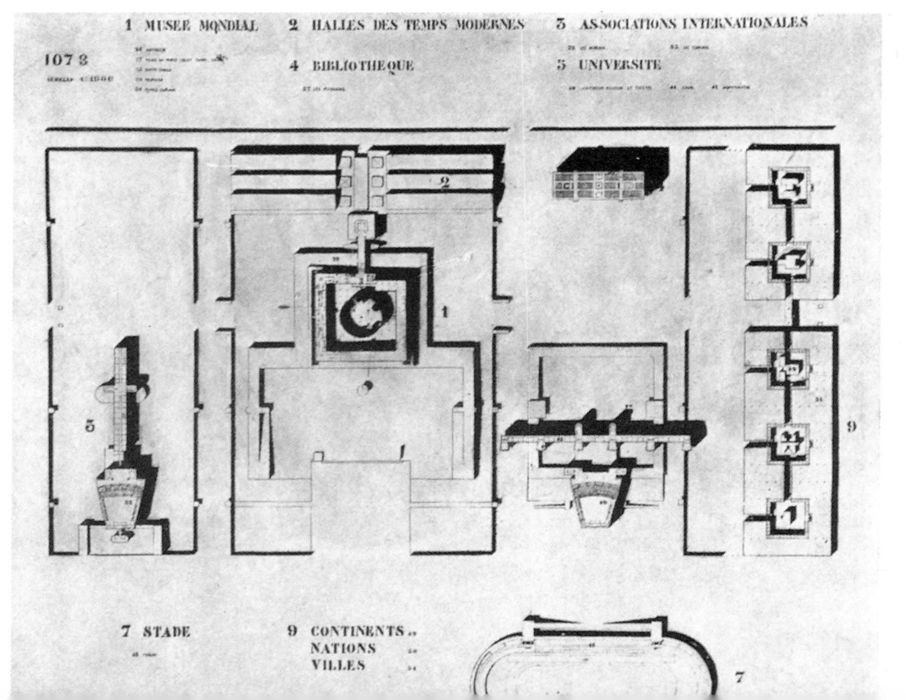

Mundaneum：
首层平面图
1 世界博物馆
2 当代厅
3 国际联盟宫
4 图书馆
5 大学
6 大学城
7 体育场
8 体育中心附属建筑
9 展览馆（各洲，各国，各大城市）
10 灯塔

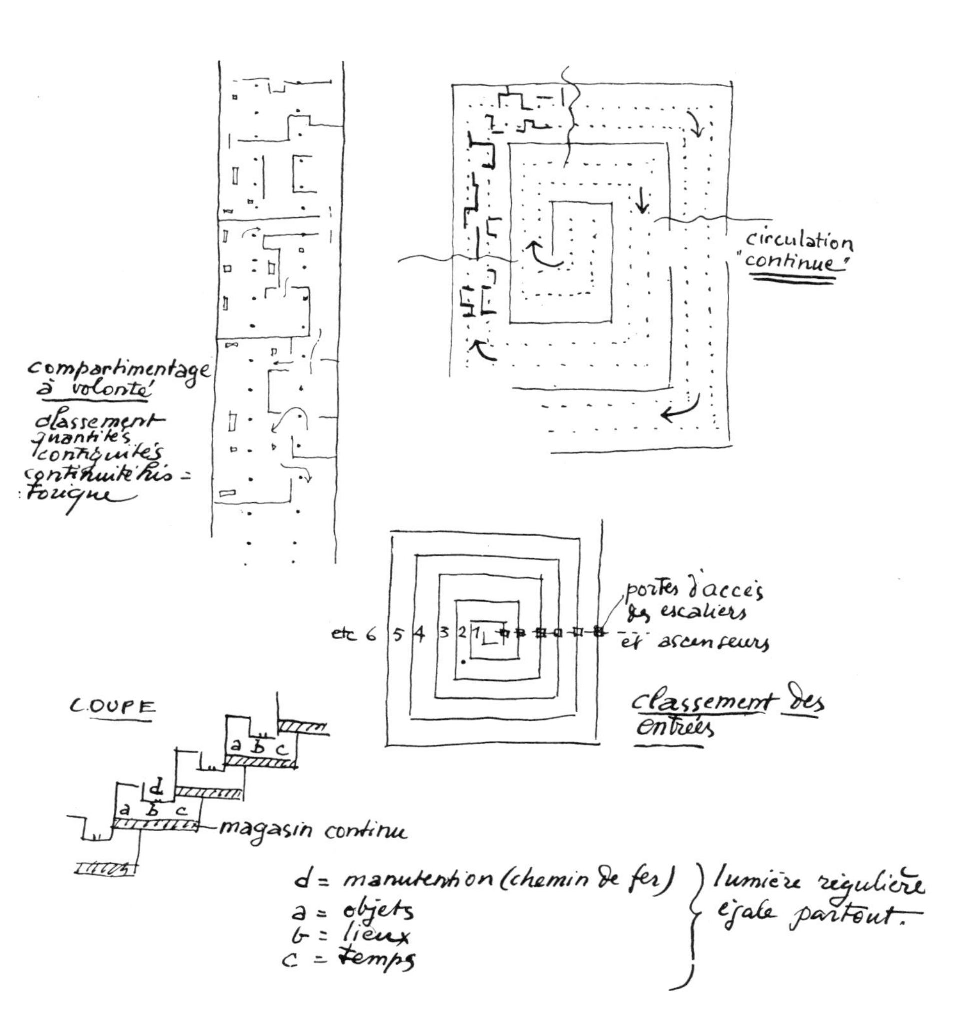

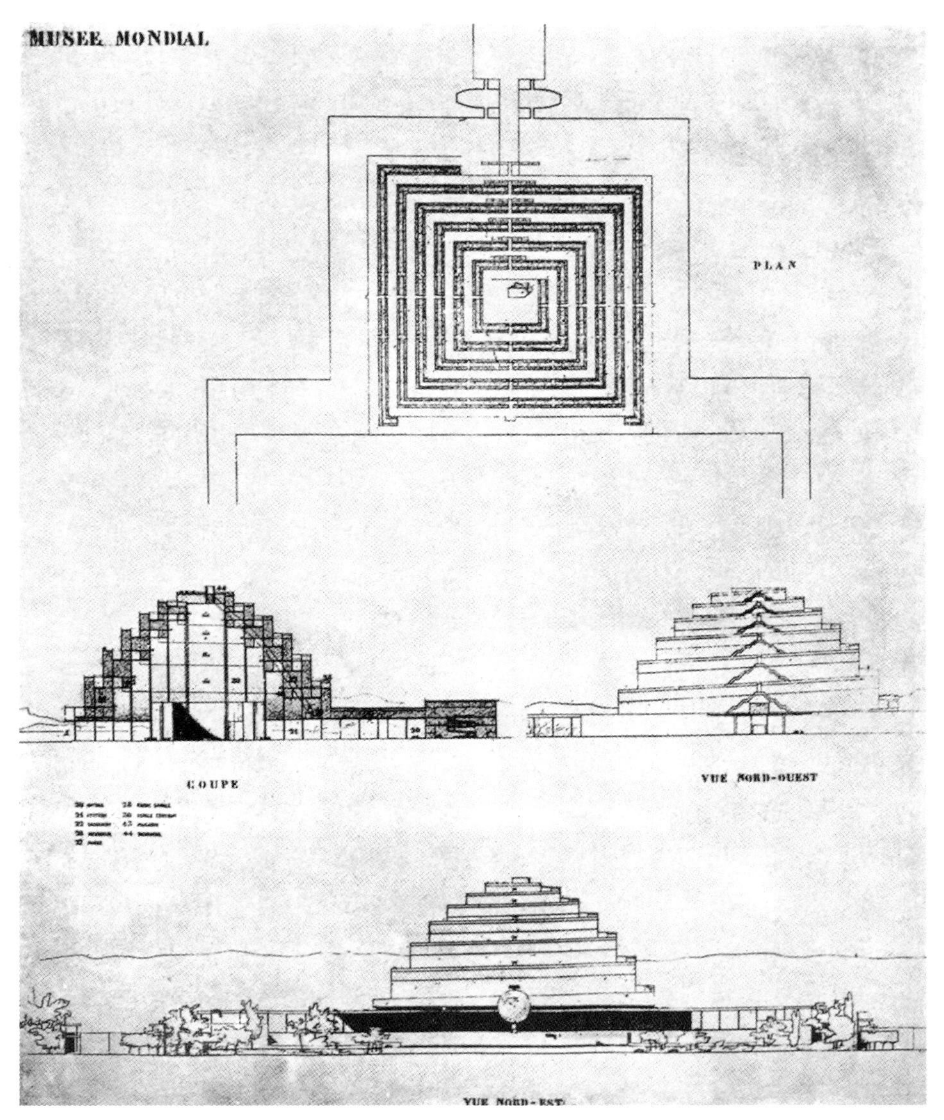

世界博物馆：参观者将从顶部进入博物馆，3 条甬道平行展开，彼此相邻，之间不设隔墙
入口（20）；中心（21）；电梯（22）；博物馆（27）；螺旋坡道（28）；中央大厅（30）；仓库（43）；博物馆顶部的观景台及入口（44）

e）*世界博物馆*。经历了集体的行动，经历了或好或坏的体制，现在，人独自面对宇宙。

在时间与空间中的人。人类的作品，被如实带回到创造它的时代，带回到目睹其诞生的地方。

作品

时间

地点

如何使这叙述与即时的可视化同步呢？因为，除非这可视化是即时的，否则它就不能真正地打动人心，真正地产生效果。

三声部博物馆：3条甬道，一条挨着一条平行展开，其间不设隔墙。一条甬道上是人类的成果，传统、考古抑或是对回忆的虔诚，在此把这些作品展现给我们；毗邻的甬道上是所有用以确定时间的资料，通过图表、影像、科学的重建等手段让历史时刻可视化；紧挨着它的是第三条甬道，描绘地点、其不同的条件、自然的或人工的产品，等等。

以人类的成果串成这条穿越千年的认识之链。它始于史前，随着时间逼近历史已归于定论的近代，它的环节也变得越来越宽。

为了保证三声部博物馆3条甬道的交响，为了表达链条上逐渐扩大的环节不间断的连续，一个独一无二的基本建筑构思将带来一种有机的形式——螺旋线。

3条甬道将沿着同一条螺旋线展开。螺旋线：顶端的起点是史前时期，是简短——却强烈而激动人心的描述；然后，是最初的有史可考的时期，螺旋而下，一个接着一个，世界全部的文明；随着历史与考古集聚的资料越来越多，我们越来越清楚地认识到人类如何连续经历各种不同的体制和文明。视角越来越广，画面越来越清晰。螺旋越扩越宽，展区越来越大。时空之中物体的展示发出越来越强的喧嚣声。一切都相互关联；或自私，或无私，或疯狂，或勇猛，一切行动都有其结果；这结果随即显现，或是在一两百年后才显现出来。世界的版图在变化，在扩张，它颤动着，就像电影慢镜头中花儿的绽放。

怎样的教诲呀！

怎样的哲思呀！只向那些懂得理解的人显现。

时空之间，人类的灵魂在他的理性中震颤，他的理性总是力图校正情感所掀起的波澜。正是这坚韧的灵魂为我们创造出不朽的作品——艺术作品，不容掺假的明证。

如果地球上所有的国家都能理解世界博物馆的伟大构想。那么，在毗邻的甬道之间，统计、画册、图表将随处可见：它们来自世界各地，它们汇集于此，它们被存放起来，其中一两件重要的代表性作品将在全人类的遗产中绽放光芒。这是一座多么独特的博物馆！

在Mundaneum身后，是广袤的一直延伸到侏罗山的浅盆地。国际联盟将在这里安排它的勤务、机场、无线电广播站以及未来的设施。

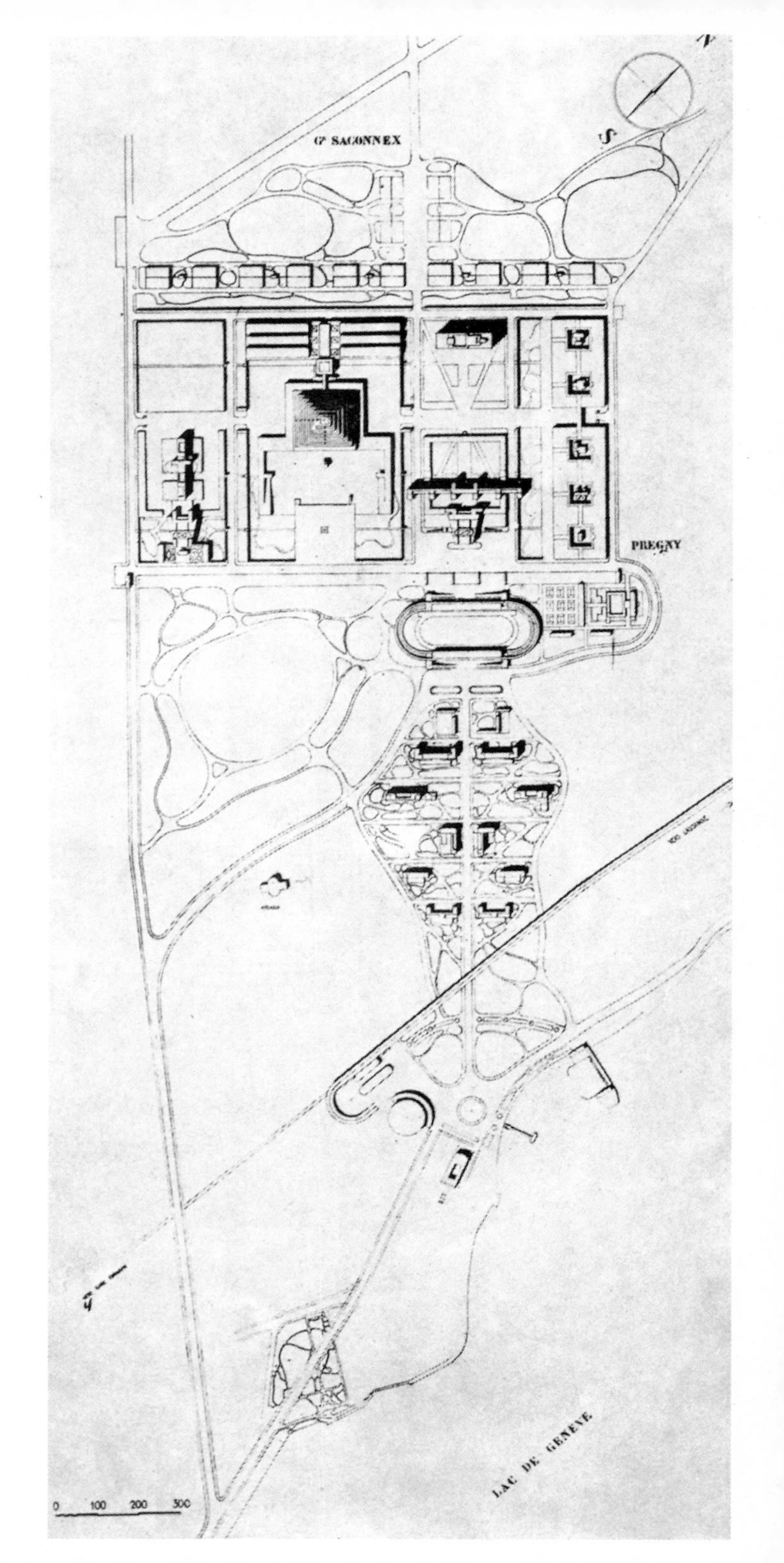

Mundaneum——国际公园

国际图书馆

这是一个器官，无论是公众还是与国际联盟相关的诸位要人都忽视了它的重要性。

问题在于把所有涉及国际关系的档案组织到一栋典型的建筑中(用于工作而不是炫耀的建筑)。也就是说，一个卡片的图书馆，资料的图书馆，文献的图书馆，卷宗的图书馆。

建筑被底层架空柱托起，其下是汽车交通的回转流线。地面层设有两个厅：一个货物装卸厅和一个参观者入口厅。

置于底层架空柱之上，在巨大棱柱的内部，自下而上，从墙到墙，完全通透。书架、滑道、气压传送带、升降机，这些金属装置井井有条地占据着整个空间。

客梯和参观坡道被围合在一个玻璃斗中。由此，参观者上达阅览室，在途中，他将了解这座国际图书馆和它的组织。

建筑的上部安排了大大小小的阅览室。行政管理也设在其中，还有衣帽间、餐厅和设有遮蔽及散步场的屋顶花园，在此可以俯瞰整个基地。

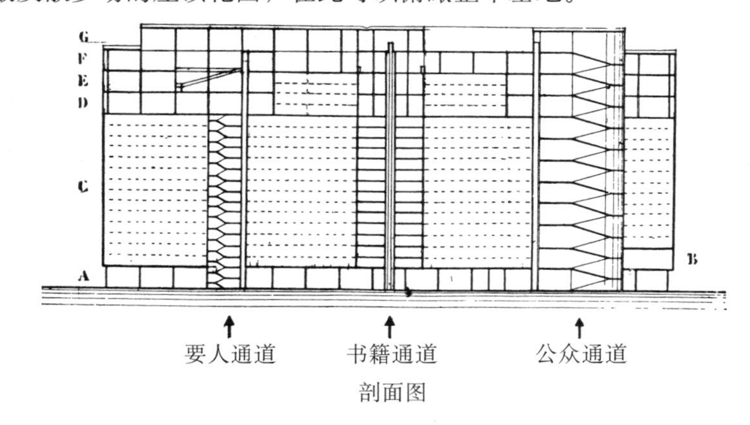

剖面图

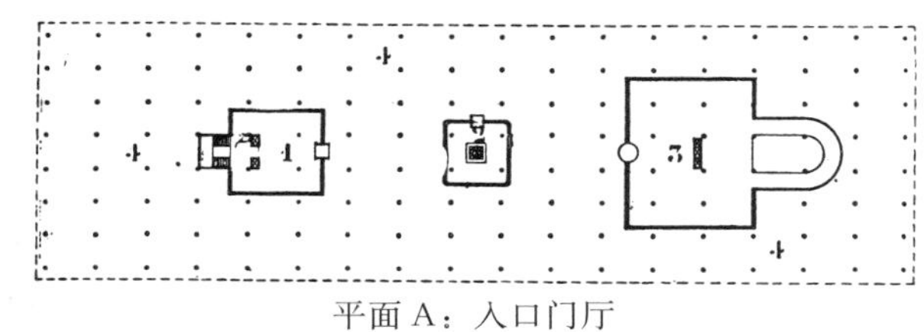
平面 A：入口门厅

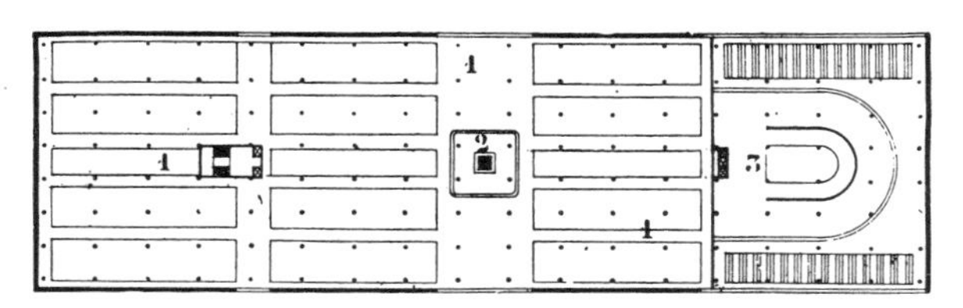
平面 B：档案室及观览空间

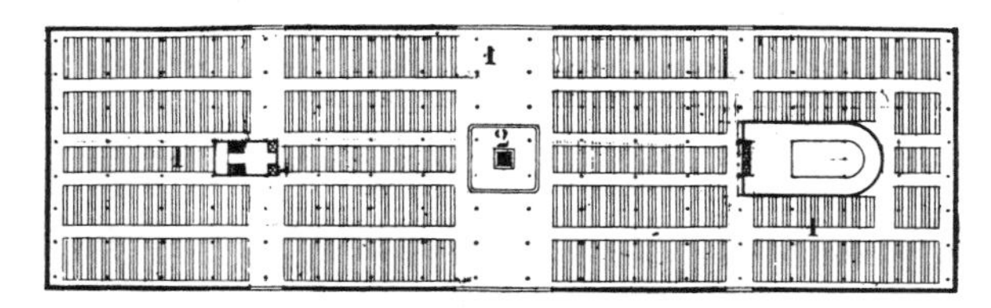
平面 C：图书阅览室

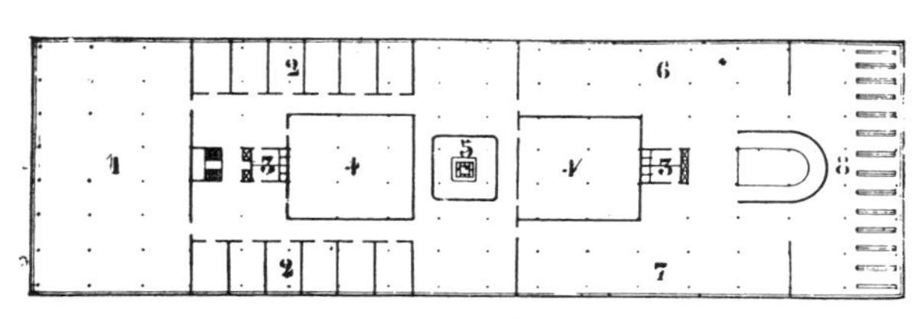
平面 D：图书阅览室及观览空间

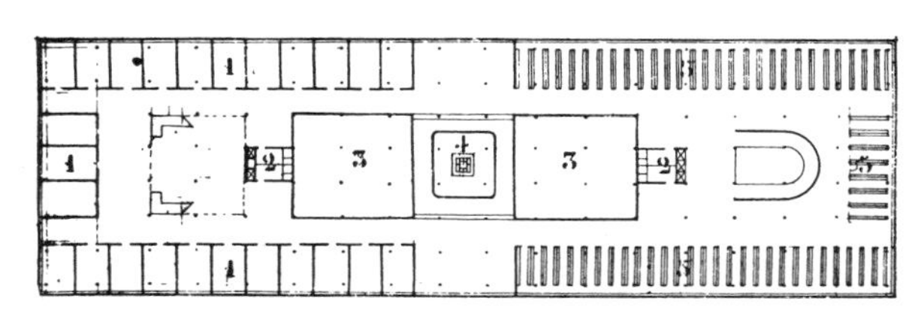
平面 E：办公室

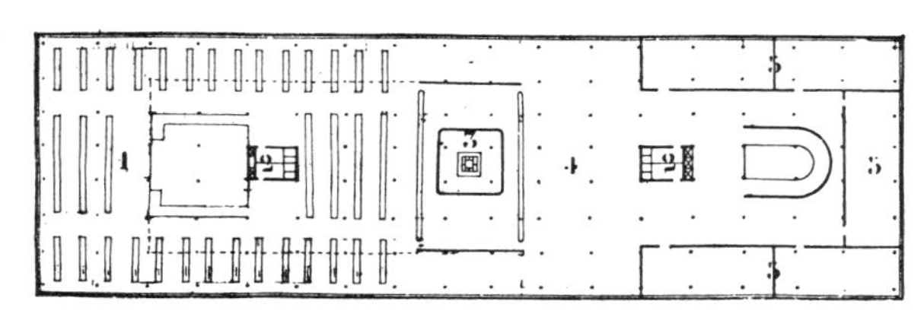
平面 F：阅览大厅

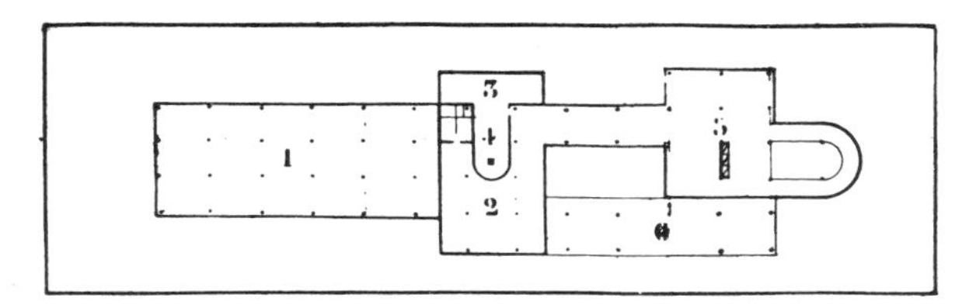
平面 G：阅览大厅、餐厅和屋顶花园

世界城方案，1929年

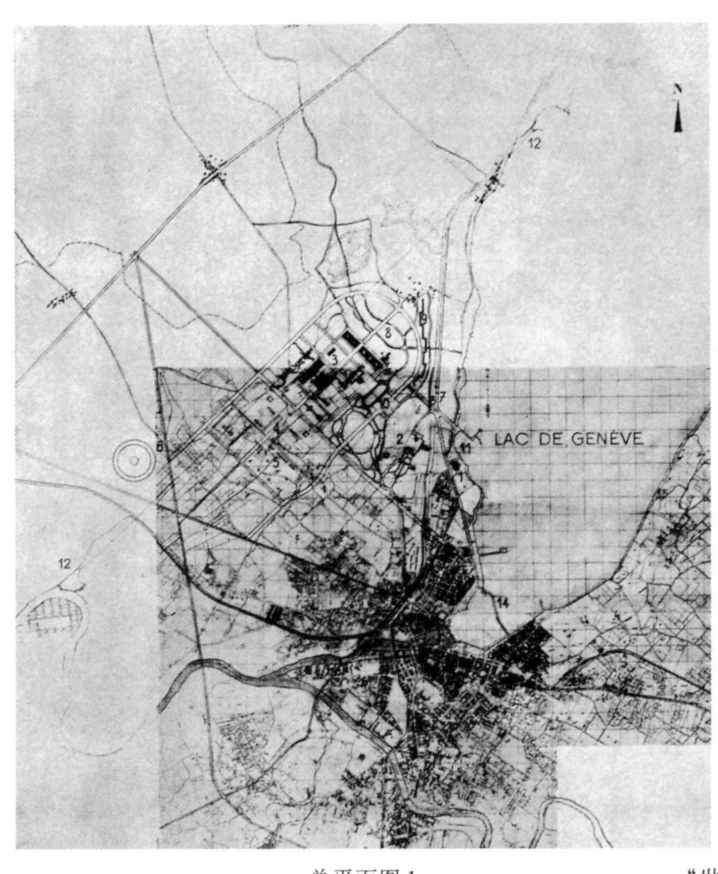

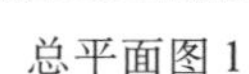
总平面图 1

“世界城”

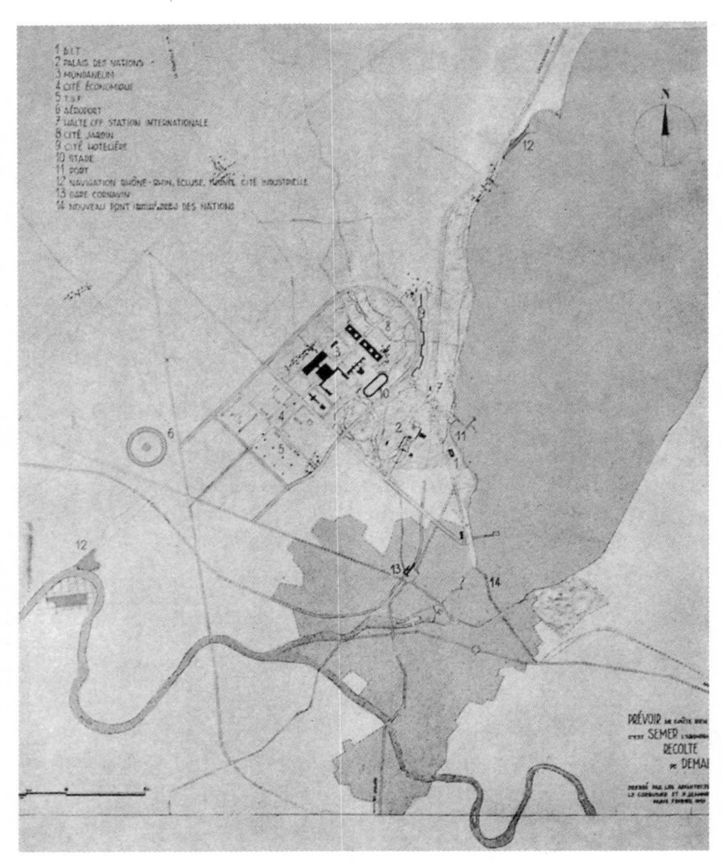

总平面图 2

当前的世界形势——战后国际生活的急剧发展以及国际联盟公约的签订——提出了建立世界城的要求。

应当对问题展开讨论，为此，要原原本本地呈现源自内心或者受到启发的观点，要呈现言之有物的文章，而不是含糊的标题。

于是，这个城的规划方案由总建筑师柯布西耶亲临现场拟定。

“今天，这里一文不名，但可以看到这里播下了明天幸福的种子。”

世界城位于日内瓦城市之外，不会扰乱这座城市自身的发展节奏。

它被安置于Grand-Saconnex-Prégny广袤的丘陵之上，这里平均海拔469m（湖面海拔375m）。规划独立于日内瓦，然而，世界城入口的主轴线，有朝一日将有效地服务于这座城市的扩张。

以威尔逊码头为起点，一条宽阔的大道，由国际饭店左侧，从上方越过铁路并与法国国家公路(Faucille)相遇，平行这条公路直至Grand-Saconnex的拐弯处，然后继续沿着直线前进，直到Meyrin-Ferney-Voltaire公路，再到Faucille-Paris公路。

这条构成世界城主轴线的大道将通过一座桥(14，国际新桥）连接湖的两岸（Eaux-Vives的威尔逊码头）。这座桥支撑在已有的两座湖堤上，两堤分别缓缓向中间起坡，并通过一个离水面足够高的桥拱相连，以确保船只通行。壮丽的建筑元素为日内瓦的停泊场带来生机。经过位于Eaux-Vives的码头，这座桥直接与Chêne公路相连，并从那里直抵Annemasse（与火车站的衔接处）。新的湖堤与国际饭店成直角修建，将为Meillerie的小船提供一个港湾。

从威尔逊码头延伸出来的大道沿直线前进，穿过Monrepos公园；在那儿，它重新与洛桑大道现有的一段结合，直到国际劳工署，在穿过一条现存的用于临湖居民日常交通的公路后，它再次与铁路相连；并在那里，与其他新建的干道交汇成一个圆形广场，掠过未来的世界城中转站7前经过，然后从居民点外围绕过，继续与铁路线保持平行发展。

通过土地的有效征用，环绕湖面的青葱翠绿将得到保护：从Monrepos公园，Sécheron岬角，Barton田产，国际劳工署，直到Genthod镇。

被划为国际联盟宫建设用地的Ariana公园可以与Monrepos公园联通，方法是移走货运火车站，并对空闲下来的土地进行整治。

Ariana公园的青葱翠绿将一直延续到山坡上，向北沿着旅店城展开，直至Chambézy镇。

花园城位于世界城地块的东北部，可与

世界城各组成部分的定位（数字参照左图总平面图2）

1 临湖的国际劳工署B.I.T.（现存建筑）
2 国际联盟宫（待建），位于Ariana公园的斜坡上
3 Mundaneum，位于山丘环抱的高原上
4 商业城，位于这片高原的延伸部分
5 无线广播站，那里的天线杆标示出世界城的最远点
6 机场(在现有的Cointrin机场的基础上扩建)
7 C.F.F.国际休息站，位于干道交汇处，就在旅店城和花园城附近
8 花园城，位于从山丘到Haut湖的坡地上
9 旅店城，位于从坡地高处至周边山丘间这片延展的空地上，面对阿尔卑斯山的全景
10 体育场，大看台将展现基地的全部壮美
11 游乐港，酒吧和餐厅，供莱芒湖船只停靠的栅状突堤
12 罗讷河（Rhone）—莱茵河航运港方案，有改动。沿海隧道的入口迁往Bellevue-Genthod镇。工业城和贸易港被迁往罗讷河的河湾，位于Fernier的下游，那里可以找到船闸、水坝和水力工厂
13 Cornavin车站，分流了部分的国际游客
14 国际新桥，它构成日内瓦停泊港的一道恢宏的景观

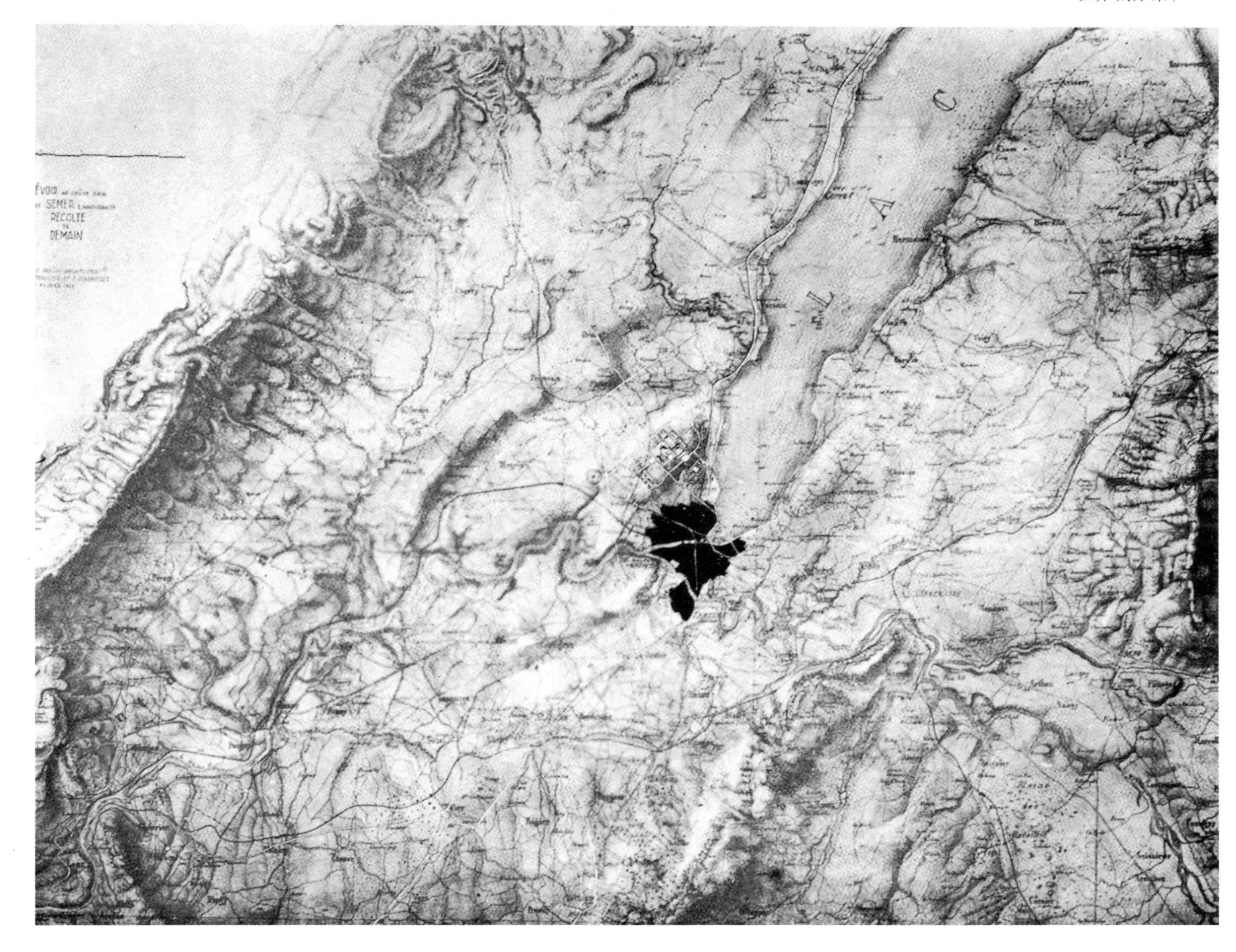

Prégny，Chambézy，Grand-Saconnex镇青翠的草木连成一片。

Mundaneum矗立在广袤的青枝绿叶之中，建筑充分考虑到对自然环境的尊重。

无线电台和飞机场位于西南，确保了珍贵的角度和空场。

世界城所有的住宅和大型公建都将坐落在日内瓦乡村繁茂的植被之间。世界城将成为一个广袤的国际公园。

从日内瓦或从湖面望去，这座城是Prégny山的加冕，远远地，清晰地与日内瓦城分离。

主轴线的方向是东北—西南。朝东北俯瞰Haut湖，向西南远眺Ain山。

世界城朝向东南，正对勃朗峰（阿尔卑斯山最高峰）。侏罗山巨大的圆丘在西北的地平线上合拢。

世界城的选址极为有利。立体地形图显现出雅典卫城式的基址，俯临湖泊，控制着右侧的城市和左侧的Haut湖，美丽多姿的山峦构成壮丽的花冠从三面簇拥这座城：萨瓦—阿尔卑斯山，Salève，Ain，侏罗山。这是奉献给精神之劳作的城，这里是天赐的所在！

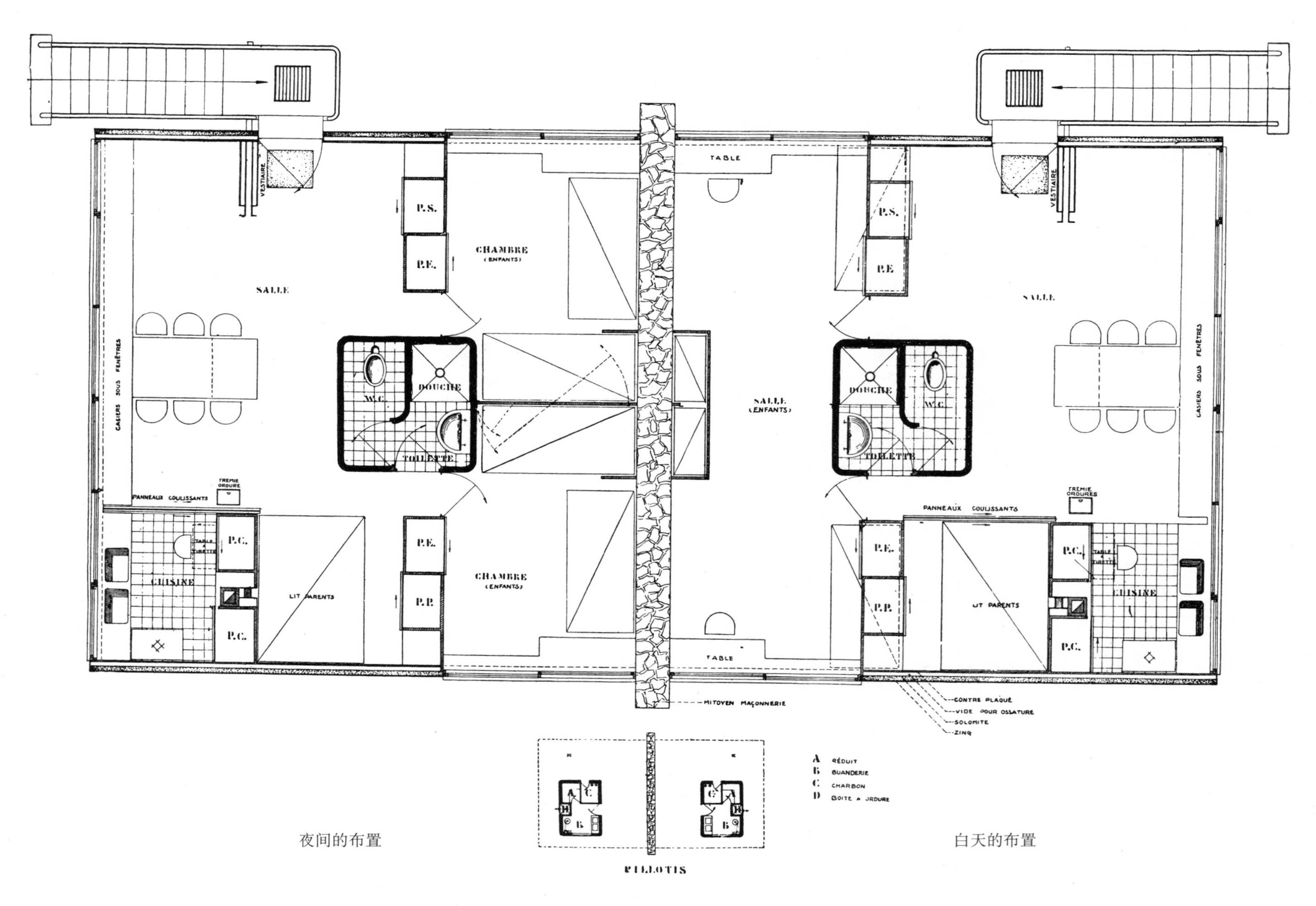

夜间的布置　　白天的布置

卢舍尔住宅的骨架允许多重组合。如此一来，倘若 45m² 的小小住宅能够满足小规模的任务书，那么两个骨架构成 90m²，3 个骨架构成 135m²，4 个骨架构成 180m²，它们将满足大规模乃至更多规模的任务书

卢舍尔住宅，1929 年

普遍的经济问题：法国的建筑市场有一半是由大型建筑工地构成的。在此，通过机器，通过工地的组织，可以实现工业化和泰勒制化。

还有一半属于无数分散的小型业主。他们拥有土地，但实际的情况却使人无法建造有充分技术支持的、舒适而廉价的住宅。

此外，由于军火市场已不复存在，钢铁工业目前正忍受着严重的销路短缺。

“干住宅”的概念给出了问题的解答：以金属结构在工厂里制造“干住宅”，采用可组合、可并置、轻型且便于装车运输的构件。住宅及其全部构件，包括室内设施，装上车，在装配组的陪同下离开工厂。在工地现场，只需几天的功夫，装配人员就能把住宅竖起来。

然而，从佩萨克的经验总结出一条实用的外交小策略：事先考虑住宅的承重墙或分户墙的建造，由当地的施工队用烧结砖、普通砖、砾石等当地材料砌筑完成。就这样，地方包工头的阴谋将受挫，而有效的联盟将得到巩固。

卢舍尔住宅的骨架容许多重组合。如此一来，倘若 $45m^2$ 的小小住宅能够满足小规模的任务书，那么 2 个骨架构成 $90m^2$，3 个骨架构成 $135m^2$，4 个骨架构成 $180m^2$，它们将满足大规模乃至更大规模的任务书。

1914 年构想的“多米诺”住宅于 1929 年在这里得到实现。

卢舍尔住宅组团

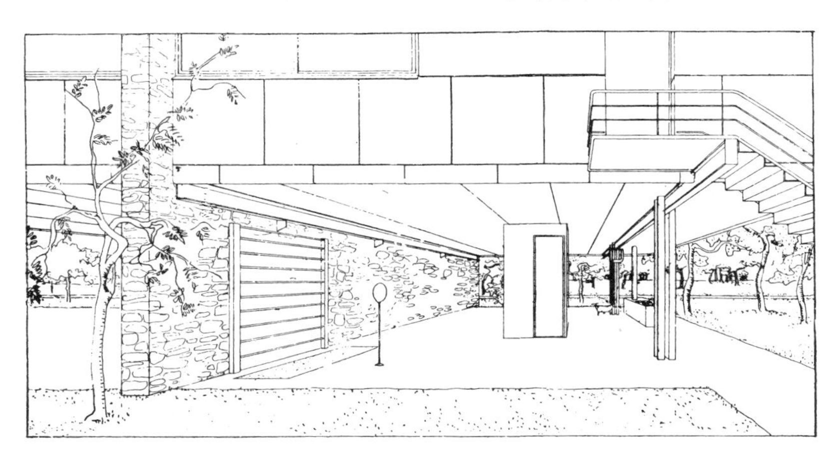

以砖石砌筑的分户墙。在墙的两侧，几米远处，立着两根型钢做的底层架空柱，支撑着楼板和屋面。由此，在这个有益健康的住宅下方，将出现一个绝妙的有顶的开敞空间，用于工作和休息，可在此设置一个工作室，一间洗衣房，或是一个小小的农产品仓库

起居室。住宅及其全部构件，包括室内设施，装上车，在装配组的陪同下离开工厂

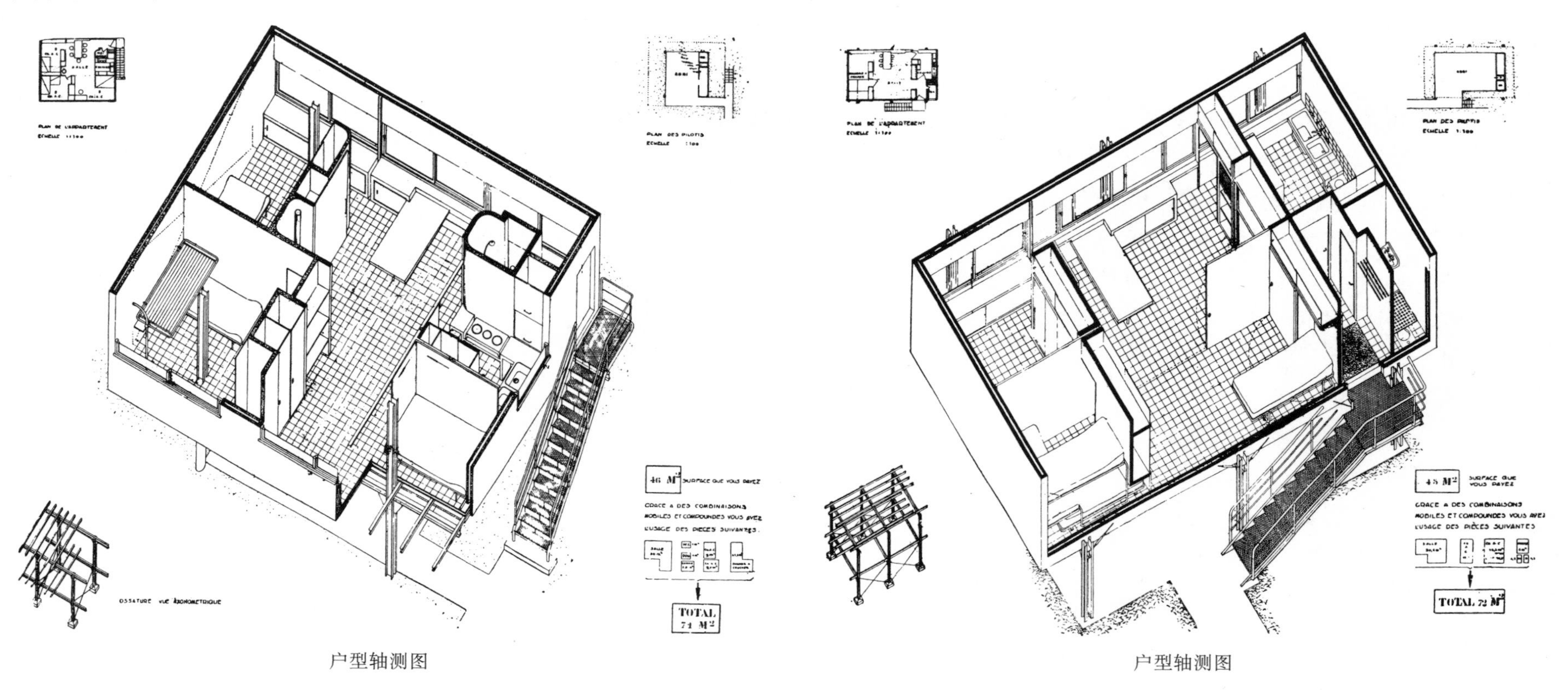

户型轴测图

户型轴测图

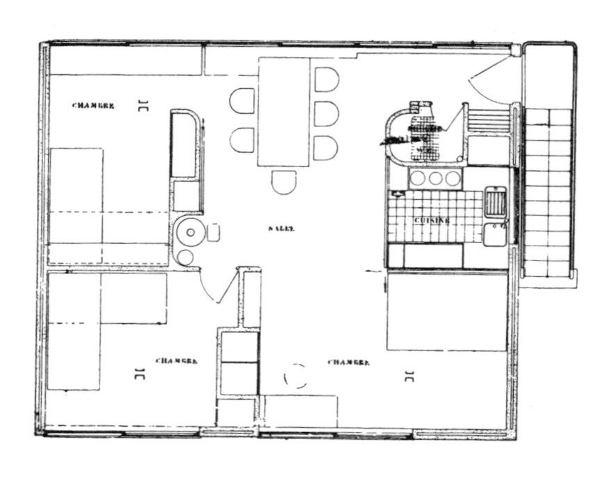

平面图

出钱购买的面积！

凭着灵活而复杂的组合，实际使用的面积：

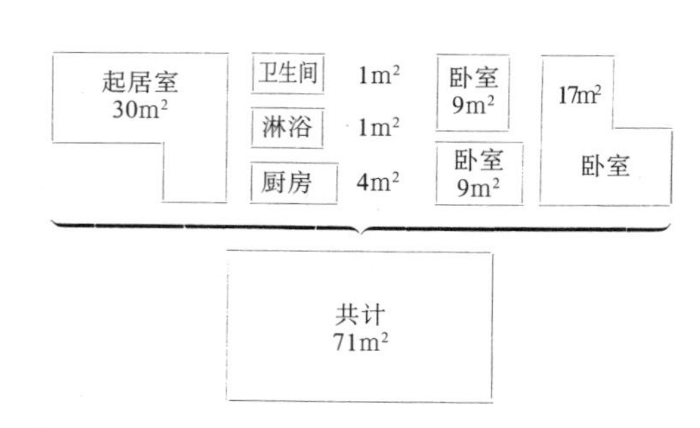

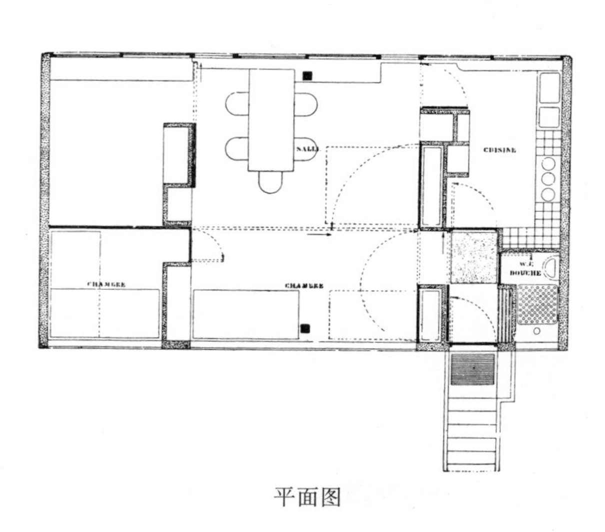

平面图

Avray 城的别墅扩建，1928～1929 年

于此，问题在于使 Avray 城这块美丽古老的地产恢复生机（产权归 Church 先生所有）。一栋古典别墅和一栋新的附属建筑：首层是车库、仆人卧室及门厅；二层是几间起居设备齐全的客人卧室，一个餐厅，一个带阁楼和书房的起居室，书房可直接通到屋顶花园。

活动中心由一栋古老住宅改造而成。首层设置了一个入口大厅，有宽敞的衣帽间、卫生间、厨房等等。二层包括一个接待厅，一个游戏室，一个图书室和一个酒吧，从这里，可以直接通达空中花园。

家具格架紧靠在墙上。

桌，椅，扶手椅等，均为柯布、皮埃尔和夏洛特·贝茜昂小姐设计的标准设施。

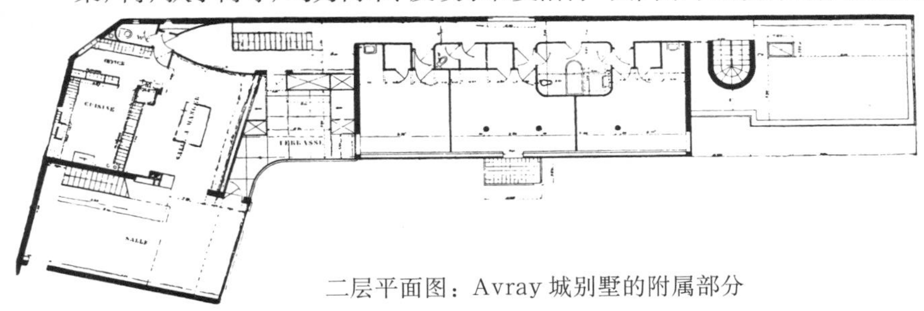
二层平面图：Avray 城别墅的附属部分

别墅的附属部分（新建）

起居室

入口门厅（位于架空的底层）

屋顶花园，左侧看到的是带阁楼和书房的起居室的外观

活动中心（由现有住宅改建而成）

活动中心的屋顶花园

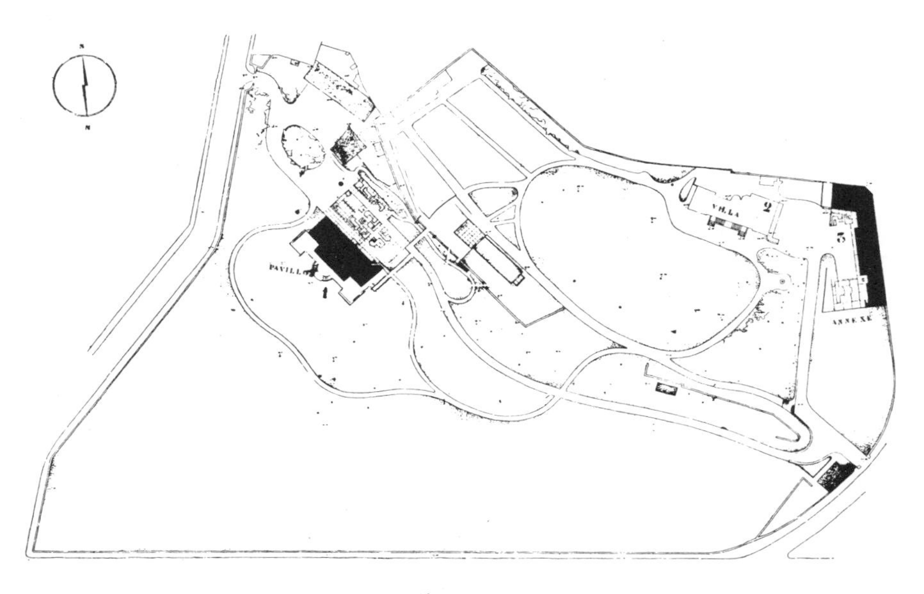

总平面图

1 活动中心（改建）

2 现存别墅

3 别墅的附属部分（新建）

活动中心大厅阁楼上的图书室（可以直接通达空中花园）

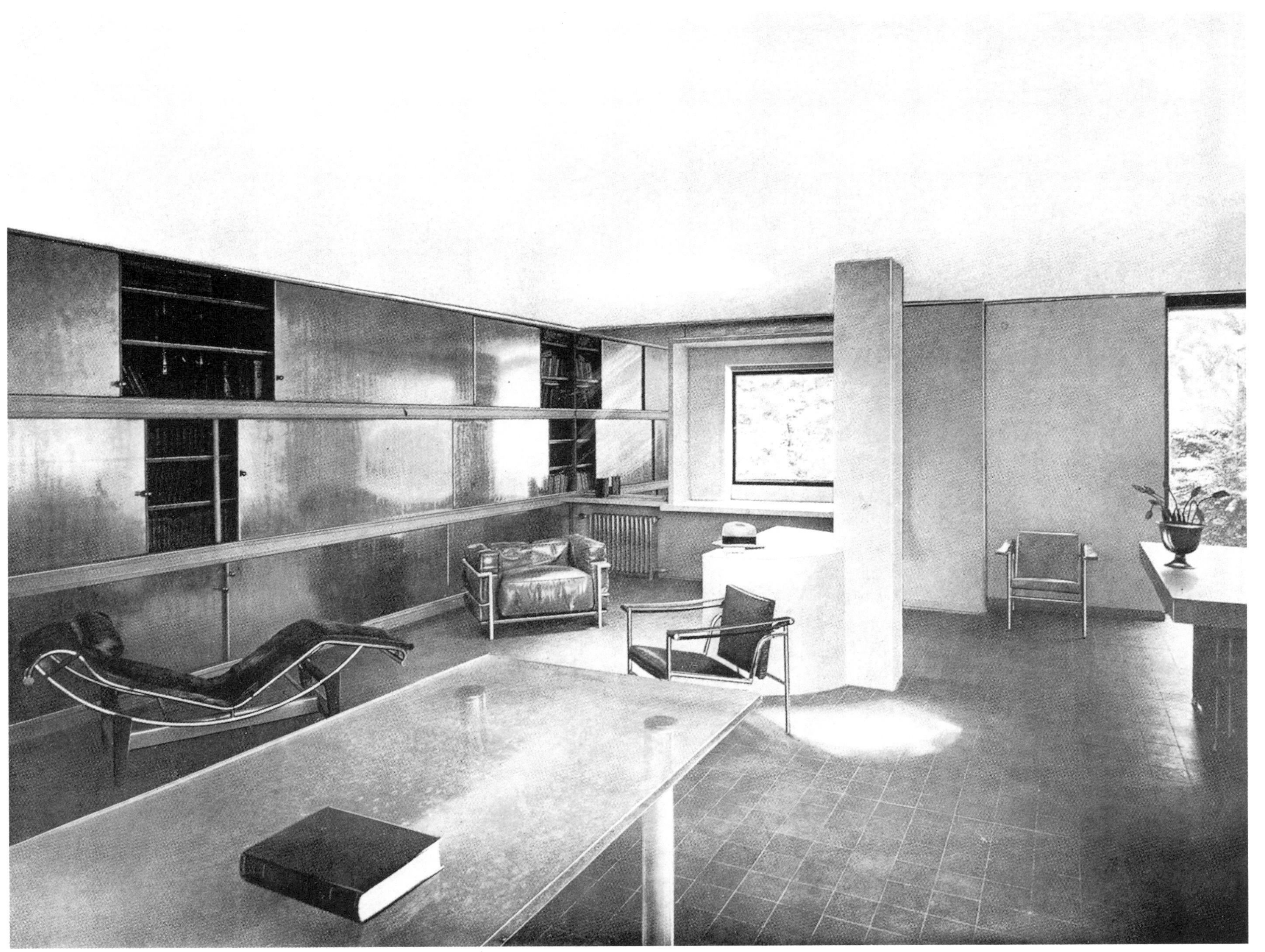

活动中心大厅阁楼上的图书室（可以直接通达空中花园）

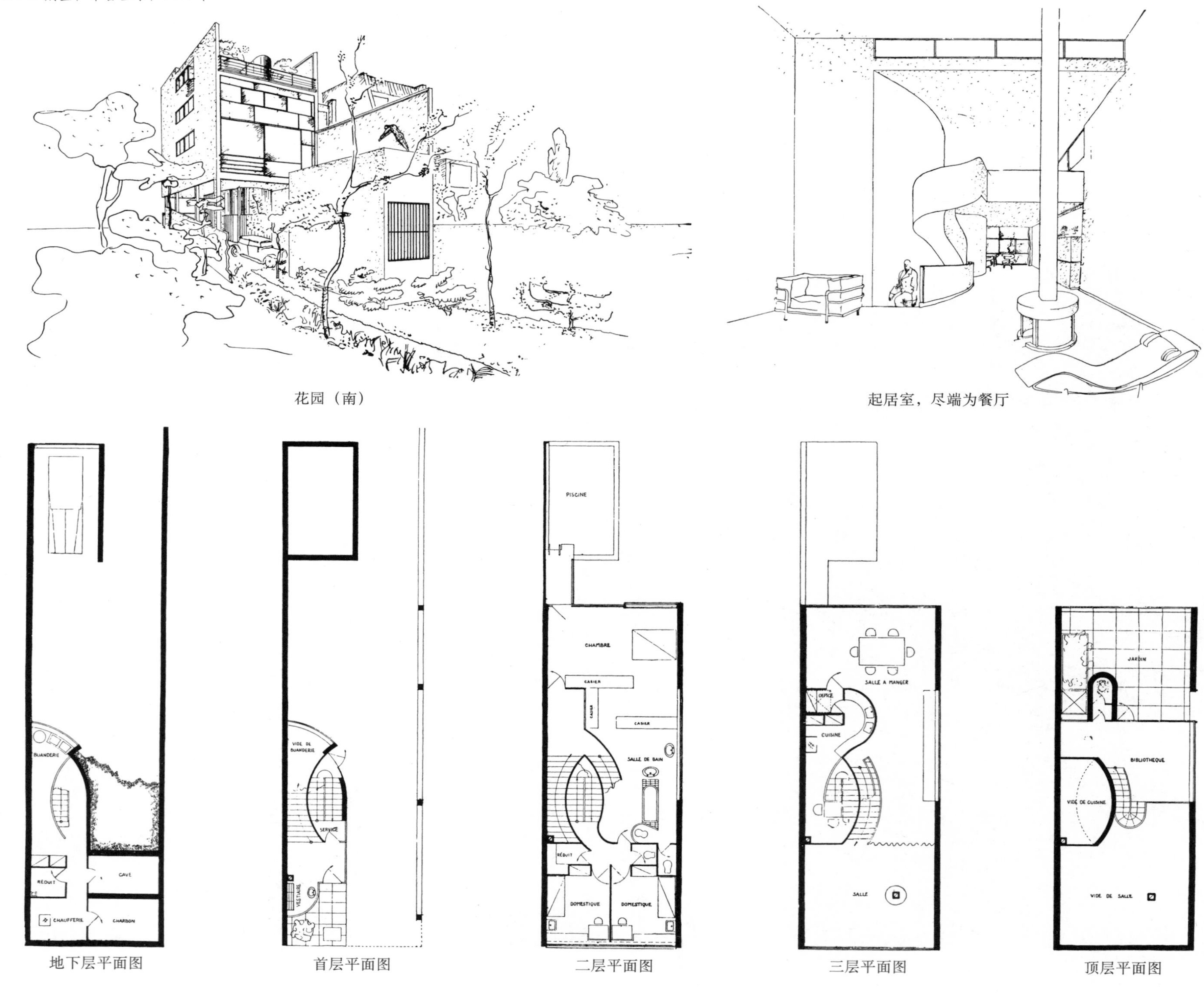

花园（南）

起居室，尽端为餐厅

地下层平面图

首层平面图

二层平面图

三层平面图

顶层平面图

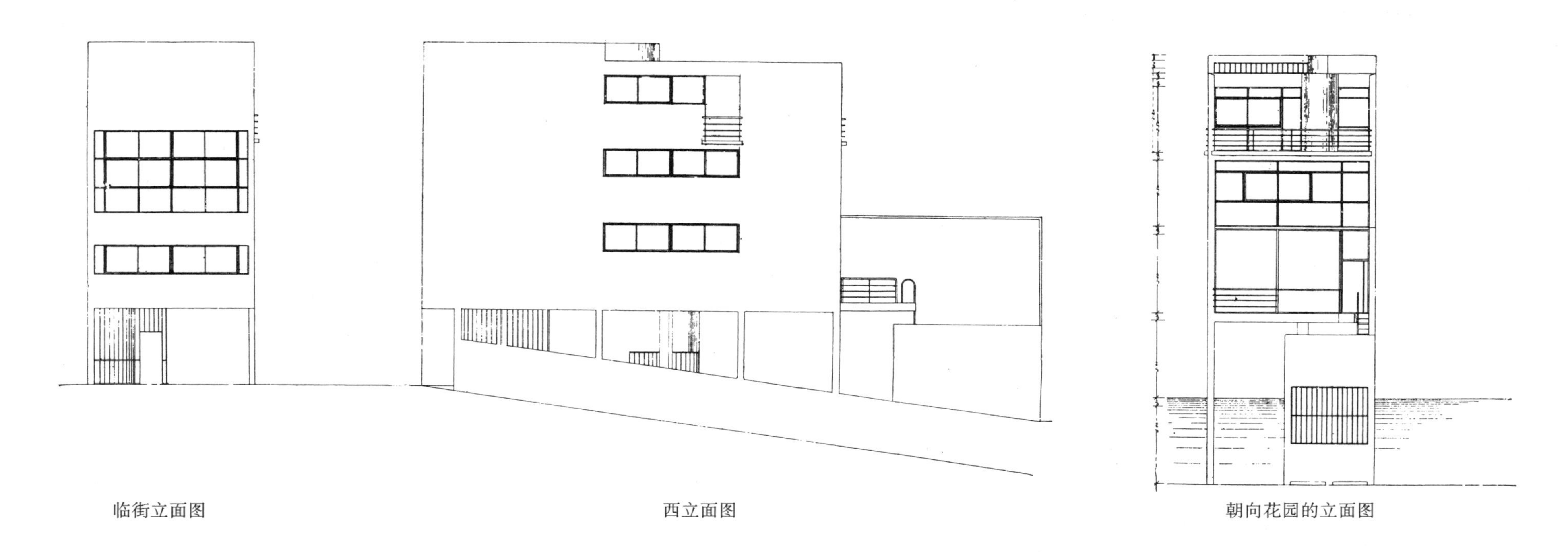

临街立面图

西立面图

朝向花园的立面图

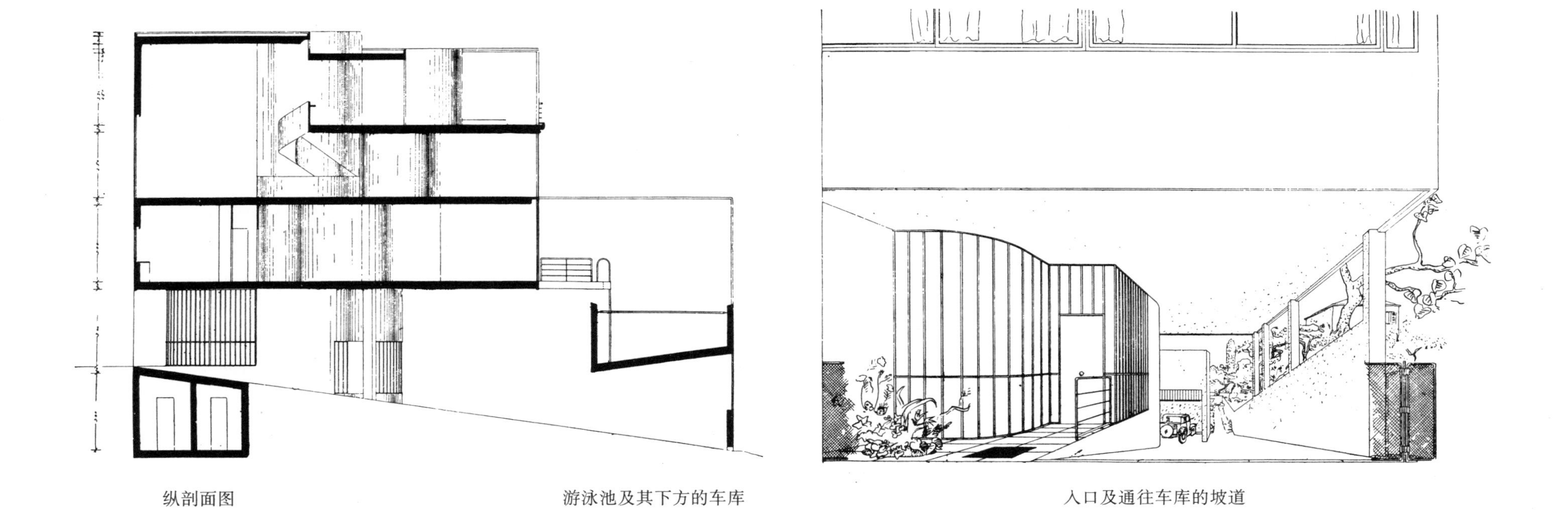

纵剖面图

游泳池及其下方的车库

入口及通往车库的坡道

莫斯科中央局大厦，1928 年

（苏联合作同盟中央局）

这栋建筑将容纳2500名公务员在其中工作。以此为题，第一轮大规模竞赛在莫斯科以及列宁格勒的建筑师之间展开。随后，第二轮竞赛把范围缩小到德国、奥地利、法国以及英国几家著名建筑师事务所之间。第一轮竞赛于1928年1月进行，第二轮在1928年7月进行。1928年8月，柯布的第一稿方案已经评选为实施方案。

第二稿方案，考虑到任务书的变更和莫斯科法规，由柯布在莫斯科拟定。

第三稿方案，1929年1月完成于巴黎。3月在莫斯科得到通过。方案于该年春天开始实施。所有的商谈都在最公开的条件下进行。审美的问题全由建筑师来决定。只要求他们最大限度地应用先进技术。为的是以现代科技成果为基础，在莫斯科树立一个真正的当代建筑的典范。

建筑全貌，将严格照此施工

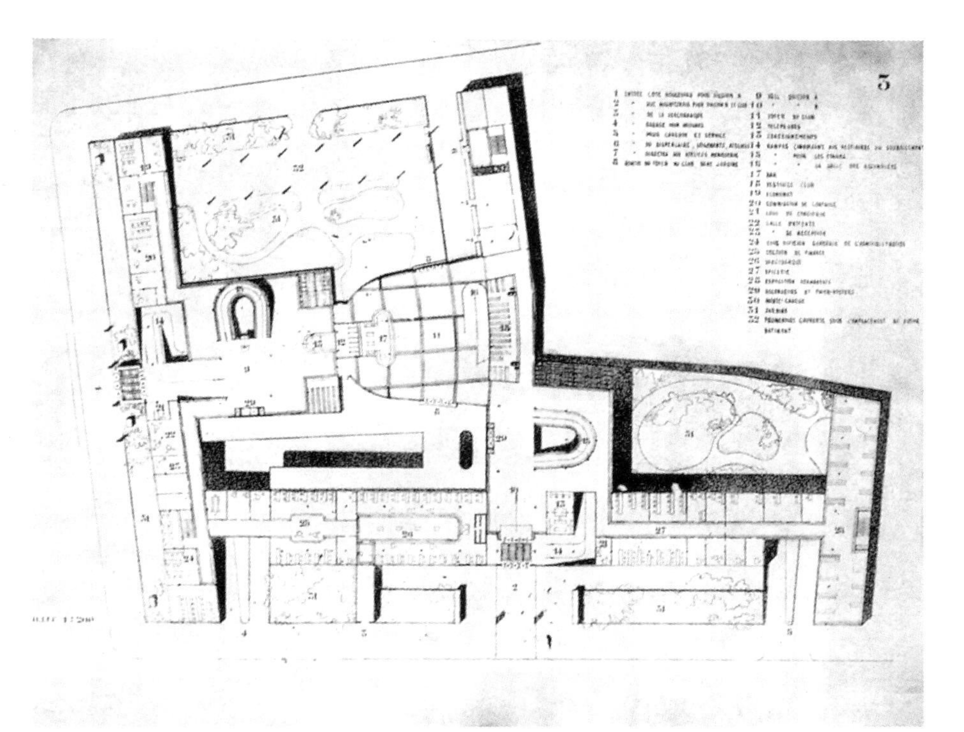

首层平面图

方案I

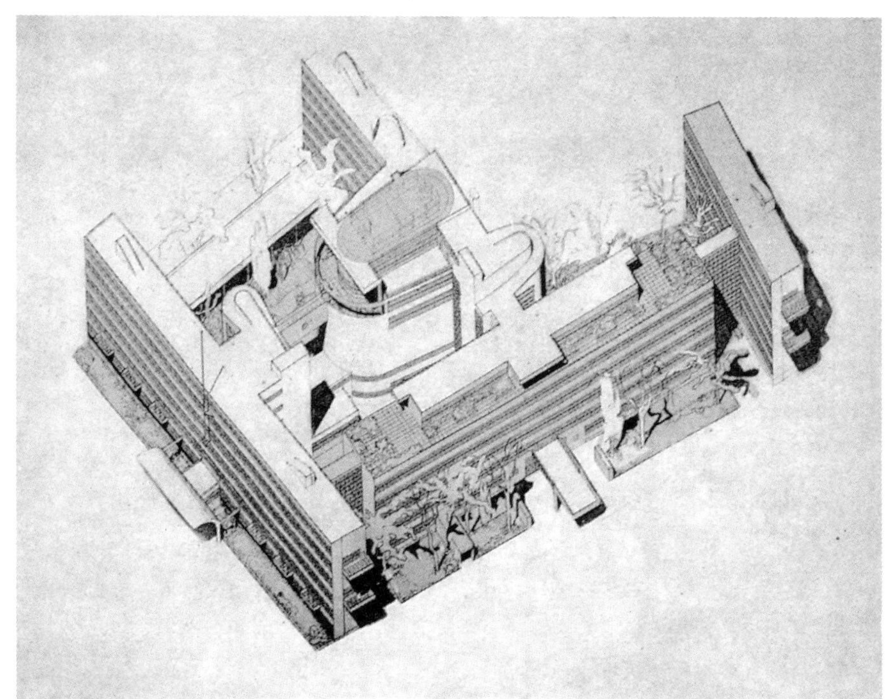

轴测图

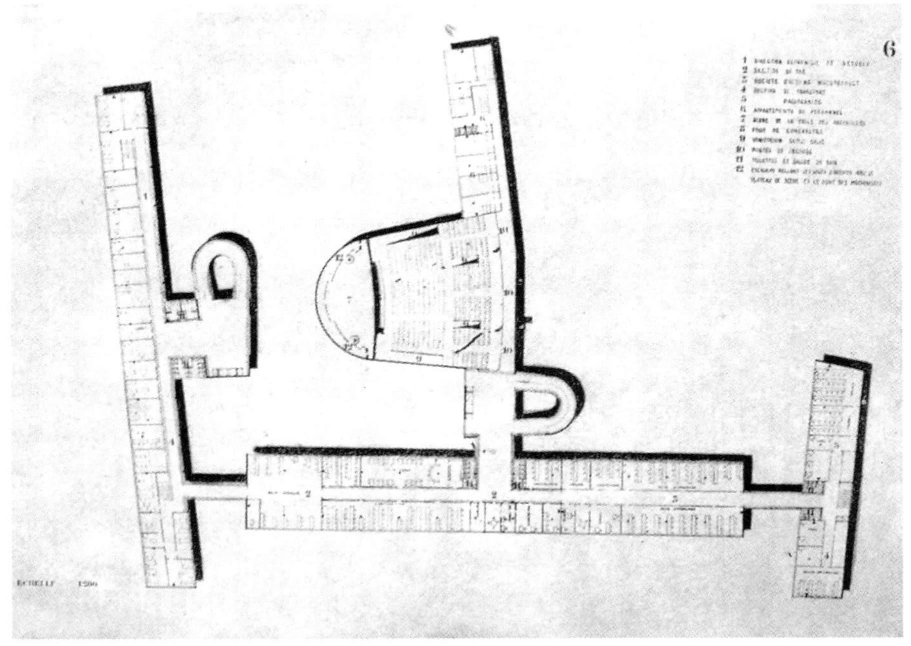

四层平面图

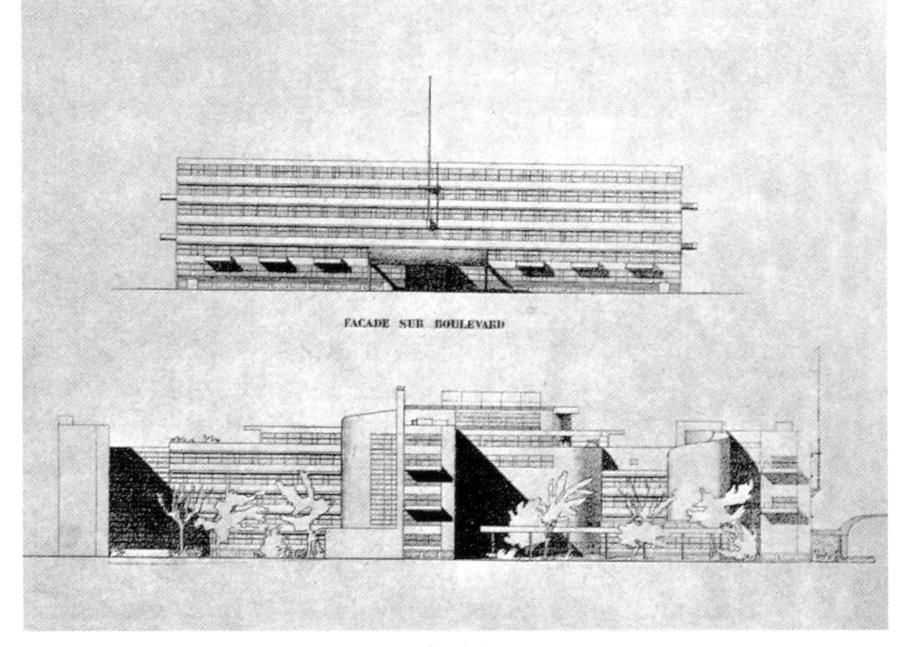

立面图

一间办公室

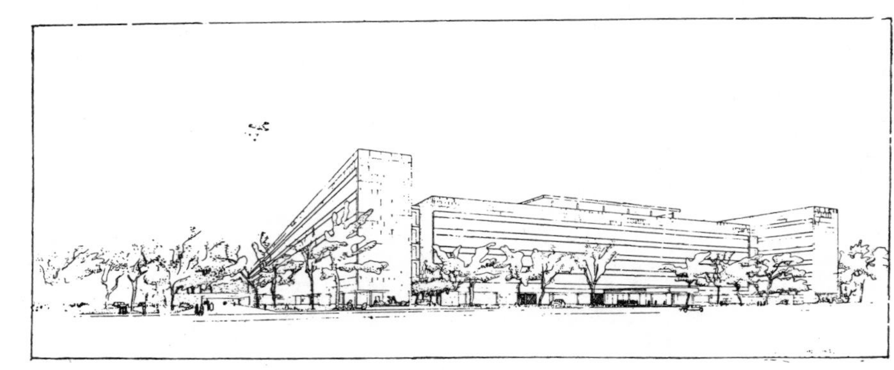

透视图

方案 II

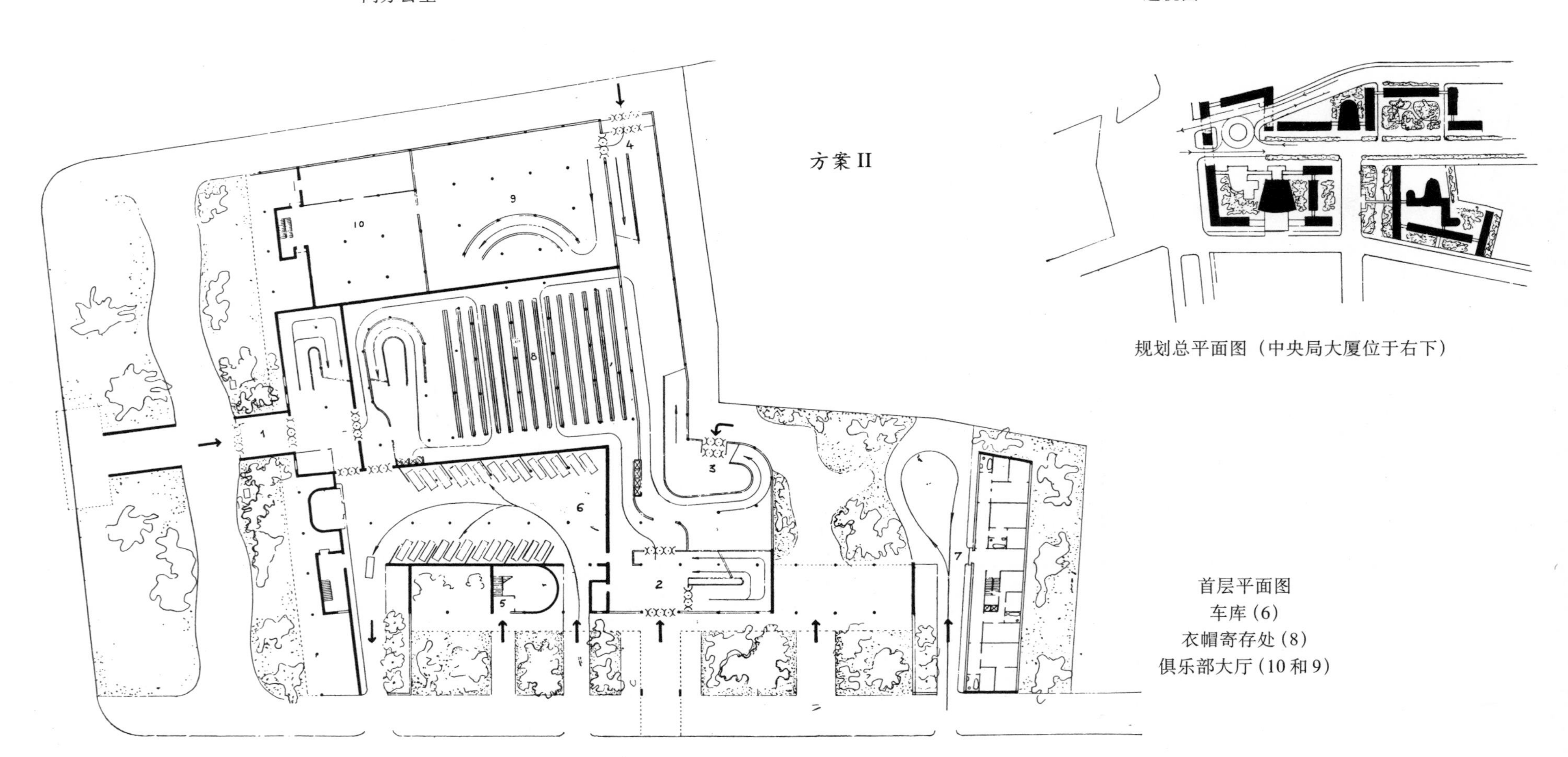

规划总平面图（中央局大厦位于右下）

首层平面图
车库(6)
衣帽寄存处(8)
俱乐部大厅(10和9)

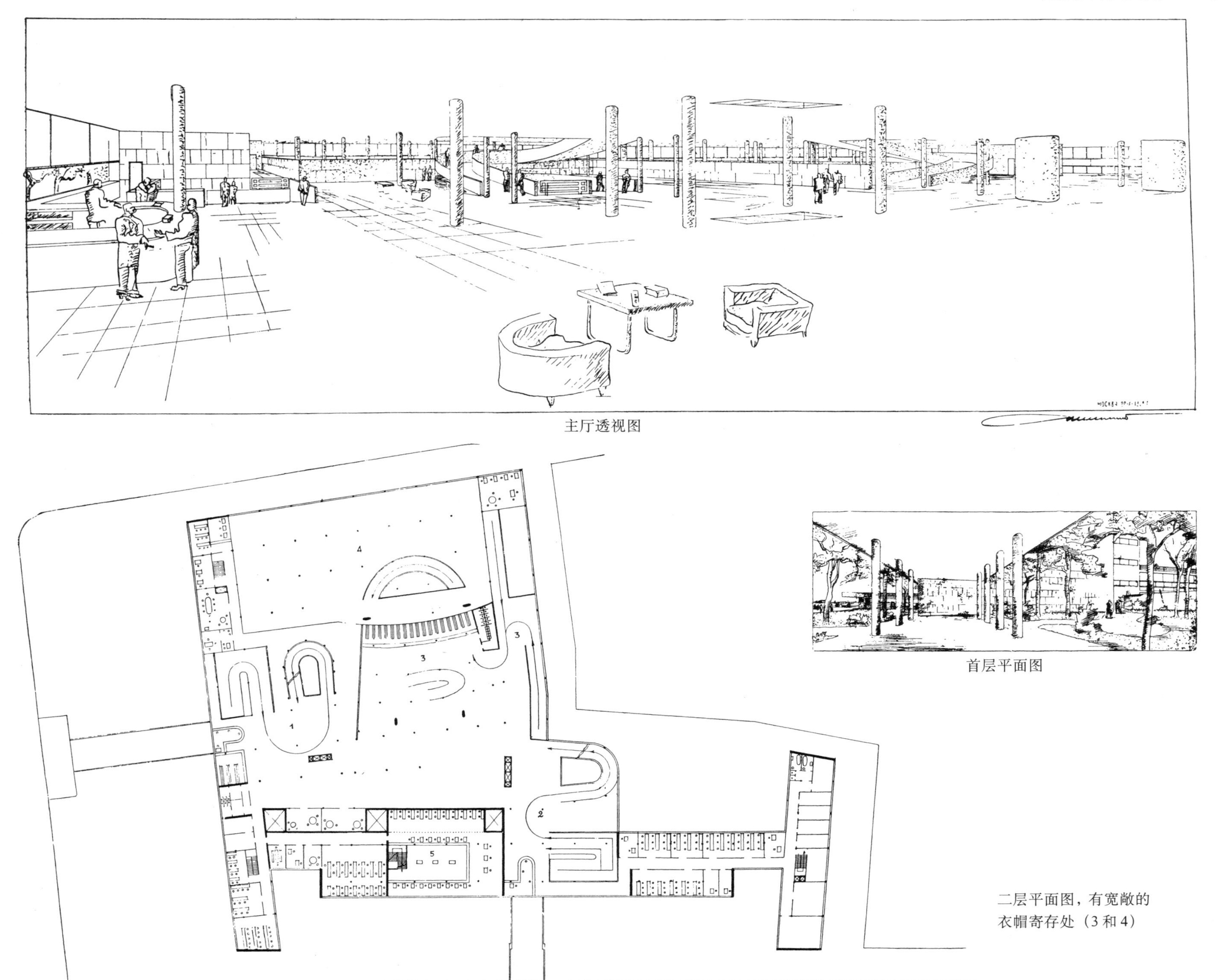

主厅透视图

首层平面图

二层平面图，有宽敞的衣帽寄存处（3 和 4）

采暖和通风

房屋：被照亮的楼板。

为了什么？为了在那儿生活。

生命的基础是什么？呼吸。

呼吸什么？冷的，热的，干的，湿的？

呼吸温度不变，湿度恒定的纯净空气。

但四季有冷热干湿；地区分温、寒、热带。

各个地区都根据自己的气候建造自己的房屋。

在这样一个国际间科学技术普遍相互渗透的时代，我提出一种房屋，它对应各个地区、各种气候：精确呼吸的房屋。

我设置了一个生产精确空气的工厂。这是一个“小型企业”，只占用几个小房间；我生产 18℃的空气，其湿度根据季节的需要而变化。通过一个鼓风机，把生产出来的空气吹进布置合理的通风管道里。创造一种新的释放空气的方法，取代以前的气流通风。空气流出，这 18℃的送风体系就是我们的动脉系统。我还设置了静脉系统，用另一个鼓风机吸取等量的空气。一个循环建立了。空气被吸入、被呼出，又回到生产精确空气的工厂。在那里，经过苛性钾池，去掉 CO_2，通过一个臭氧发生器使其再生，然后进入一套设备使其重新冷却——在经过人们的肺之后它已变得过热了。

我不必再加热我的房屋和空气。但是一股由18℃纯净空气构成的气流在室内以每人每分钟 80 升的速度有条不紊地循环着。

好了，下面是操作的第二步：

您会问了，您的空气离开“生产精确空气的工厂”时为 18℃，在被分散到室内各处后，如果遇到40℃的高温，或－40℃的低温，那它将如何保持 18℃呢？

回答：“中和墙”（我们的又一项发明），它将排除 18℃的空气可能受到的各种影响。这些中和墙，我们看到，它们可以是玻璃的、石头的或是混合材料的。它们由中间保持几厘米厚空腔的双层膜构成。在第三张图上我画出了这层空腔，它包裹着底层架空柱上整个房屋的下面、立面及屋面。

设置另一个小小的热学工厂，加热或冷却。两个鼓风机，一个压，一个抽，又是一个循环。

倘若是在莫斯科，我们就往膜间狭窄的空腔中注入灼热的气流，以此来控制墙内壁的温度保持 18℃。就是这样！

莫斯科、巴黎、苏伊士、布宜诺斯艾利斯的房屋，就像一艘穿越赤道的豪华巨轮的船舱，它们全都是密闭的，冬暖夏凉。也就是说，在内部一直保持 18℃精确而纯净的空气。

房子是密闭的！从此，没有一丝灰尘进入。没有苍蝇，没有蚊子，没有噪声。

勒 · 柯布西耶

摘自《精确性》（1929 年）

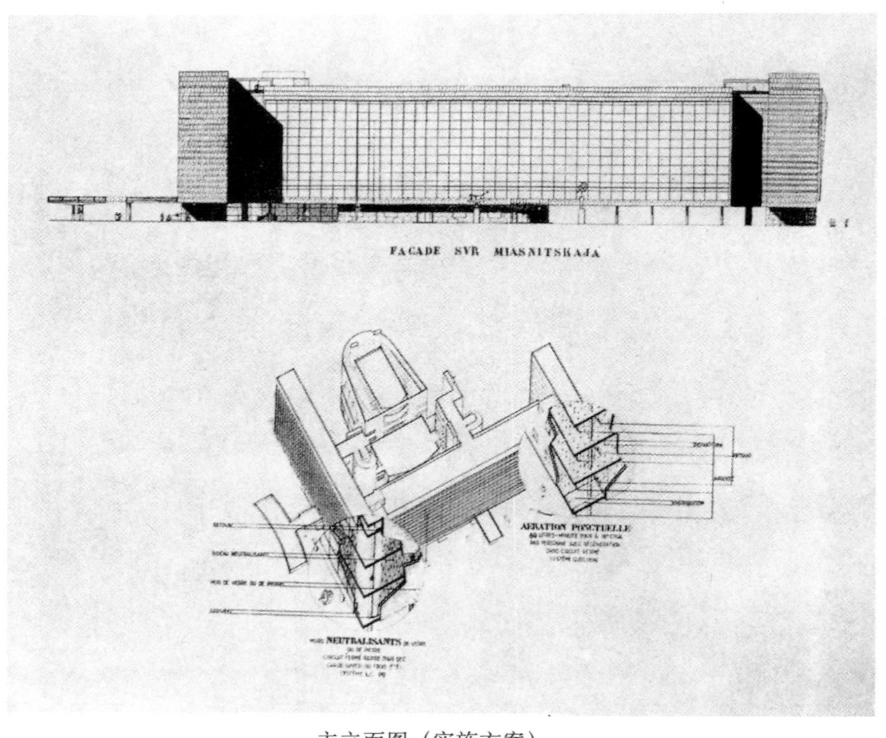

主立面图（实施方案）

大厦的供暖：由此可见温度恒定的纯净空气的分配方式

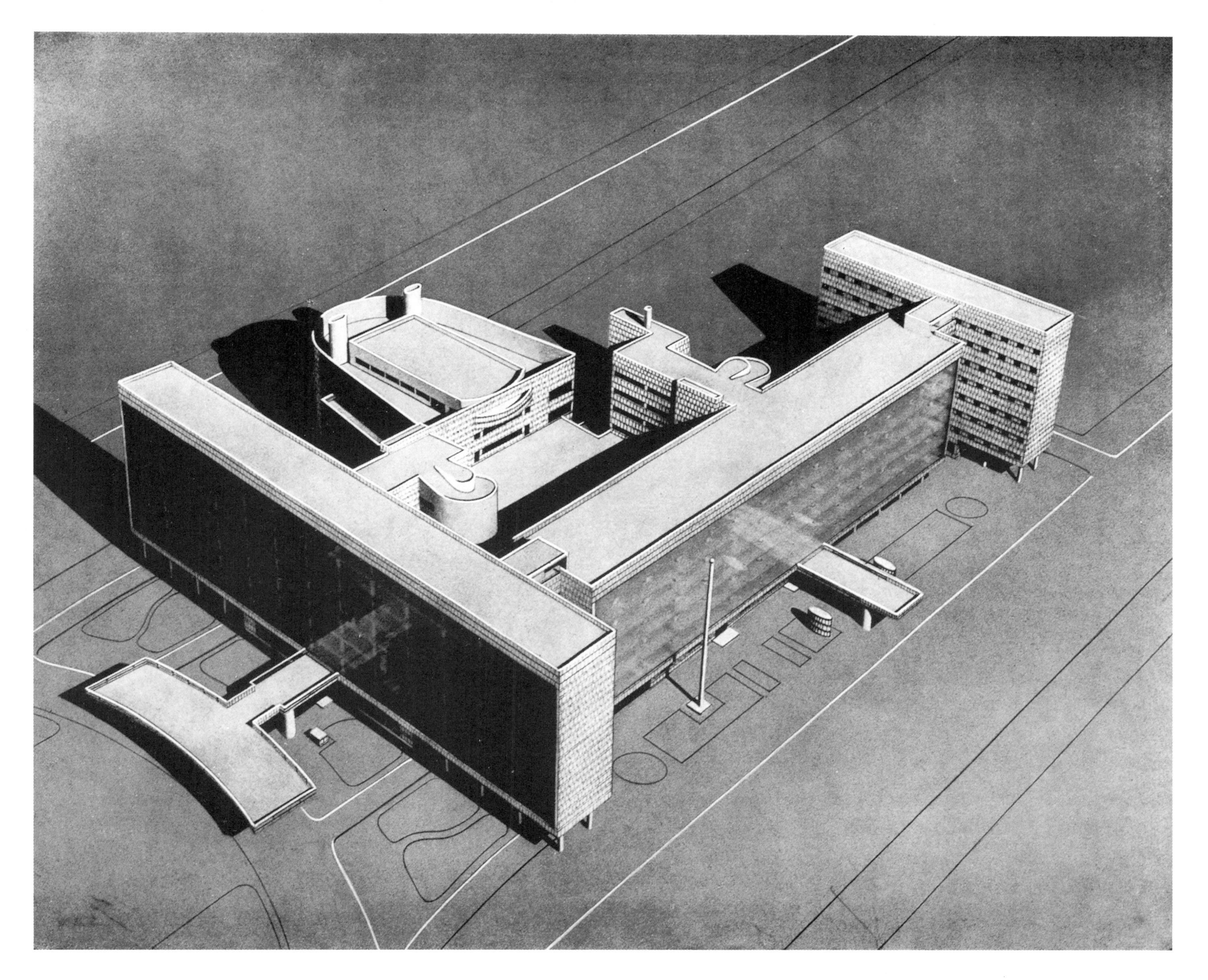

主厅和衣帽寄存处

前厅和大厅剖面图

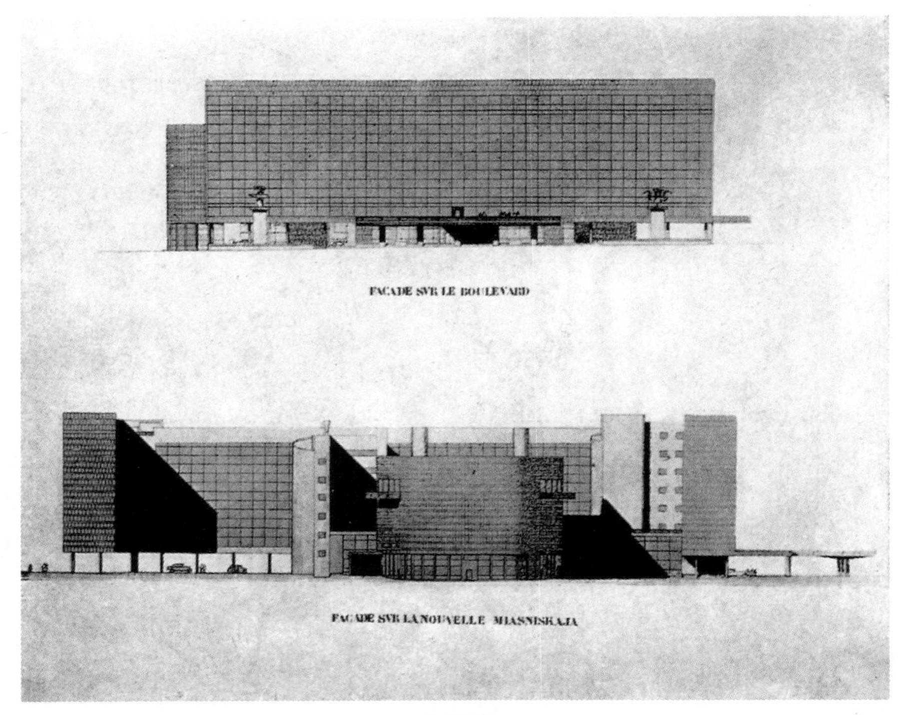

立面图

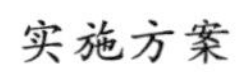

实施方案

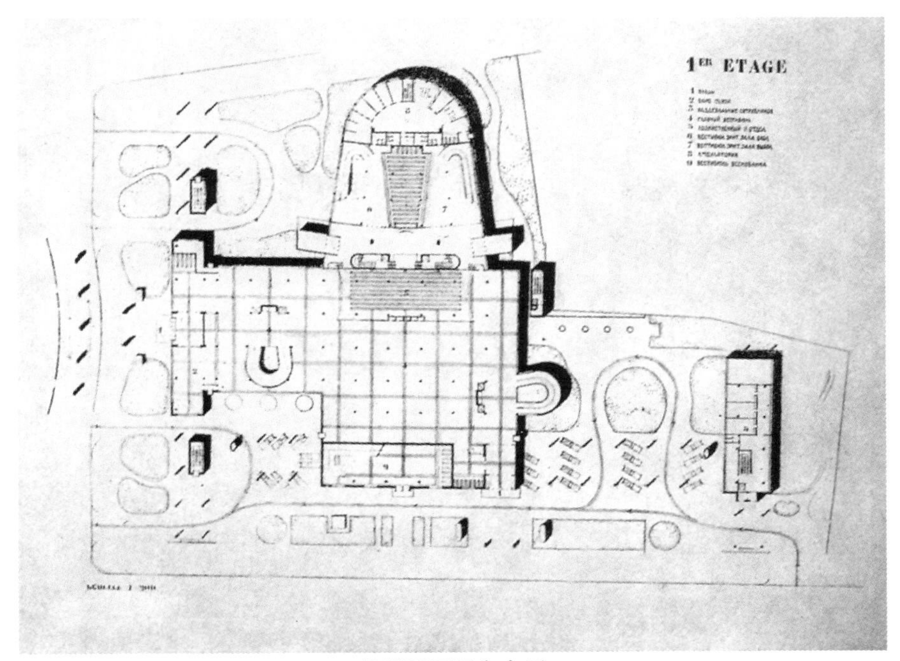

首层平面图和大厅

模型

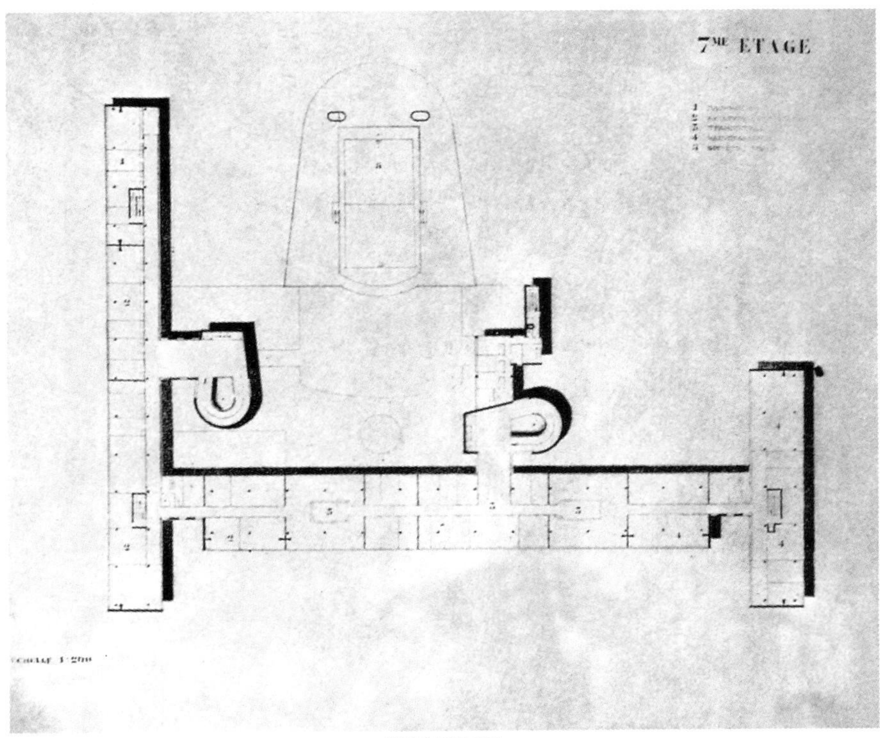

楼层平面图

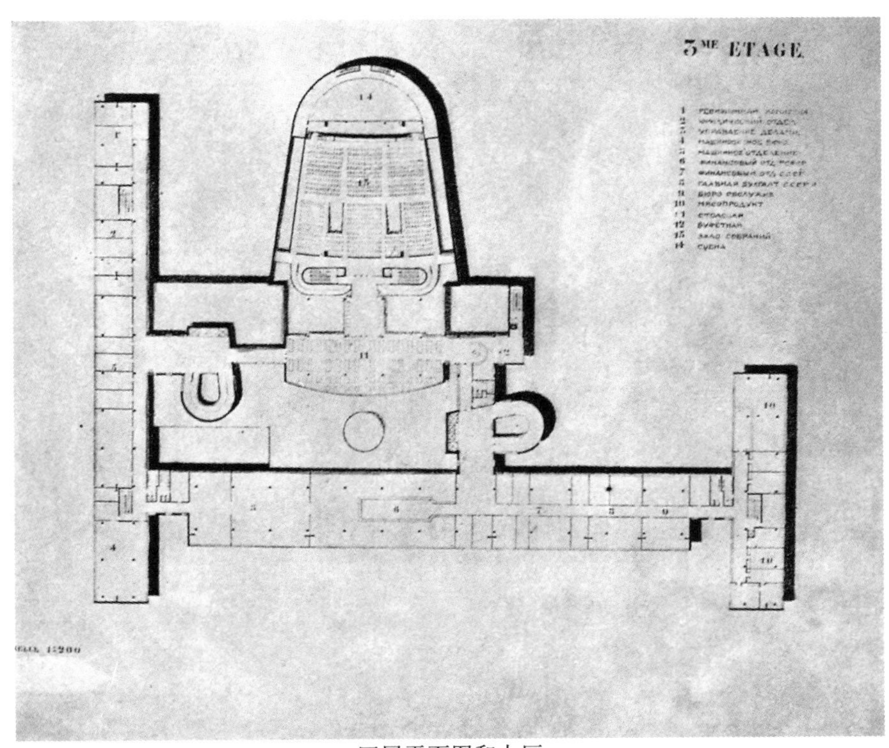

四层平面图和大厅

“世界城”全景。远处是日内瓦城、日内瓦湖和阿尔卑斯山。1929年秋，这副着色的全景画在日内瓦展出，正值国际联盟一次重要的集会。当时，布里昂[1]发表了他那伟大的关于“欧洲国家联盟”的宣言

[1] 布里昂·阿里斯蒂德（Briand Aristide，1862～1932年），法国政治家，自1909年起11次连任法国总理，曾获1926年诺贝尔和平奖。——译注

勒·柯布西耶全集

8卷总目录

（按年代排序）

第1卷·1910～1929年

W·博奥席耶　O·斯通诺霍　编著

第2卷·1929～1934年

W·博奥席耶　编著

第3卷·1934～1938年

马克思·比尔 编著

第4卷·1938～1946年

W·博奥席耶 编著

第5卷·1946～1952年

W·博奥席耶 编著